城島健司氏の至福のオフの一時。クロ釣りはパワー全開のための応援歌。提供は株式会社がまかつ。

オキアミの出現によってメジナ釣りが変わった。

釣り名人たちのメジナ釣りへの想いは？　人生はどうだったのか？

清掃活動を行う釣り団体が増えてきた。

宮川明氏が釣り上げた巨大なクロメジナ70.3cmはいったい何年生きているのだろう？　提供は有限会社フィッシング・ブレーン。

釣り具は隔世の進歩をとげた。鬼才とよばれる松田稔氏が所有するリール。提供は有限会社フィッシング・ブレーン。

タグ標識によってメジナの動きがわかってきた。

幻となった縞のあるメジナがいた!?

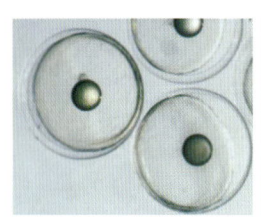

彼らの運命は？ メジナの受精卵とふ化仔魚。

メジナの 嗅 房と味蕾。どんな感覚をしているのだろう？ 好むエサはなんだろう？

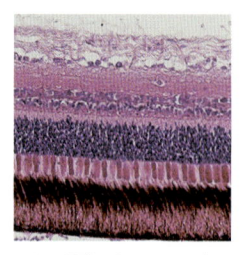

メジナの網膜。どれくらいエサがみえるのか？ 色はわかるのか？

オキナメジナの歯。歯をみると摂餌生態もみえてくる。釣り人を悩ましているクロメジナの歯は？

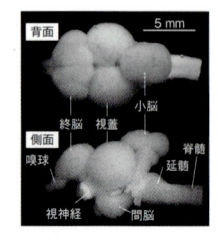

背面
終脳 小脳
視蓋
側面
嗅球 脊髄
延髄
視神経 間脳

メジナの脳。スレたメジナの心理は？

海藻を食べるメジナ。彼らの主食は海藻なのだろうか？ どうしてオキアミが好きなのだろう？ 撮影は神田優氏。

メジナたちは何を考えているのだろう？
さあ、メジナの世界を覗いてみよう！

写真撮影は有限会社ティエムオフィス、豊田直之氏

日本に棲むクロメジナ (A-C) とメジナの変異 (D-F)。

オーストラリアに分布するメジナ属魚類。(A) ブラックドラマー （シドニーで釣獲　全長 55cm）。(B) シマメジナ （シドニーで釣獲　全長 35cm）。(C1) ブルーフィッシュ （ロードハウ島で釣獲　全長 32cm）。(C2) ブルーフィッシュは釣り上げるとすぐに変色する。(D) ゼブラフィッシュ （パースで釣獲　全長 28cm）。(E) ウエスタンロックブラックフィッシュ （パース水族館にて撮影　全長約 45cm）。

# メジナ 釣る？
# 科学する？

海野徹也
吉田将之　編著
糸井史朗

恒星社厚生閣

# ようこそ、メジナの舞台へ

　メジナは「私たちがメジナですよ！」といわんばかりに小磯や防波堤で元気な姿を見せてくれます。そんな愛らしい姿に往年の先生たちも誘惑されたのでしょう。メジナ研究は1950年代から学術雑誌で散見できるのです。その後、メジナは多くの研究者に注目され……と続けたいところなのですが、少し話は違うのです。1970年代になると、食料としての魚を確保するための養殖や栽培漁業が発展しました。養殖や放流されるようなマダイやクロダイたちが研究の主役になったのです。

　研究では脇役になってしまったメジナなのですが、彼らは研究よりずっと大きな晴れ舞台で脚光を浴びるようになりました。その舞台こそが国民的レジャーである"釣り"なのです。メジナ釣りは1970年代のオキアミの流通によって、またたく間に全国に広がったのです。釣りをしない人には「釣りなんて！」と言われるかもしれませんね。でもメジナはとんでもない経済効果をもたらしています。メジナのお陰で普段は人々が訪れることのない港町が活気あふれるのです。それに釣具には惜しげもなく最新技術が注がれています。開発された技術は私たちの生活にも役立っています。何より、メジナたちは決してお金で買うことができない"癒しの世界"を提供してくれるのです。釣り魚随筆家、小西英人氏の言を借りると、メジナこそが"磯の至宝"なのです。

　さて、今日まで釣りという大舞台で活躍しているメジナですが、研究では脇役という日々が続きました。ここで、もう一度、メジナの研究に話をもどします。はじめに紹介したようにメジナは養殖も放流もされていません。でも、少し見方を変えてメジナを考えてみましょう。

　今日、環境の悪化や漁獲により魚が減っている中、メジナは人（放流）の力を借りずに自力で繁殖しています。それにメジナは放流も養殖もされていませんから、メジナたちはすべて純粋な天然魚ということになります。日本に広く分布する魚の中で、遺伝子を含め、古来より天然のままの姿を残している魚がメジナなのです。そんなメジナから学ぶべきことはきっと多いはずです。

　研究ではしばらく脇役になっていたメジナですが、貴重な生物学的な背景を持ち、人々に貢献してきたメジナの価値は見直されるようになりました。最近では、資源動態（吉原ら、2000）、成長と成熟（前田ら、2002）、分類学的検討（Yagishita and

Nakabo, 2000)、分子系統（Yagishita and Nakabo, 2003）、種分化過程（Itoi ら、2007b）、視物質オプシンのクローニング（Miyazaki ら、2005）、色覚の検討（吉田ら、2005）、遺伝マーカーの開発（Ohara and Taniguchi, 2003）、遺伝的集団構造（Umino ら、2009）など、資源、生態、分類、生理、遺伝といった主要な分野でメジナが登場するようになりました。どれも最新の技術を駆使したアプローチなのです。メジナ研究はこれから輝きを放ちながら、魚類研究の道標になりそうな勢いさえ感じられるほどです。

　やっとメジナ研究が長い眠りから覚め、メジナたちが研究と釣りという二つの舞台で主役になったところで、記念すべき世界初のメジナ専門書が誕生しました。この本は魚類学の専門書としては異例な試みがあります。それは研究者と釣りで活躍している執筆陣が登場するところです。メジナのすべてを知っていただくために、二つの舞台での輝かしい功績を披露したかったからです。メジナ釣りが好きな皆さまには"生き物"としてのメジナに接していただきたいのです。

　この本をきっかけに、メジナファンが増え、メジナを原点に研究者も釣り人も一体になる、そして、メジナたちに関わる人々が幸せになれば、あのメジナたちもきっと微笑んでくれるでしょう。「メジナ　釣る？　科学する？」を存分にお楽しみください。

　なお、本書の出版を勧めてくださいました日本水産学会会長の竹内俊郎先生には心から感謝の意を表させていただきます。

　　　2011 年 2 月 25 日

　　　　　　　　　　　　　　　　　　　　　　　　　　　　　　　　海野徹也

メジナ 釣る？ 科学する？ 目次
# CONTENTS

### 第1章 メジナたちはどこからきて、どう生きるのか

- **1-1** 分類と分布 ―メジナたちがたどった道― 柳下直己 ……………002
- **1-2** 子メジナの変貌 ―メジナが敏感なわけ― 鈴木伸洋 ……………013
- **1-3** メジナとクロメジナの出会い
  ―実は幼なじみだった― 間野伸宏・糸井史朗 ……………019
- **1-4** メジナ幼魚の動態 ―11,000尾が語る真実― 吉原喜好 ……………025
- **1-5** メジナの成長と成熟 ―いつから親になる？― 前田充穂 ……………036
- **1-6** 水族館での産卵行動 ―自分たちの卵を食べるメジナ― 阪本憲司 ……………041
- **1-7** メジナとクロメジナの低温適応 ―メジナたちの心臓は語る― 小島隆人 ……048

### 第2章 メジナを取り巻く人と自然

- **2-1** 遺跡のメジナ学 ―古代人もメジナを釣った!?― 石丸恵利子 ……………056
- **2-2** メジナとクロメジナを見分ける業 ―正確無比なDNA― 糸井史朗 ……………063
- **2-3** メジナとイシダイの雑種
  ―幻になった"メジナ"― 家戸敬太郎・熊井英水 ……………071
- **2-4** メジナに寄生虫！ ―それはメジナの履歴書― 間野伸宏 ……………076
- **2-5** 巨大クロメジナの正体 ―年齢と生き様にせまる― 海野徹也 ……………081
- **2-6** ナンキョクオキアミ ―地球がくれた宝物― 高野篤成 ……………087

### 第3章 はまる！ きわめる！ メジナ釣り

- **3-1** 海の中から見てみれば ―釣りと生態学の知識とともに― 豊田直之 ……………090
- **3-2** グレと遊ぶ ―感謝する心を大切に― 宮川明 ……………096
- **3-3** メジナ釣りを伝えたい ―難しいから面白い― 鵜澤政則 ……………100
- **3-4** 鬼才が語るグレ釣り
  ―明るく・楽しく・面白く― 松田稔、聞き手：海野徹也 ……………106

3-5　釣りのない人生なんて　ークロ釣りでリフレッシューーー　城島健司 ................111

3-6　オキアミのない国のメジナ釣り
　　ー新しい釣りがみえてくるー　斉藤英俊 ................116

## 第4章　メジナ釣具の進歩

4-1　日本の技術が光るカーボンロッド　ーメジナと"深化"ー　能島康匡 ................124

4-2　リールの使命　ーメジナと世界最高峰のLBリールー　梶木高男 ................131

4-3　最強の釣り糸のために　ーもとめたのは結節強度ー　黒田昭仁 ................136

4-4　釣り針の進歩　ーこの世にメジナがいるかぎりー　麻田尚弘 ................141

4-5　メジナ釣りに最適な釣りエサを作る
　　ー集魚効果から環境までー　藤原　亮 ................145

4-6　釣りが高じて釣具メーカーへ
　　ーメジナは縁むすびの神様ー　斉藤高志 ................153

## 第5章　メジナの体のしくみと生態　～釣魚学あれこれ～

5-1　メジナの眼　ーどれだけ見える？ー　海野徹也 ................158

5-2　分子からみたメジナの眼　ー色はわかる？ー　国吉久人 ................168

5-3　食べ方までわかるメジナの歯
　　ー歯医者いらず、釣り人泣かせー　神田　優 ................175

5-4　最新技術でみたメジナの食べ物
　　ー本当に海藻を利用している？ー　高井則之 ................184

5-5　メジナの"こころ"をよむ　ーなぜ釣れなくなるのか？ー　吉田将之 ................191

## 第6章　メジナの未来のために

6-1　メジナを次代に残すために　ー大切なのは多様性のリレーー　大原健一 ................202

6-2　資源保護先進国に学ぶ　ーオーストラリアのライセンス制度ー　斉藤英俊 ................211

6-3　メジナたちを育む自然を守る　ー持続可能な里海づくりー　神田　優 ................216

6-4　届け想い　ーメジナ釣り、そのリズムと感動にのってー　高里　悟 ................221

# 第1章

メジナたちはどこからきて、
どう生きるのか

# 1-1 分類と分布
## メジナたちがたどった道

**柳下直己** 近畿大学農学部。専門は魚類の分類学・進化学・分子生態学・資源生態学。磯に棲むものから深いところに棲むものまで、さまざまな魚種について研究している。メジナには、研究について色々なことを教えられた。

メジナは釣りの世界だけでなく、魚類の分類学や進化学などの学問分野においても大変興味深い魚である。はじめに、世界のメジナ科魚類について簡単に紹介したい。また、日本周辺のメジナ属3種についての分類、さらに、それらの起源や種分化について、最新の研究成果を交えながら解説しよう。

### 世界のメジナ科魚類

日本周辺には、クロメジナ（図1-1-1）、メジナ（図1-1-2）、オキナメジナ（図1-1-3）の3種の**メジナ科**[1]魚類が生息する。この本を手にした釣り人なら、そんなことは百も承知かもしれない。でも、「世界にメジナ科魚類は何種いるのですか？」という

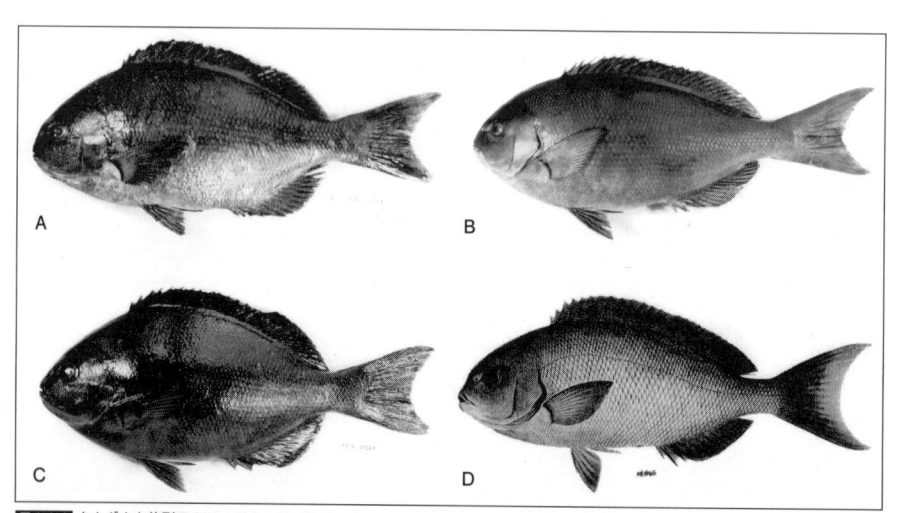

**図1-1-1** さまざまな体形のクロメジナ *Girella leonina*。
(A) A型。(B) B型の体が細長い個体。(C) B型の体が高い個体。(D) Reeves' fish drawing (R. 263) の図。Yagishita and Nakabo (2000) を改変、写真は京都大学。

---

1) **メジナ科**：メジナ科は Girellinae（メジナ亜科）として、Kyphosinae（イスズミ亜科）、Scorpidinae（タカベ亜科）、Microcanthinae（カゴカキダイ亜科）、Parascorpidinae とともに Kyphosidae（イスズミ科）内の亜科として扱われることも多い。しかし、これらを同一科内の亜科として扱う根拠は見当たらないため（Yagishita ら、2009）、メジナ科として扱った。

**図 1-1-2** さまざまな体形のメジナ *Girella punctata*。(A) 体や尾柄が高く、尾ヒレの切れ込みが浅い個体。(B) 体や尾柄がやや高く、尾ヒレの切れ込みがやや深い個体。(C) 体が細長くて尾柄が低く、尾ヒレの切れ込みが深い個体。(D) Temminck and Schlegel (1844) の "*Melanychthys*" の図。(E) Reeves' fish drawing (R. 247) の図。Yagishita and Nakabo (2000) を一部改変、写真は京都大学。

**図 1-1-3** オキナメジナ *Girella mezina* Jordan and Starks, 1907。Yagishita and Nakabo (2000) を一部改変。

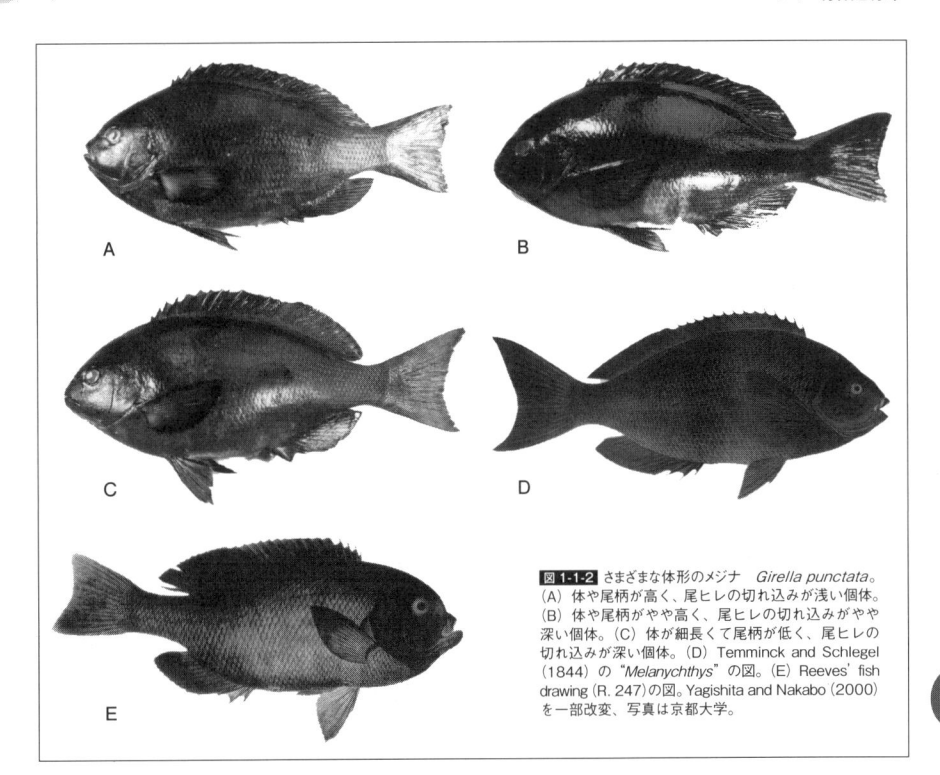

質問に答えられる読者は、かなりのメジナマニアだろう。

メジナ科は、メジナ属 (*Girella*) と *Graus* 属の二つの属からなる。メジナ属の魚は世界に 15 種知られている (Yagishita and Nakabo、2003)。日本周辺に 3 種のほか、オーストラリア・ニュージーランド周辺に 6 種、カリフォルニア周辺に 1 種、南米の太平洋岸に 4 種（ガラパゴス諸島やイースター島に生息する種もいる）、そして、北アフリカ西岸の大西洋に 1 種が分布する（図 1-1-4）。

メジナもクロメジナも体色は全体的に黒色であるため、メジナの仲間は地味な魚と思われていることだろう。しかし、口絵のカラー写真を見てもわかるように、オーストラリアやニュージーランドには鮮やかな**横縞模様**[2]を持つものもいる。また、

---

2) 魚の、縦縞と横縞模様：魚類の縞模様は、頭から尾にかけての縞を縦縞、背から腹にかけての縞を横縞とよぶ。魚の縞模様の縦と横の関係は、尾を下にして人が立ったときの縦と横の関係になる。

# 第1章 メジナたちはどこからきて、どう生きるのか

**図 1-1-4** メジナ科16種の地理的分布。
Yagishita and Nakabo（2003）を一部改変。

a: クロメジナ、b: メジナ、c: オキナメジナ、d: *Girella elevata*、e: *Girella fimbriata*、f: *Girella tephraeops*、g: *Girella zebra*、h: *Girella tricuspidata*、i: *Girella cyanea*、j: *Girella nebulosa*、k: *Girella albostriata*、l: *Graus nigra*、m: *Girella leavifrons*、n: *Girella freminvillii*、o: *Girella nigricans*、p: *Girella zonata*

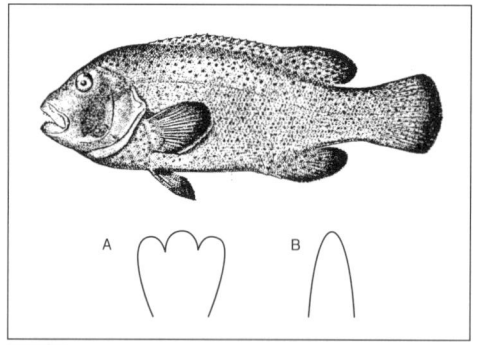

**図 1-1-5** *Graus nigra* Philippi, 1887（Johnson and Fritzsche、1989より）。
*Graus nigra* の歯の形はメジナのような三尖頭歯（A）ではなく、犬歯状（B）である。

唯一、大西洋に生息する *Girella zonata* の体側には、日本のオキナメジナそっくりの黄色の横縞がある[3]。しかし、このことからだけでは、*Girella zonata* とオキナメジナが近縁であるとは言えない。それに、なぜ、ほかのメジナ類とは遠く離れた大西洋に、このような種が1種だけ分布するのか、その起源については未だ謎なのだ。

もう一つの *Graus* 属には、ペルーからチリの沿岸に生息する *Graus nigra*（図 1-1-5）1種のみが知られている。メジナの歯については「5-3 食べ方までわかるメジナの歯」で紹介されているので、そちらを参考にしていただくとして、メジナ属の種がすべて**三尖頭歯**[4]（図 1-1-5,A）を持つのに対し、*Graus nigra* は犬歯状の歯（図 1-1-5,B）を持つ。メジナの仲間とは思えない風貌のため、ベラ科やハタ科に分類されていたこともあるが、解剖学的な研究により、現在ではメジナ属に近縁であることがわかっている（Johnson and Fritzsche、1989）。

---

3) オキナメジナの成魚では、横縞は陸にあげると消失する。
4) 三尖頭歯：畑で使う鍬のように先が三つに分かれている歯。

## 🐟 別種であるということ

"種"とはなにか。"種"の定義にはさまざまなものがあるが（八杉・新妻訳、1994を参照）、動物における"種"の概念として、現在、最も一般的に受け入れられているのは"生物学的種概念"である。"種"とは"互いに交配しうる自然集団で、ほかの集団から生殖的に隔離されている"と定義される。つまり、種が異なればお互いに交配せず（あるいはまれに交配したとしても、その子供には生殖能力がなく）、遺伝子の交流が絶たれる。分類学の研究において、ある複数の集団が別種であるのかを調べる場合、交配実験を行うのではなく、形態あるいは遺伝子を詳しく調べる。そして、その集団間に生殖的隔離が存在するといえる程度の違いがあるのかを明らかにするのだ。

## 🐟 メジナ属に新種か？

「メジナ属の新種を発表できるかもしれない！」1990年代の半ば、大学4年生になったばかりの私は、新種の発見を夢見て、毎日、クロメジナの計測を行っていた。クロメジナとして**同定**[5] されるもののなかに、口が体の下の方にあり、眼の前方（額にあたる部分）がわずかに突出し、死後にウロコがはがれやすく体が鬱血して赤みを帯びる**個体**[6]（A型）（図1-1-1,A）と、そのような特徴を持たない個体（B型）（図1-1-1,B）がいた。さらに、B型には、体高が高い個体（図1-1-1,C）もいた。まずはA型とB型がお互いに別種かどうかを明らかにすることが、私に与えられた卒業研究のテーマであった。

別種の可能性がある場合、現在であればまず遺伝子の違いを調べるのが手っ取り早い。調べたい種と近縁な別の種も同時に調べて遺伝的差異を比較すれば、生殖的隔離の有無についてより客観的な判断ができる。形態の違いを調べる場合は、成長に応じて体の各部位の割合が変化することや、オスとメスの形の違いなども考慮した上で、別種かどうかを判断する必要がある。ヒトでも、子供の方が大人よりも頭の割合が大きく、男性と女性では体の各部位の割合や骨格の形が違う。また、形態的な違いが見られたとしても、それがわずかである場合、生殖的隔離が存在するとみなして良いのか判断が難しいこともある。しかし、1990年代の半ばは誰もが簡単に遺伝子を調べられる時代ではなかった。そのため、形態を詳しく調べるしかなかった。A型とB型は、それぞれ別種なのか、その違いを明らかにするために、

---

5) **同定**：分類学では、対象となる個体の特徴を調べて、どのような分類群に入れられるかを調べることを同定という。
6) **個体**：生物を数えるにはいろいろな単位（例えば匹、尾、頭など）があるが、生物学ではすべてひっくるめて、生きていくために必要なしくみを一通り備えた個々の生物体のことを個体という。

ひたすら計測を続けた。

1尾ずつ、体のいろいろな部位の長さ（計測形質という）を33カ所も測り、背ビレの**鰭条**[7]の数や**鰓耙**[8]の数、あるいは側線上のウロコの数（計数形質という）など5カ所の数を数えた。これだけ多くの形質を測定・計数するためには、慣れるまでに1尾につき1時間近くかかっていたと思う。

ようやくA型25尾およびB型176尾を計測し終えて、統計処理を行った。別種であればいくつかの形質に**有意差**[9]が見られるはずである。ところが「残念！」、2型間の測定結果にはまったく有意差がなかった。「二つの型はお互いに別種ではなく、同じ種内の変異（個体による違い）である」とみなさざるを得なかった。その後、遺伝子も調べることにより、A、B型の違いやB型の体高の違いは、どれも種内の変異であることが確かめられた。

## 🐟 メジナ属3種の見分け方

新種の発見は文字通り夢と消えた。しかし、クロメジナという種内にこれだけ大きな変異があることは驚きであった。そこで、日本周辺に分布するほかの2種についても、種内の変異を徹底的に明らかにすることが新たな研究テーマとなった。幼魚から成魚まで、オキナメジナ31尾とメジナ78尾を計測した。

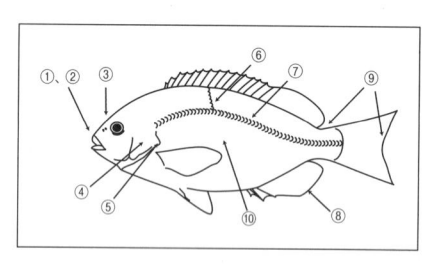

その結果、メジナにも体が高くて尾

|   |   | クロメジナ | メジナ | オキナメジナ |
|---|---|---|---|---|
| ① | 口 | 口幅は狭く、上唇は薄い | 口幅は狭く、上唇は薄い | 口幅は広く、上唇は厚い |
| ② | 歯 | 外列歯は1列。歯は3尖頭で、それぞれの尖頭の幅は同じ | 外列歯は通常2列（1列や3列、まれに4列の個体もいる））。歯は3尖頭で、それぞれの尖頭の幅は同じ | 外列歯は3〜4列。歯は3尖頭で、中央の尖頭は両側の尖頭よりも幅が広い（部分的に門歯状歯を持つ個体もいる） |
| ③ | 成魚の頭部背縁 | 眼の前方で急傾斜しない | 眼の前方で急傾斜しない | 眼の前方で急傾斜する |
| ④ | 鰓蓋の鱗 | 下半部は無鱗域 | 下半部は無鱗域（まれに全域に鱗） | 全域に鱗 |
| ⑤ | 鰓蓋の後縁 | 黒い | 黒くない（稀に背側だけ黒い個体あり） | 黒くない |
| ⑥ | 背鰭中央下側線上方横列鱗数 | 通常10〜11（8〜13） | 通常7（6〜9） | 通常6（5〜7） |
| ⑦ | 有孔側線鱗数 | 通常59〜64（57〜65） | 通常52〜55（50〜56） | 通常50〜52（47〜53） |
| ⑧ | 臀鰭 | 低く、軟条数は通常13（12〜14） | 低く、軟条数は通常12（11〜14） | 高くて丸く、軟条数は通常11（10〜12） |
| ⑨ | 尾の付け根（尾柄）と尾鰭 | 尾柄は低く、尾鰭の切れ込みは深い | 尾柄の高さや尾鰭の切れ込みは様々 | 尾柄は高く、尾鰭の切れ込みは浅い |
| ⑩ | 体側の黄色の横帯 | なし | なし | 生きている時だけある（成魚では陸にあげるとすぐに消失） |

図1-1-6 日本周辺のメジナ属3種をみわけるポイント。

---

**7) 鰭条**：鰭（ひれ）を支えているスジ状の構造。硬くて尖っている棘と、柔らかい軟条とがある。
**8) 鰓耙**：鰓（えら）の咽頭側（のど側）に生えている突起のこと。呼吸水とともに口腔に入ってきた食物をろ過する役割がある。
**9) 有意差**：偶然による違いではなく、統計学に基づいた計算により確かめられる、意味のある差のこと。差があるかどうかをできるだけ客観的に示すために必要とされる。

の付け根が太く、尾ヒレの切れ込みが浅い個体（図1-1-2,A）、これに似ているが尾ヒレの切れ込みがやや深い個体（図1-1-2,B）、体が細長くて尾の付け根が細く、尾ヒレの切れ込みが深い個体（図1-1-2,C）など、さまざまな形のメジナがいることがわかった。また、日本周辺のメジナ属3種には、体形以外にも、それまで知られていなかった多くの変異が存在することが明らかとなり、従来の方法では正確に同定できないことがわかった。

　図1-1-6に、変異を含めた3種の特徴をまとめた。これを基にすれば、日本周辺のメジナ属3種をほぼ100％同定できるだろう。

## クロメジナの学名が変わった！

　これで、それぞれの種の輪郭が明らかとなった。そこで、次にこれら3種に用いられている学名に問題はないかを確かめることにした。その結果、クロメジナの学名を変更する必要があることが判明した。

　学名とは、簡単に言うと"生物につけられる世界共通の名前"であり、異なる国の研究者たちが、正確に情報交換するために必要となる。種より上の分類群である科、目、綱、門、界にもそれぞれ学名があるが、学名といえば多くの場合は種の学名を意味する。また、種以外の分類群は1語で表され、例えば、メジナ科の学名はGirellidaeである。これに対し、種の学名は種より一つ上の階級である属の名前"属名"と"種小名"の2語により、通常はイタリック体（斜体）で表される。だからメジナという種の学名は*Girella punctata*であり、*Girella*が属名、*punctata*が種小名である。ちなみに分類学関連の学術雑誌や著書では、*Girella punctata* Gray, 1835のように、学名の後に続けて命名者（ここではGray）および新種として発表された年（ここでは1835年）を記すこともある。この2語による命名法は、18世紀半ばに、分類学の父と呼ばれるカール・フォン・リンネにより体系づけられた。このように種名を2語で表せば、どの種とどの種が同一の属なのか、その近縁性が一目瞭然となるため大変便利である。

　話を元にもどそう。クロメジナには、従来*Girella melanichthys*（Richardson, 1846）の学名が用いられてきた。命名者と発表年を示す"Richardson, 1846"がカッコ内に入れられているのは、Richardsonが命名した後に属が移されたことを意味している。そもそもRichardson（1846）は、Temminck and Schlegel（1844）の"*Melanychthys*"の図（図1-1-2,D）とReeves' fish drawing（R. 247）の図（図1-1-2,E）

の二つの図（描写）をもとにして、*Crenidens melanichthys* を新種として記載した。しかし、その後の研究により、この種は *Crenidens* 属からメジナ属 *Girella* へ移されたのだ。

さて、Richardson（1846）が *Girella melanichthys* を記載するもとにした二つの図のうち、Reeves' fish drawing（R. 247）（図1-1-2,E）の方は、クロメジナで間違いないだろうか。メジナを見なれている読者なら「メジナでは？」と思うのではないだろうか。では、"*Melanychthys*" の図（図1-1-2,D）はどうか。体が細長くて尾の付け根が細く、尾ヒレの切れ込みが深いなどの特徴から、こちらの図はクロメジナだと思うかもしれない。しかし、上述のようにメジナにも似たような個体（図1-1-2,C）がいる。過去の文献によると、この図は7尾をもとにして描かれたものであり、それらの標本はオランダのライデン王立自然史博物館に保存されているということだった。

そこで、それら7尾の標本を実際に詳しく観察したところ、その特徴からして、明らかにメジナであった。長い間使われてきたクロメジナの学名 *Girella melanichthys*（Richardson, 1846）は、実はクロメジナではなくメジナに与えられた学名であったのだ。ややこしいことに、メジナにはずっと前に *Girella punctata* Gray, 1835 の学名が与えられている。同じ種に複数の学名がつけられている場合、基本的には最も早く与えられた学名を採用することが国際動物命名規約に定められている。だから、メジナの学名は、従来どおり *Girella punctata* Gray, 1835 で良いことになる。

では、クロメジナに用いるべき学名は何か。もし、過去の文献を片っ端からあたり、クロメジナに用いられる学名が見つからなければ、クロメジナに新たに学名を与えることができる。つまり、クロメジナ自体を新種として発表できるのだ。しかし、幸か不幸かクロメジナに用いるべき学名はすぐに見つかった。それが、*Crenidens leonina* Richardson, 1846 である。Richardson（1846）は、Reeves' fish drawing（R. 263）の図（図1-1-1,D）をもとにしてこの種を記載している。この図は、鰓膜[10]が黒いなど、クロメジナに特徴的な形態を示している。特に、口が体の下の方にあり、眼の前方がわずかに突出し、腹部と尾部が赤みを帯びているという特徴がクロメジナのA型（図1-1-1,A）と驚くほどよく一致する。こうして2000年に、クロメジナの学名は *Girella leonina*（Richardson, 1846）に変更されることとなった（Yagishita and Nakabo、2000）。

---

10）鰓膜：エラぶたを縁どっている膜状の部分。

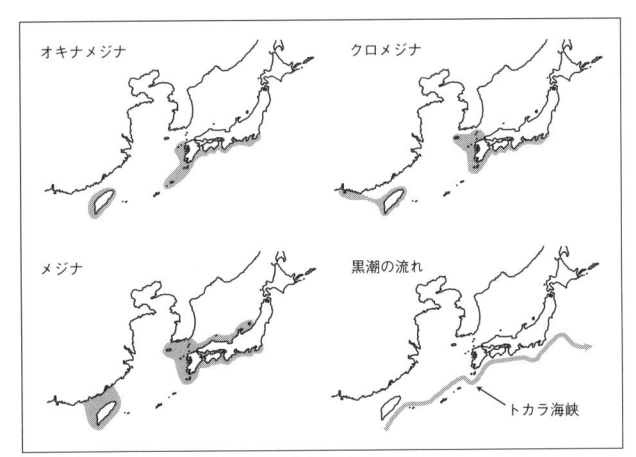

**図1-1-7** 日本周辺のメジナ属3種の主な分布域と黒潮の流れ。
Yagishita and Nakabo（2000）、中坊（2005）を改変。

このように、すでに学名がつけられている種に、別の研究者が別の学名をつけてしまっているような例は多い。そのため、研究が進むにつれ、このクロメジナのように学名が変更されることがある。学名を整理して混乱をなくすことは、分類学の大きな役割の一つである。

## メジナ属3種の分布

日本周辺に生息するメジナ属3種が南方系であることは知られていたが、その分布域について、特に南限については詳しくは知られていなかった。図1-1-7に、私たちの研究で明らかになった、メジナ属3種の主な分布域（稀にしか見られない海域や、幼魚しか見られない海域を除く）を示した。最も南まで分布するのはクロメジナで、中国の香港でも普通に生息する。メジナは中国の福建省沿岸まで、オキナメジナは台湾までである。北限は、太平洋沿岸では3種とも千葉県房総半島で、日本海沿岸では、オキナメジナとクロメジナが対馬海峡付近、メジナが新潟県である。また、メジナは朝鮮半島南岸にも分布する。

ここで興味深いのは、3種とも中国南部あるいは台湾まで分布しているのに、基本的に琉球列島には分布しないことである。このように、分布がトカラ海峡で分断されている種は、ヨウジウオ、カサゴ、ヨメヒメジ、イサキ、キジハタ、ホンベラ、キュウセン、ササノハベラ属、イラなど、メジナ類以外にも多い（中坊、2005）。現在、このように分布が分断される要因は、黒潮の流れにあることが指摘されてい

る（中坊、2005；瀬能・松浦、2007；松浦、2009）。

　黒潮は、フィリピン東岸から台湾東岸を経て琉球列島の西側を通り、トカラ海峡を抜けて日本列島の太平洋沿岸を北上する。中国大陸沿岸や台湾の浅海の岩礁域に生息している魚は、黒潮の外側（東側）に出ることができないため、あるいは、九州以北のものは黒潮を横切って南下することができないため、琉球列島には分布しないと考えられている。

## 🐟 メジナの起源と種分化

　では、日本周辺のメジナ属3種は、どのような歴史を経て現在のような分布をするようになったのか。3種は日本周辺で**種分化**[11]したのだろうか、それともほかの海域で種分化して日本周辺へやって来たのだろうか？　**ミトコンドリアDNA（mtDNA）**[12]をもとに、3種の種分化の歴史を調べることにした。

　DNAを調べるためには、**ホルマリン**[13]に浸けられたことのない組織が必要である。一旦ホルマリンに浸けられてしまうと、DNAがズタズタに切れてしまい、構造（塩基の配列）がうまく分析できないのだ。博物館や大学に保存されている標本はアルコール保存されているとしても、多くはその前にホルマリンにより固定されてしまっている。そのため、外国産の種では、DNA分析可能な筋肉組織を入手することは大変困難である。

　しかし、幸いにも日本周辺の3種に加え、オーストラリア産の2種とカリフォルニア産の1種の新鮮な標本を入手することができた。世界で15種もいるメジナ属のうちのわずか6種だが、これらを解析すれば、日本周辺の3種が共通の祖先から種分化したのか、また、どのような順序で種が分かれたのかを、なんとか知ることができる。

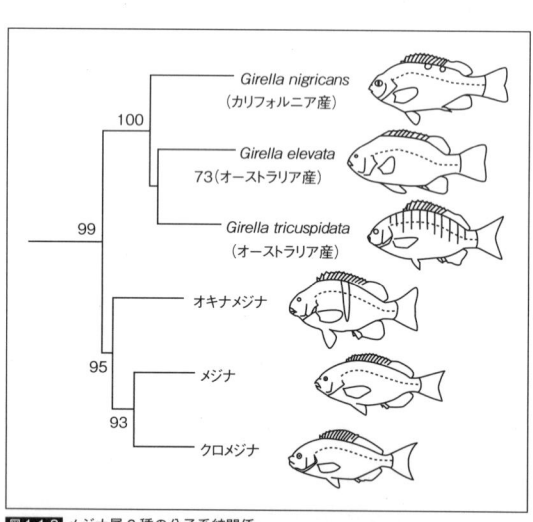

**図1-1-8** メジナ属6種の分子系統関係。
各枝の値はQuartet puzzling reliability valueという値（%）で、これが大きいほど、その枝分かれが確からしいといえる。Yagishita and Nakabo（2003）を改変。

---

11）**種分化**：進化の過程で新しい種が現れること。
12）**ミトコンドリアDNA**：細胞小器官であるミトコンドリア内にあるDNA。「2-2 メジナとクロメジナを見分ける業」に詳しく解説されている。
13）**ホルマリン**：生物の標本作製に用いる溶液。防腐作用がある。

この6種について、mtDNAの遺伝子[14]の違いをもとに系統関係を推定した（図1-1-8）。その結果、オーストラリア産の2種およびカリフォルニア産の1種がまとまったグループをつくり、日本周辺の3種が別のグループにまとまることがわかった。つまり、日本周辺の3種は共通の祖先から種分化したようだ。また、これら3種の内、オキナメジナが最初に分化し、メジナとクロメジナが後から分化したことがわかった。

では、これら3種はいつ頃どのようにして種分化していったのだろうか？ ほぼ時間に比例して塩基配列が少しずつ変化していくmtDNAの特定の遺伝子を比較することによって、種同士がどのくらい前に分化したのかを推定した。分析の結果、オキナメジナは約730万年前にメジナ・クロメジナの共通祖先と分かれ、また、メジナとクロメジナは、約630万年前に分かれたと推定された（Itoiら、2007b）。

これらの結果および3種の現在の分布域をもとに、Itoiら（2007b）は3種の種分化過程について以下のような仮説をたてた。700万年以上前、3種の共通祖先はかつての日本周辺に広く分布していた（図1-1-9,A）。約600～700万年前、現在の琉球列島周辺は陸地となっており、東シナ海・南シナ海は太平洋と隔離されていた。また、日本列島と朝鮮半島は陸橋でつながっていた（図1-1-9,B）。そのため、約700万年前に、3種の共通祖先の一部は東シナ海・南シナ海に取り残されることとなり、これがオキナメジナへと分化した（図1-1-9,B）。また、約600万年前にメジナとクロメジナの共通祖先の一部がかつての日本海に取り残され、これがメジナへと分化し、太平洋沿岸のものがクロメジナへと分化した。その後、現在の日本列島が形

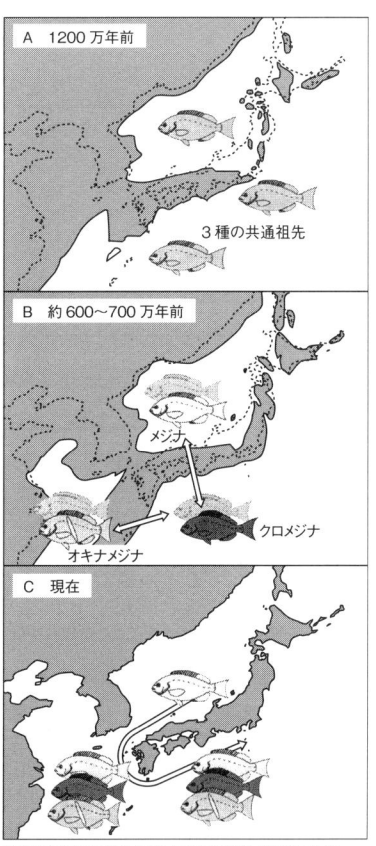

図1-1-9 日本周辺のメジナ属3種の種分化過程の仮説。Itoiら（2007b）を改変。

[14] ND2とよばれる領域を使った。

成されると、メジナは太平洋沿岸へと分布を広げた (図1-1-9,C)。一方、クロメジナとオキナメジナは、おそらく冬期の水温が低いなどの理由により、日本海へと分布を広げることができなかったと考えられる。

## おわりに

ここでお話したことは、直接、メジナ釣りに結びつくことではないかもしれない。しかし、今回紹介したような研究を行っていることを知っていただければ、同じメジナ好きとして幸いである。どこまでも続く海を前にメジナ釣りをしながら、太古に種分化し、生き続けているメジナ達に思いを馳せれば、これまでとは一味違った釣りを楽しめるのではないだろうか。

## もっと知りたいひとに

動物の分類学に興味があるひとへ
「動物分類学」2009年、松浦啓一、東京大学出版会

日本の動物の起源について知りたいひとへ
「日本の動物はいつどこからきたのか」2005年、京都大学総合博物館編、岩波書店

## 1-2

# 子メジナの変貌

## メジナが敏感なわけ

**鈴木伸洋**　東海大学海洋学部水産学科。専門は水圏生物科学。水生生物は自分の仲間！細胞組織機能学を中心に、水生生物の生き様と共生の理解に取り組んでいる。

　魚の一生のうち、仔稚魚期はもっとも体型が変化する時期で、生活スタイルも変化する。ここでは、子メジナがいつ頃から鋭い感覚を持ったメジナになるのか、そして、いつ頃から藻類を食べるのか、子メジナの華麗なる変貌ぶりを紹介したい。

### 🐟 プランクトンのようなメジナの赤ちゃん

　産まれて間もないメジナの赤ちゃんを見て、それがメジナとわかる人は少ないと思う。メジナの赤ちゃんは、ふ化して（産まれて）しばらくしても、ウロコやいろいろなヒレもなく、体型が親とまったく違うからだ（口絵カラー参照）。しかも、メジナの赤ちゃんは筋肉の発達が未熟で、遊泳能力も極めて弱い。プランクトンのように夜間は沿岸から沖合の表層、昼間は表層から中層を浮遊する生活を送るのだ。この浮遊生活はふ化して1カ月くらい続き、この時期を仔魚期とよんでいる。

　海洋で浮遊している仔魚を採集するために、仔魚ネットという道具が考案されている（図1-2-1）。ネットの網の目合い 0.53 mm を使って、駿河湾の表層からメジナの仔魚（全長4〜5 mm）を採集してみた。

**図 1-2-1** 海洋で浮遊生活をしている仔魚を採集するための仔魚ネット。

　まず、メジナの仔魚は親メジナとは似つかない。仔魚をよく見ると背腹両側と頭頂部に黒色の色素がはっきりと現れており、背側の方が腹側より相対的に黒色が強いという特徴が認められる（図1-2-2,A1〜3）。仔魚期のメジナはこのような体に現れる**色素胞**[1]の数や、それが現れる部位が特有であるため、かろうじてほかの魚と区別できる。全長5 mm 程度になると、

---

1) **色素胞**：体表にある細胞で、色素顆粒を含んでいる。呈する色により、黒色素胞、赤色素胞などいろいろな種類がある。細胞中の色素顆粒の分布状態の変化により、体表の色が濃くなったり薄くなったりする。

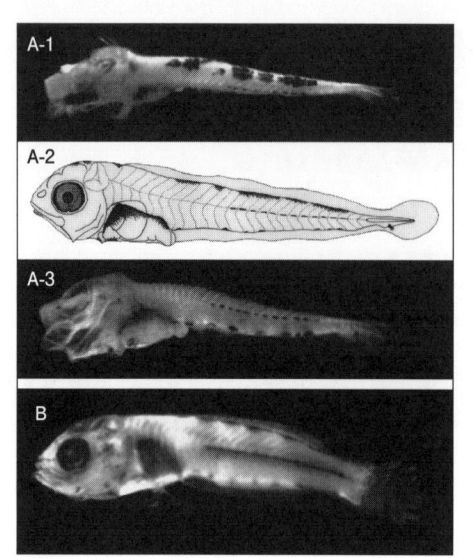

第1章　メジナたちはどこからきて、どう生きるのか

**図1-2-2** 海洋に浮遊する時期の子メジナ（仔魚期）。
(A) 全長4.5 mmの仔魚（A-1は背面面、A-2は側面スケッチ、A-3は少し斜めからみた腹側面）。(B) 全長5.4 mmの仔魚。アルコール中に保存していたため、体全体が白っぽくなっている。

体側にくっきりとした黒い縦縞が現れる（図1-2-2,B）。

　メジナの仔魚だけ見れば「なるほど！　そうなのか！」と思われるかもしれないが、どれも小さな特徴である。それに、稚魚ネットによる採集では、いろいろな魚の仔魚も捕れる。仔魚期の話に限れば、メジナ仔魚は、親同士では似ても似つかないマアジ仔魚に似ているのだ（小西、1988）。それに、メジナ仔魚の黒色色素の特徴は、クロメジナやオキナメジナの仔魚にも共通しているため、外見から容易にメジナ3種を区別することはできないだろう。仔魚期のメジナと他種を形態で見分けるには専門的な知識が必要であり、多くの海産魚の仔魚たちの分類には、赤ちゃんの時から成長にともなう詳しい体型の変化の観察が欠かせないのである。

## 徐々にメジナらしく

　産まれて1ヵ月もすると体型に大きな変化が現れる。例えば、ウロコやいろいろなヒレの原型も出来上がってくる。この変貌ぶりを専門用語で変態とよぶ。変態が終わると、未だ幼稚な体型ではあるものの、ほぼ親のような形に近づく。特に、変態以降を稚魚とよぶ。仔魚と稚魚の違いは体型だけではなく、生活している場所にもある。仔魚はプランクトンのような浮遊生活をしているが、稚魚になると沿岸で底生生活を送るようになる。

　実際、稚魚期のメジナになると潮の流れに乗って、河口域の砂場や防波堤、あるいは藻場などの沿岸部に到達する。そして、そのような場所で発育しながら、近くの岩礁域で群れを作って生活している。初夏に比較的大きな**タイドプール**[2]に子メジナが群れているのは、そうした稚魚たちである。ただし、沿岸の岩礁域に定着した稚魚の群れの中には、海藻が枯れて流れ藻となる時期に、これに付随して別の岩礁域

---

2) **タイドプール**：引き潮の時に海水が岩場に取り残されてできる水たまりのこと。

に移動し、そこで定住するものがいる。こうして群れの分散がおきるようだ。メジナ稚魚の沿岸への出現については、次の「1-3 メジナとクロメジナの出会い」で詳しく紹介されているので、そちらを参考にしていただきたい。

メジナ稚魚の実物をみてみよう。図1-2-3のAとBの子メジナは、5月に静岡県清水港の海水が淀むような砂地で採集したものだ。ボラやハゼの仲間などの稚魚と群れていた個体を網ですくったのである。約30 mm未満の稚魚では、変態前の仔魚と同じように体側に1本の縦縞の帯が目立っている（図1-2-3,A）。さらに

**図1-2-3** 子メジナ（幼稚魚期）の形態。
(A) 全長 19.8 mm、(B) 全長 28.1 mm、(C) 全長 81.2 mm。AとBは静岡県清水港で、Cは静岡県興津漁港で採集。

成長した稚魚ではウロコの基部が黒っぽい小さな点で覆われる。そのため、縦縞の帯は徐々に目立たなくなる（図1-2-3,B）。

図1-2-3,Cは、11月に静岡県興津漁港で採集した全長約80 mmの個体である。体色はさらに黒色が増し、体側の縦縞の帯は見えなくなる。体色の黒味が増すのは、基部が暗色で小黒点が散在するウロコの色彩によるものだ。余談であるが、メジナの地方名はグレ（関西中心）、クロイオ（九州北部・宇和島）、クロダイ（下関・大分・熊本・鹿児島）、クロヤ（舞鶴）、クロコ（新潟）など、さまざまであるが、"クロ"を冠するよび名は、いずれも黒っぽい体色という意味に由来するようである。メジナの稚魚はもう立派な"クロ"である。

## 子メジナの感覚

これまで子メジナの体型の変化について解説してきたが、感覚の発達を、水流の変化を感じとる感覚器を例に紹介しよう。メジナ仔魚の体表を電子顕微鏡で見ると、大きさ約 0.02 mm の感丘とよばれる感覚器が見える（図1-2-4,A）。感丘は、頭部をはじめ、体表に露出した状態でたくさん存在する。一つの感丘はいくつもの感覚細胞

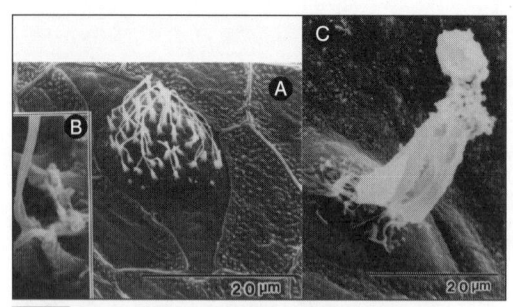

第1章 メジナたちはどこからきて、どう生きるのか

**図1-2-4** 子メジナ（仔稚魚）の体表表面にある感覚器の感丘。
(A) 体表表面に露出した感丘。(B) 感丘の感覚毛の拡大。(C) 側線管のクプラ。

の集合体である。それぞれの感覚細胞は、階段状に整列した多数の不動毛と1本の長く伸びた動毛を持っている（図1-2-4,B）。

この感覚細胞の不動毛は水流の振動の方向をとらえ、階段状に配列することで、その振動を増幅して動毛を震わせる。動毛が振動した時に生じる信号は、感覚細胞に接続している神経に伝えられる。このように感丘は餌生物や外敵が動くときに生じるわずかな水流の方向を感知することができる。仔魚にとって眼と並んで重要な感覚器になっている。

稚魚期になると体表にはウロコが生えてくるので、体表の表面にあった感丘はクプラ（図1-2-4,C）とよばれる1枚の板状の構造に変化する。クプラは、**側線管**[3] の中に埋没し、側線管の中に入ってくる水流や水圧といった振動をクプラが増幅する。そして、クプラ基部にある神経を経由して、感覚の情報が脳に伝えられる。側線管を通り抜ける振動は、感丘が受ける振動より大きく、その振動方向を感じ取る精度もより確かなものになる。そのため、この頃の子メジナは仔魚期に比べてはるかに感覚が敏感になる。

作家の井伏鱒二は、メジナ釣りの竿として**庄内竿**[4] をあげ、「庄内の合わせ竿というのを借りて使った。可愛らしいメジナを釣る目的の竿である」とし、メジナが警戒心の強い魚である描写として、「風の強い日によく釣れる。白波の砕けるなかでよく釣れる」と記述している。

メジナ釣りでは、海が荒れた日に喰いが良いといわれるが、メジナは稚魚の時には警戒心が強く、釣り人を悩ます賢いメジナに変身していることがうかがえる。

## 🐟 子メジナの食性変化と消化

メジナの吻(ふん)（口の先端、以下、口と書く）は小さく、オチョボグチで上下方向に開く。マアジやスズキのように頬の筋肉が発達していないため、口を大きく前に突き出してエサを食べることは難しい。メジナのエサの摂り方は、小さな口を開いて、顎(あご)にある歯でエサを噛み切った後、のどにある**咽頭歯**(いんとうし)[5] で破砕しながら飲み込み、

---

3) 側線管:魚の側線をよく見ると、側線が通っているウロコ（側線鱗という）の多くに小さな穴が開口している。このようなウロコを側線有孔鱗といい、この穴の下には管があって外部と通じている。これを側線管とよぶ。
4) 庄内竿:山形県庄内地方に古くから伝わる工芸的な釣り竿。
5) 咽頭歯:のどの部分にある歯で、鰓弓（さいきゅう：鰓を支える弓状の骨）の一部が変化したもの。一生を通じて何度も生えかわる。

胃で消化すると考えられる。口を開くと形は嘴状になり、この形は海藻を剥いで細かくちぎって食べるのにも適している。このことから、メジナはオキアミでも釣れるが、消化器官は海藻を食べるのに適しているようだ。メジナの歯と摂餌生態については「5-3　食べ方までわかるメジナの歯」を、海藻とメジナの関係については「5-4　最新技術でみたメジナの食べ物」を是非参考にしてほしい。

　では、メジナはいつ頃から雑食性を示すのだろうか。ここでは、子メジナの消化器官と食性の変化について考えてみる。

　稚魚期のメジナは外見だけではなく体の内部も変化する。その典型的な例が消化器官である。例えば、浮遊生活のメジナ仔魚の腸は、ほぼ真っ直ぐで、胃も持っていない。よって、仔魚は、殻が柔らかく分解が容易な動物プランクトンを捕食している。また、その餌生物の持つ消化酵素の力も借りながらエサを分解して、栄養を吸収している。このため仔魚期のメジナは、動物プランクトンやほかの海洋動物の卵や幼生がたくさん浮遊している場所に集まる。そのような場所は、海洋の沖合では潮が渦を巻く所や潮がぶつかる潮目とよばれる場所であり、沿岸では河口付近の砂場や防波堤の潮だまり、あるいは藻場である。少し成長して、沿岸の岩礁域で生活する時期の稚魚は、主に海藻葉上に生活するワレカラなどの小型の甲殻類や、そのほかの浮遊幼生などを食べて育つと考えられる。

　ただし、図1-2-3,A,Bに示すような稚魚の胃内容物を観察すると、小型の魚類や甲殻類に混じって、海藻の断片が見つかることがよくある。図1-2-3,Cのような稚魚まで成長したメジナの胃の形はＵの字形で、胃から腸に繋がる十二指腸部には、魚類特有の消化器官である幽門垂を持っている（図1-2-5）。幽門垂は、主に炭水化物の消化を助ける酵素のアミラーゼなどを分泌している。肉食性が強い魚で発達し、腸管を挟んで左右一対房状に存在することが多い。ゴマサバ成魚などでは100本近くあり、解剖して全部広げるとB5のコピー用紙ほどの面積になる。

　十二指腸は、肝臓から胆のうを経由して胆汁を、すい臓からすい液を受け、脂肪、タンパク質、炭水化物を分解して腸管に送る働きをする部分である。

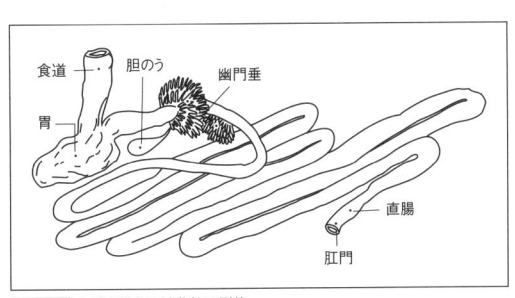

**図1-2-5** メジナ稚魚の消化管の形態。

歯列が魚種により1〜3列と異なり、顎骨歯がないコイ科魚類ではよく発達し、コイでは3列もある。左右の咽頭歯は互いに噛み合うほか、頭蓋骨に連続する上咽頭骨とも噛み合うことでエサを咀嚼して胃に送る役割を担っている。

腸は太くて長く、旋回してコンパクトに収められている。一般に腸が長い魚は、雑食性で藻食性が強いといわれる。例えばヘラブナは、植物プランクトンなどの微細藻類を好んで食べており、胃は退化していて、腸の長さは体長の約8倍もある。藻食性が強く、幽門垂が短いアイゴでは約3倍である。魚食性の強いスズキは幽門垂がよく発達し、腸の長さは体長のたった0.8倍ほどである。メジナ稚魚の腸の長さは体長の約2倍であり[6]、幽門垂がやや発達することから、稚魚の段階で雑食性（藻食性）が強いと考えられる。春に産まれて秋まで成長した子メジナは体型だけでなく、感覚や食性までも釣り人のイメージどおりの"メジナ"に変わっているのではなかろうか。

## おわりに

ここまで、海洋に浮遊する赤ちゃんメジナから私たちが沿岸の浅場で目にする子メジナまで、体型や食生活の変化についてみてきた。親メジナでイメージする食性や運動の機敏さは子メジナの時期に発達することがうかがえた。

一般に、魚類では稚魚期までに大多数の個体が死亡してしまう。メジナの場合は、この大量死が起こるクライマックスは、おおまかに2回ある。1回目は卵からふ化して3、4日目のエサを食べ始める時期で、上手にエサを捕食することができなかったり、十分に食べられなかったりすることで死亡する。そして2回目は、十分にエサが食べられたとしても、遊泳機能が備わるまでにほかの海洋動物に食べられてしまう危険が多い子メジナの時期である。

私たちが沿岸の浅場で目にする子メジナたちは、この厳しい時期を生き抜いてきたメジナなのである。そして、このメジナたちが無事に産卵するまでには、いくつもの苦難を乗り越えなければならない。こうした海洋でのメジナの生き様を研究して理解することで、私たちが想像できないような優れたメジナの能力を発見することになろう。釣りを通して魚の生き様に興味を持った若者たちが研究に参加して、たくさんの謎を解き明かしてくれることを期待する。

## もっと知りたいひとに

「日本産稚魚図鑑」1988年、沖山宗雄編、東海大学出版会

「魚類の初期発育－水産学シリーズ83－」1991年、田中克編、恒星社厚生閣

---

[6] 幼魚以降の腸の形態は「5-3 食べ方までわかるメジナの歯」を参考に。

# 1-3 メジナとクロメジナの出会い
## 実は幼なじみだった

**間野伸宏** 日本大学生物資源科学部。専門は魚病学と魚類免疫学。病原体の動きを調べ、魚の病気を予防する方法について研究中。魅力いっぱいの伊豆の海にはまっている。

**糸井史朗** 日本大学生物資源科学部。専門は海洋生命工学。細菌から脊椎動物の幅広い生物を対象に分子系統学や生物進化学からアプローチする。最近は、海洋性乳酸菌の利用について研究を進めている。趣味はツーリング。

　春から初夏の磯に出かけると、顔立ちや体格から「"〇×の仲間"の子供だな」とわかるような、いわゆる稚魚に出会うことができる。網ですくい、バケツに移してみるとかわいらしく動き回り、見ているだけで楽しい。しかし、海辺で私たちが普通に目にすることのできる稚魚の多くは、どこで産まれ、どのように過ごし、育っていくのか、未だによくわかっていない。

### 稚魚を見分ける

　私たちが所属する日本大学生物資源科学部の臨海実験所は、伊豆半島下田の爪木崎沿岸に位置している[1]。このあたりには、3月頃から体長10〜30 mmのメジナ属の稚魚（図1-3-1）が押し寄せる。タモ網でも簡単に採れるので[2]、行動や魚体の観察など、大学1〜2年生を対象とした実習でよく利用している。同沿岸の磯では主にメジナとクロメジナが釣れるので、かつては、春にみられるメジナ属の稚魚も、「メジナとクロメジナの両種がだいたい半々に混ざっているのだろう!?」と漠然と考えていた。

　実際のところ、魚類学を専門とする研究者でも、この稚魚たちの種類を特定することは難しいと聞く。成魚に特徴的な形や体色がまだ不完全だからだ。まして、分類学や仔稚魚学は専門外である私たちでは、稚魚図鑑

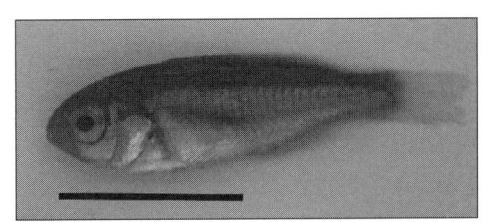

**図1-3-1** 伊豆半島下田の沿岸で採集されたメジナ属の稚魚。写真下の横線は10 mmを示す。

---
1) 日本大学生物資源科学部の臨海実験所の位置については「1-4 メジナ幼魚の動態」に示してある。
2) 小さな稚魚を捕る場合は、予め特別採捕許可が必要な場所もあるので注意すること。

を見ながら観察しても、種まで判断できないことが多い。

　さて、メジナとクロメジナの稚魚の間では、体色の基となる黒色色素の分布や、ヒレを支える軟条の数に違いがある事が報告されている（Fujita ら，2000）。しかし、その違いはわずかで、私たちではなかなか識別することができない。だから、大学1年生を対象としている磯採集実習では、今でも"メジナ属の一種"として説明している。

　メジナとクロメジナは、個体差はあるものの、体長が 40 mm 以上になってはじめて、エラを硬い骨で守っているエラぶたの外縁色や尾ヒレの形などが、それぞれの特徴を示すようになる。このように稚魚の判別が難しいためか、メジナやクロメジナを稚魚期から見分け、生態を比較した研究は、40 年以上も前に取り組まれた例があるにすぎない。

## 🐟 ケンカするほど仲がよい？

　読者の中で金沢大学の奥野良之助先生をご存知の方はおられるだろうか？　金沢城の 1,526 匹のヒキガエルを 9 年間も追い続け、彼らの社会構造を明らかにした先生である[3]。ただし、私たちメジナ属を研究する者の間では、奥野先生はヒキガエルではなく、磯魚、特に、メジナ属の幼魚に関する生態学者として高名である。今から 40 年以上前に、奥野先生は和歌山県田辺湾におけるメジナ属の**幼魚**[4]（全長 3〜8 cm。以後、当時の名称に従い幼魚とよぶ）の社会性を研究テーマとされていた。

　メジナ属の幼魚は群れで行動するが、潮が引くとタイドプールに取り残されることがある。そこでは、いつもは仲良く群れを作っている状況が一変する。すなわち、狭い空間に閉じ込められたメジナ属たちの間で"なわばり"をめぐって"けんか"が始まり、優劣の順位まで作られる。ところが、潮が満ち、タイドプールがなくなると、そこから解き放たれたメジナたちは再び仲良く群れを作るようになる。"けんかをするほど仲が良い"のがメジナ属の幼魚たちのようである。

　奥野先生はカワハギ、ウマヅラハギ、アイゴといった、タイドプールでおなじみの幼魚たちもメジナやクロメジナの幼魚と同居させ、けんかの様子を観察した。面白いことに、メジナやクロメジナはカワハギ、ウマヅラハギ、アイゴにはけんかを売らないが、メジナとクロメジナの間では頻繁にけんかが観察されたという。このことから、メジナやクロメジナは幼魚の時期でも同種（近縁種）と異種を区別していると推察されている。

---

3）詳しい内容は「金沢城のヒキガエル　競争なき社会に生きる（平凡社）」で知ることができる。
4）幼魚：仔魚や稚魚など、発育段階に対する一般的な呼称であるが、学術用語としての定義は明確に定められていない。魚体の各部のプロポーションが成魚と酷似し、性的に成熟するまでを幼魚とよぶことが多い。本書でも、それに従った。

また、"けんかをするほど仲が良い"というのがメジナの本質であれば、メジナとクロメジナは仲良しであり、"海の中では一緒に群れを作っているのではないか？"と奥野先生は考えたそうだ。その後、田辺湾でメジナの幼魚の群れを観察して、調べた 62 の群れのうち、43 の群れがメジナとクロメジナの混合群であることを明らかにした（Okuno, 1962）。

　余談ではあるが、奥野先生は金沢城のヒキガエルの研究においても、彼らの指先の細かな特徴を把握し、個体識別していたという。メジナ属の幼魚の研究の成果も、神業ともいえる観察力のたまものであろう。

### 🐟 ほとんどクロメジナ

　しかし、普通の人が奥野先生と同じような鋭い観察眼を持つのは難しい。また、春先から初夏にかけて見られる全長が 4 cm 以下のメジナ属の稚魚の生態については不明なままであった。そこで、生態学とは縁がなさそうな、魚病学と分子生物学をそれぞれ専門とする著者二人のグループが取り組んだ、稚魚期のメジナ属の研究についてここで紹介したい。

　「メジナに寄生虫！」なんて思われるかもしれないが、私たちはメジナ属に寄生する寄生虫の研究を進めていた。寄生虫研究も面白い。詳しくは、「2-4　メジナに寄生虫！」で楽しんでいただくとして、寄生虫研究のため体長 10 cm 前後のメジナ属の調査が無事終わった時のことである。「稚魚期の寄生虫についても調べてみよう！」との話が出たのだ。ところが、小さなメジナ稚魚とクロメジナ稚魚をどうやって正確に見分けるかが問題となった。寄生虫研究では、寄生虫がどのような宿主（ホスト）に寄生しているか正確に把握しなくてはならないからだ。その頃、著者の一人、糸井によって、ミトコンドリア DNA の塩基配列の違いを利用し、メジナとクロメジナを正確に識別できる画期的な技術が開発された[5]（Itoi ら、2007a）。

　これですべての準備が整い、冒頭の寄生虫を調べるため、下田の臨海実験所周辺でメジナ属の稚魚の採集を開始することになった。研究を手伝ってくれたのは修士課程に進学したばかりの久保田諭君である。磯釣りをこよなく愛する彼を「メジナ釣りができるよ！」という甘い言葉で誘惑し、この研究への勧誘に見事成功したのであった。もっとも久保田君には悪かったが、その採集方法はタモ網、または、**延べ竿**[6]に小さな釣り針と細い釣り糸を付けた磯釣りのミニチュア版であった……。

　研究は 2007 年の 3 月から開始した。採集も順調に進み、1 カ月が経過した頃、

---

5)「2-2　メジナとクロメジナを見分ける業」に紹介している。
6) 延べ竿：リールを付けない釣り竿。

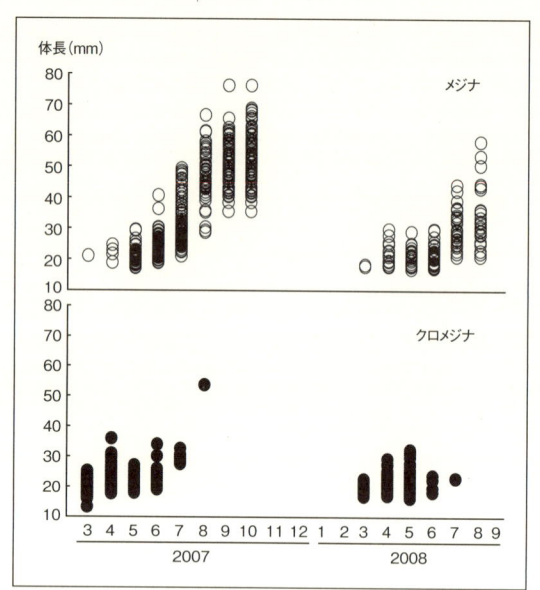

# 第1章 メジナたちはどこからきて、どう生きるのか

**図1-3-2** 伊豆半島下田沿岸域で採集されたメジナ属稚魚数の月別変化。メジナまたはクロメジナを1尾ずつ、それぞれ○または●で示した。3～4月にかけてはクロメジナが多数を占めたのに対し、5月以降はメジナが著しく増加し、8月以降はすべてメジナであった。

久保田君から最初の報告があった。観察された寄生虫もさることながら、意外な結果がもたらされた。それは3月のメジナ属の稚魚は、1尾を除いてすべてクロメジナだったのである。同じ傾向は4月に入っても続き、9割以上がクロメジナであった。やっとメジナが多く現れたのは5月で、メジナとクロメジナの割合が半分となった。メジナとクロメジナはいつも混合群を作っているのではなく、彼らが最初に出会い、お互いに群れるようになるのは5月以降であることが明らかになったのである（図1-3-2）。

## 🐟 40年の歳月をこえて

メジナとクロメジナの調査はその後も続けた。6月になると、今度はクロメジナよりメジナが多くなり、8割以上を占めるようになった。不思議なことに8月以降、クロメジナは確認できなくなり、すべてメジナとなった。クロメジナは夏が来るとメジナと別れを告げ、別の群れを作るようになるのであろうか。

寄生虫研究が本業であったが、メジナ稚魚の生態に関して貴重な情報が得られそ

1-3 メジナとクロメジナの出会い

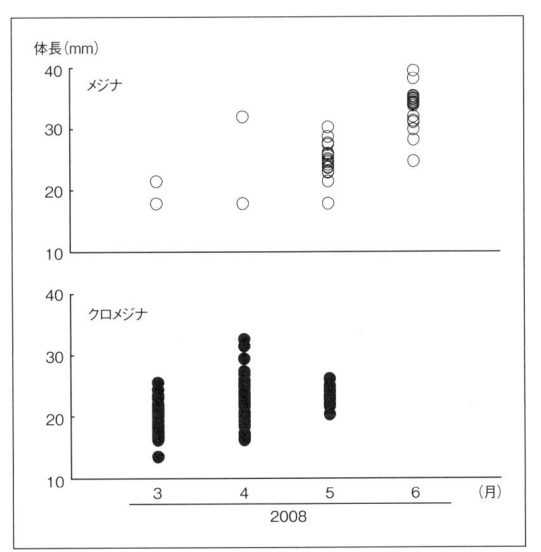

**図1-3-3** 神奈川県三浦半島城ケ島沿岸域で採集されたメジナおよびクロメジナ稚魚数の変化。
伊豆半島と同様に、3〜4月にかけて採集された稚魚は、多くがクロメジナであった。

うだったため、久保田君と相談し、2008年にも下田沿岸で同じ調査を行い、再現性を調べた (図1-3-2)。また、三浦半島の城ケ島沿岸についても同様の調査を実施したところ、両沿岸とも2007年の下田とほぼ同じような結果だった (図1-3-3)。

　先に紹介した奥野先生の研究から、一定の期間、メジナとクロメジナが混合群を作ることは疑いの余地はない。そして40年の歳月を超え、DNAを利用したメジナとクロメジナの正確な識別法を使うことにより、新たな知識を二つほど加えることができた。

　まず、関東沿岸では初春にクロメジナの稚魚が沿岸に押し寄せ、メジナの稚魚がこの群れに加わるのは5月以降である。これらの結果から予想されることは、少なくとも関東沿岸域でみられるクロメジナは、主な産卵時期がメジナよりも2カ月近く早いということである。

　もう一つ興味深いのは、6月以降、群れの多くをメジナが占めるようになり、そして夏を迎えるとクロメジナがいなくなることである。

　一方、奥野先生の研究では、8月に両種が混合群を作っているのが観察されている。つまり地域によって時期は異なるかもしれないが、一定期間同じ空間で過ごし

た後、メジナの稚魚は水深の浅い沿岸に残るが、クロメジナの稚魚はタモ網や延べ竿の届かない海域まで移動するのであろう。メジナとクロメジナの稚魚たちは、接岸時期や生息空間に違いを持つことで、お互い共存できるように進化してきたのかもしれない。

親になったメジナとクロメジナは、別々の群れを作って回遊しているのだろう。そうでなければ、限られたエサをめぐってけんかが絶えず、どちらかが存続の危機にさらされることになるし、繁殖期には雑種まで作られてしまう可能性もある。それぞれの種が存続していくということは、繁殖期や生息空間に微妙な違いがあって当然かもしれない。

## おわりに

たとえ数カ月とはいえ、メジナとクロメジナの稚魚や幼魚は互いを区別しつつも、生息空間を共有し、お互いを仲間として認めている時期があることがわかった。では、鏡で自分の姿を映し出すことができない彼らが、どうやって仲間を見分け、認識しているのだろうか？　私たちは、現在のところ DNA 鑑定でしか両種を正確に区別することができない。しかし、彼らには想像を超える未知の能力が備わっているのではないだろうか。今後、さまざまな専門分野の研究者や新しい技術によって、メジナ属を含む多くの海産魚類の生態研究が加速することを願う。

## もっと知りたいひとに

「磯魚の生態学」1996 年、奥野良之助、創元社
「金沢城のヒキガエル　競争なき社会に生きる」2006 年、奥野良之助、平凡社
「日本産稚魚図鑑」1988 年、沖山宗雄編、東海大学出版会

# 1-4 メジナ幼魚の動態
## 11,000 尾が語る真実

**吉原喜好** 日本大学生物資源科学部。専門は水産資源学。フィールド調査を得意とし、採集器具を考案するのが楽しい。今は、流れ藻に付随して沿岸に来遊するメジナ類の稚魚を追いかけているが、クロメジナの稚仔魚がまだ採集されていない。真冬の海に船を出して捜しているが、空振りの連続。

メジナは磯釣りの人気者で、磯魚を代表する魚と言える。幼魚期の生活の場も磯場や磯にできたタイドプールであることも広く知られている（松原・落合、1969）。ところが、生態については、干潮時のタイドプールに取り残された幼魚のなわばりの形成過程や、昼夜の移動と摂餌習性など（奥野、1956；森、1956）、ごく限られた情報しかなく、沿岸域でメジナ稚魚から幼魚がどのように動き回っているか、どのくらいの成長を示すのか、といった貴重な情報を明らかにした研究は少ない。

私たちは、1996年から現在まで、伊豆下田の田の浦湾とその周辺でメジナの仔魚から幼魚までの動態（成長や移動）に関する研究を行ってきた（吉原、1998；吉原ら、1998、1999、2000）。ここでは、主に2002年までに得られた成果を概説する。

## 🐟 絶好の調査研究フィールド

調査場所とした田の浦湾（図1-4-1）は日本大学下田臨海実験所に隣接する外洋性開放型の小さな湾で、最大幅約100 m、奥行約250 mである。湾の周囲はわずかな砂礫浜を有しているものの、多くが岩礁帯であり、潮が引くといくつものタイドプールが出現する。これらのタイドプールの多くはかつての石材採取跡で、むしろ天然のタイドプールは少ない。岩礁域にはアラメ、カジメなどの大型褐藻類が繁茂し、海中林を形成している。また、湾口の転石帯ではテングサ、湾中央部の砂泥地ではアマモの群落を観察することができる。湾口部は5～10月にアワビ、サザエ、テングサなどの潜水採貝藻漁業、10～4月まではイセエビの刺網漁が行われている。主な研究フィールドである湾中央部から湾奥部は、希に、新人漁師の訓練場所として、サザエ、ウニ、ナマコなどの突き刺し漁を行っている以外は、漁場として使われることはなく、比較的自由に研究のフィールドとして利用できる。

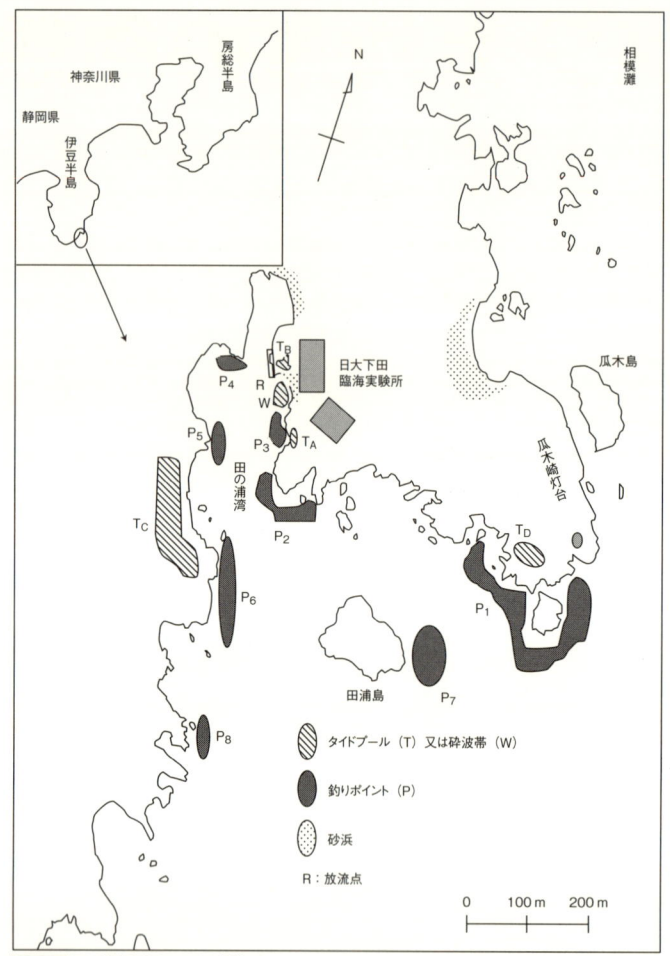

## 第1章 メジナたちはどこからきて、どう生きるのか

**図 1-4-1** 田の浦湾周辺のメジナ採集ポイント。

　田の浦湾とその周辺域は大小さまざまなメジナの釣り場になっており、メジナの生活史の大部分をこの周辺海域で観察することができるのも強みである。実際、4〜5月にかけては、湾内およびその沖合を漂う流れ藻の下では全長15〜20 mmほどの浮遊期のメジナが採集され、春先から初夏にかけてのタイドプールでは、標準体長（以下、体長）が20〜30 mmの子メジナをタモ網で簡単にすくうことができる。さらにタイドプールの外側の岩場ではもう少し大きなメジナ類が群泳しているのが観察される（図1-4-2）。

**図1-4-2** 群泳する子メジナ（推定体長5 cm）。素潜り中、ニコノスV（水中カメラ）で撮影。

## 採集地点の設定および採集方法

　図1-4-1に詳しく示したように、1996～2002年までの6年間（2000年を除く）、タイドプールや砕波帯の採集ポイントで、タモ網または手製のサーフネット（長さ16 m、網丈1.5 m、目合0.5 cm）によりメジナの採集を行った。また、オキアミをエサに、釣りによる採集も行った。年によって変動はあるものの、3～12月の間に月1回の採集を行った。おおむね、タイドプールや砕波帯では春季から初夏にかけて採集量が多く、釣りポイントでは周年採集することができた。

　結局、6年間で11,000尾以上のメジナ幼稚魚を採集することができた。1996年からの3年間は採集した8,500尾を超えるメジナの大半に標識を付して放流した。なお、採集個体はメジナとして扱い、クロメジナはほとんど含まれていないと断定した。というのは、2009年の4～5月に採集された体長20mm以下の個体を対象に、DNA分析による判別（Itoiら、2007a）を行ったところ、採集個体の96%がメジナと判別されたためである[1]。また、体長40mm程度からは外部の形態で両種を判別できる。

　メジナの採集尾数に年変動があるが、年によって開始時期、調査に携わった人数、あるいは調査の目的が異なっているため、正確には、全調査期間を通じて同じ条件での採集が行われていないからである。また、各ポイントに均等に努力量を配分していないため、ポイント間の採集量の比較に意味はないが、上述のように、タイド

---

[1] 詳しくは「2-2　メジナとクロメジナを見分ける業」を参考に。

プールや砕波帯でタモ網あるいはサーフネットを用いて多く採集されている。また、釣りポイントでは臨海実験所から爪木崎灯台にかけての岩礁帯でコンスタントに採集された。1999年以降はすべてのポイントで採集量が減少している。

余談であるが、1998年に新たにポイントとして加えた爪木崎灯台の南西に位置するタイドプールでは、一時期かなりの採集量があった。ここはほかのタイドプールと異なり水深があり、干潮時でも外海との水の交換がある。しかも、メジナが滞留しているのが目視でき、ほかと比較してやや大きなメジナが釣りによって採集できた。ある意味、釣り堀状態だったため、ほかの場所で採集量が望めない時でもこのポイントでは安定した採集量が確保できたのである。

## メジナの成育場の変化

沿岸域において採集されたメジナの体長の月変化をみてみよう。月による体長の変化は、採集方法の違い、すなわち"タイドプール・砕波帯におけるタモ網あるいはサーフネット"と"岩礁域における釣り"とに分けて考えた。図1-4-3は、全データのうち、1997年、1998年および1999年の4、6、8月における体長組成の月変化を示したものである。

タモ網による採集では、通常は小さな個体しか採集できない。しかし、中には、体長90 mm程度の比較的大型の個体が混入している場合もある。これは夜間の干潮時にタイドプールの裂け目に潜んでいるメジナを採集したものである。これまでの研究結果によると（松原・落合、1969；吉原・青柳、1999；吉原ら、2000）、この大きさはほぼ1年魚に相当する。1年魚は夜明け前になると、夜の休み場から群れをなして移動を開始し、午前7〜8時頃になると沖に出て分散し、日没前に夜の休み場に帰る習性があるという（奥野、1956）。これら1年魚と思われる大型の個体は、このような移動中の個体を偶然採集したものと考えられる。また、1998年は前後の2年とは違って、体長組成のモード（最頻値）が大型の方に偏在している。これは臨海実験所下およびその対岸のタイドプールでの採集量が少なく、この年に偶然見つけた爪木崎灯台の南西に位置するタイドプールで、釣りによる採集を集中的に行ったことが影響したと考えられた。

このように一部の例外はあるものの、全体的にはタイドプールあるいは砕波帯においてタモ網、サーフネットで採集される個体と、岩礁帯で釣りによって採集される個体とでは、魚体の大きさが明確に異なる。しかし、釣りで採集されるメジナは

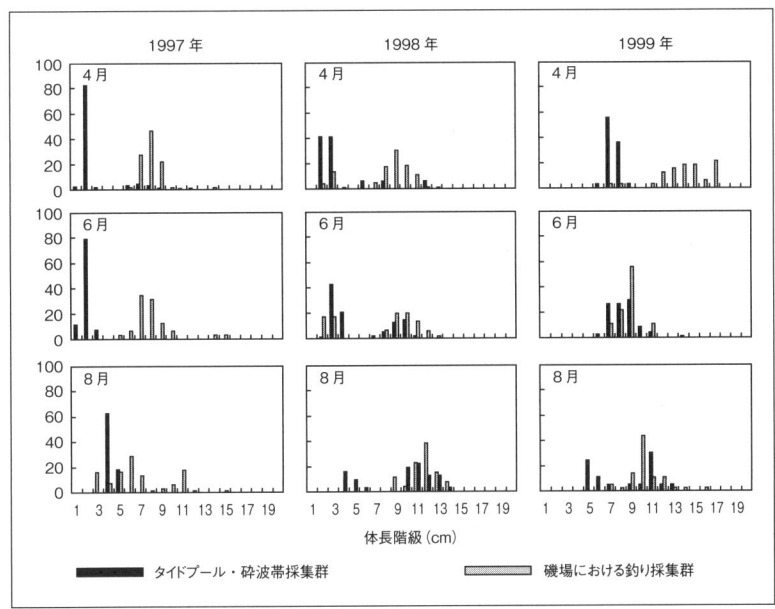

図1-4-3 採集環境別の体長組成の変化。

6月以降小型個体が混在し、タモ網・サーフネット採集群と重なりあっていることがわかる。このことから、沖合の産卵場から来遊した仔魚が、沿岸に到達してタイドプールや砕波帯で成長し、ある大きさに達した個体から近くの岩礁域に生活の場を移して、釣り資源に加入するのではなかろうか。田の浦湾のメジナたちのタイドプール・砕波帯から岩礁域への移行時の体長は、おおむね 40 mm 前後とみなせる。この大きさは全長 4～37 mm までは表層生活、40 mm 程度から沿岸で定着生活に移るとの報告（小川、1981）と一致した。

## 産卵期の推定

田の浦湾周辺海域を含めた伊豆海域でのメジナの産卵期についての報告はない。これまで、メジナの産卵期は本州北部で5～7月、和歌山県の田辺湾で1～2月、長崎県の佐世保湾で5月前後、九州で10～6月、紀伊水道で10～7月、千葉県の小湊で11～6月、南西海区で10～6月、太平洋南区で9～5月という報告例があり（日本水産資源保護協会、1983）、秋から春に至るまで海域によってかなりの幅がある。メジナの産卵期を調べる方法としては、直接、受精卵を採集する方法や、親メジナ

の成熟状況を調べる方法もあるが、実際に沿岸に接岸してくる仔稚魚の大きさから産卵期を推定する方法も有効である。

そこで、田の浦湾で採集されたメジナ稚魚の体サイズから産卵期を推定してみた。タモ網、サーフネットでの採集個体の大きさに注目すれば、20 mm 台が大部分であるものの、7月までは 10 mm 以下の小型の個体が常に採集されていた。また、8月以降、10 mm 以下の小型の個体は採集されていない。さらに、ここでは詳細は省略するが、ふ化仔魚の成長記録（水戸、1967）と、田の浦湾の小型個体の体サイズを照合したり、同湾周辺で漁獲される 30 cm 以上のメジナの卵巣の成熟状態から判断すれば、同湾周辺のメジナの産卵期は冬季から春季と推定される。また、体長の変化から、産まれた稚魚の加入は一時期に集中するのではなく、冬季から春季に産まれた仔魚の来遊時期が数回にわたることが推察される。

## 🐟 標識放流

標識放流とは、採集した魚に目印（標識）をつけて元の環境にもどす（放流する）ことで、標識魚が再び採集（再捕）された時の状況から対象種の生態や資源の状況を推定しようとする方法である。放流時点で入手できる情報としては、大きさ、性別、放流の場所、放流日時、放流尾数などで、再捕された魚から得られる情報は、大きさ、性別、再捕の場所、再捕の日時および**再捕尾数**[2]などである（田中、1985）。言い換えると、多くの魚を標識するということは自然環境中に実験個体群を作ることであり、その再捕のされ方から、自然個体群では推定が困難・不可能な個体群の動態を推定しようとするものである。得られる情報としては、資源やその変動に関するものとして資源量、生残率、漁獲率、自然死亡率など、さらには系群の判別、分布・移動、回遊、成長などが含まれ（能勢ら、1998）、魚類の資源生態学研究に非常に有効な実験方法である。

## 🐟 メジナへの標識放流

田の浦湾のメジナの標識放流の概要について説明する。1996〜1998 年の 3 年間の採集尾数は 8,500 尾を超え、大半に標識を付して放流した。採集されたメジナは、それぞれの採集場所ごとに実験所に持ち帰り、採集地点、大きさなどを記録し、臨海実験所の前からまとめて標識放流した。ただし、実験を開始した当初の 1996 年は、採集直後に標識放流したが、分散せずに翌日には放流ポイント近くで大量に再捕さ

---

2) **再捕尾数**：標識魚は放流後、自然死亡、逸散、漁獲等によって減少するため、再捕される数は少なくなる。

れてしまった。そのため、翌年からは標識してから3〜4日間、2トン水槽で養生した後、まとめて放流した。標識された魚は、一時的に酸素消費量が高くなるが、1週間後には正常値にもどることからも、これは妥当な措置と思われる（吉原・青柳、1999）。

標識方法は、40 mm 以下の小型魚にはワイヤータグ（Binary Coded Wire Tag）を用いた（図1-4-4）。ワイヤータグは、針金のように細く、大きさも数ミリの埋め込み式で、小型魚の標識に最適である。埋め込んだ状態でも特殊な探知機を使えば、標識の有無が確認できる（図1-4-4,A）。また、ワイヤータグの表面を拡大すると、図1-4-5に示すような小さな印が刻印されている。これは、2進法でコードが刻まれ、その位置の配列の組み合わせによって個体識別が可能になる。実際のワイヤータグの装着には、専用の手動インジェクターを使って、メジナの吻端部分に埋め込んだ（図1-4-4,B）。

一方、比較的大型の個体[3]については、アンカータグを**バノックス**[4]で標識した

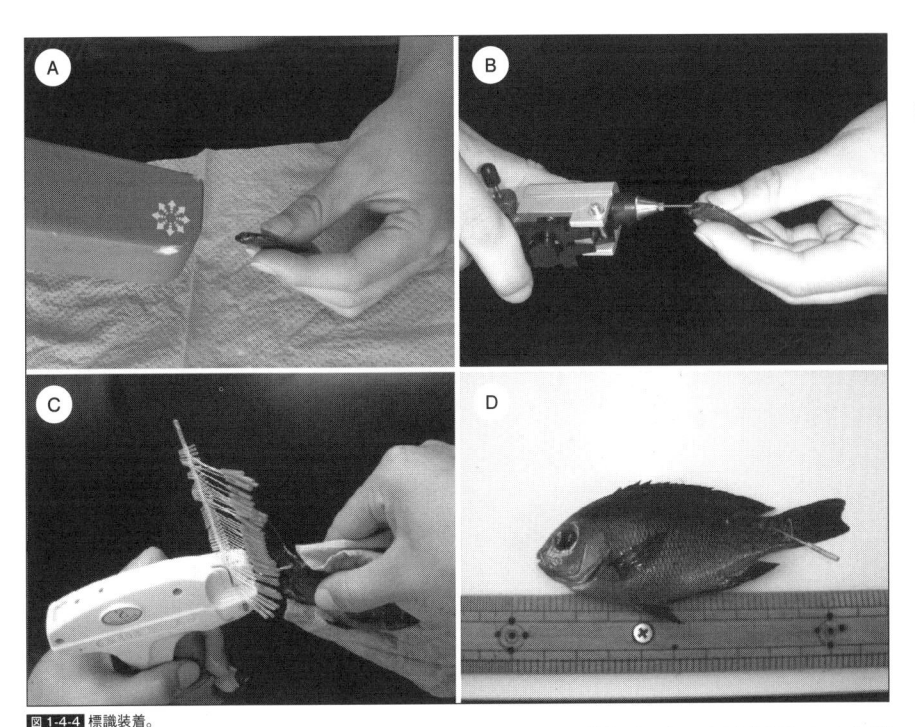

**図 1-4-4** 標識装着。
A：埋め込み式の標識が装着されているかどうかの検出。B：Binary coded wire tag の装着。C：バノックスによるアンカータグの装着。D：アンカータグで標識されたメジナ。

3) 大型個体については、二重標識を避けるため、まず、探知機によりワイヤータグの有無も調べてある。
4) **バノックス**：セーターや靴下など穴をあけても目立たない衣類にイカリ型のプラスチックピンを用いて値札などを装着する装置。

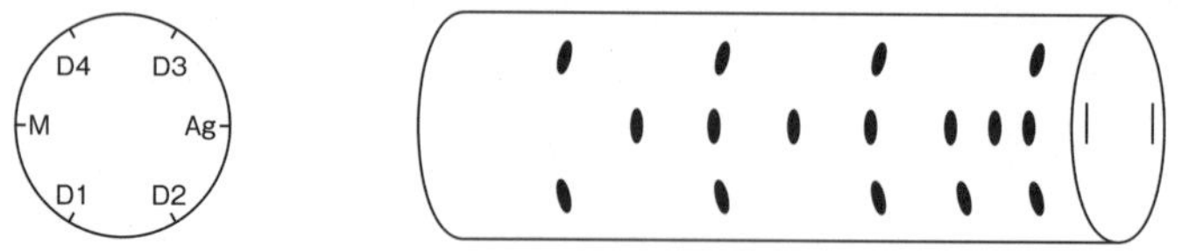

|  | P | 32 | 16 | 8 | 4 | 2 | 1 |  |
|---|---|---|---|---|---|---|---|---|
| Master | 0 | 1 | 1 | 1 | 1 | 1 | 1 |  |
| Data1 | 1 | 0 | 1 | 0 | 1 | 1 | 1 | =23 |
| Data2 | 0 | 1 | 1 | 0 | 0 | 0 | 1 | =49 |
| Agency | 0 | 1 | 1 | 0 | 0 | 1 | 0 | =50 |
| Data3 | 1 | 1 | 0 | 0 | 0 | 0 | 1 | =97 |
| Data4 | 1 | 0 | 1 | 0 | 1 | 0 | 1 | =85 |

図 1-4-5 Binary Coded Wire Tag。
直径 0.25 mm、長さ 1.07 mm のステンレスワイヤー上に 2 進法でコードが刻まれ、その位置の配列の組み合わせによって、国番号、所有者番号、個体番号を読み取ることができ、個体識別が可能になる。

(図 1-4-4,C、D)。アンカータグは標識放流実験では一般的であり、表面の印字を読み取ることで個体識別が可能である。ワイヤータグよりも大きいが、専用の機械を使わずに一見して標識の有無が確認できるというメリットがあるため、釣り人の協力も大いに期待できる。

## 明らかとなったメジナの動態

　標識放流の結果を紹介する。放流した尾数に対して何尾が再捕されたかを表す再捕率（％）は、1996 年で 2.77％、1997 年は 1.27％、1998 年は 2.76％となり、平均的な再捕率は 2.04％となった (表 1-4-1)。再捕率が 2.04％というのは、100 尾放流しても再捕された尾数は 2 尾前後ということになる。これは、標識魚が成長にともなって私たちの採集能力の及ばないような沖磯に生活の場を移したためと考えられる。

　とはいえ、本研究では 8,712 尾を標識放流し、幸いにも、そのうちの 178 尾の貴重なデータを入手することができた。さらに、1997 年に再捕された 51 尾の中には、前年の 1996 年に放流された個体が 15 尾も含まれており、1 年間もの間の移動や成長を知ることもできたのである。詳細な結果については、吉原ら (1998、1999、2000) を参考にしていただくとして、以下にもっとも興味深い結果を紹介する。

　標識放流実験では、田の浦湾周辺で採集したメジナを、臨海実験所まで運び放流

**表 1-4-1** 8,500 尾におよぶ標識放流実験結果の概要

| | 採集ポイント | $T_A$ | $T_B$ | $T_C$ | W | $P_1$ | $P_2$ | $P_3$ | $P_5$ | 合計 |
|---|---|---|---|---|---|---|---|---|---|---|
| 再捕ポイント | $T_A$ | 35 | 1 | 5 | 11 | 0 | 1 | 6 | 0 | 59 |
| | $T_B$ | 1 | 23 | 2 | 4 | 1 | 0 | 3 | 0 | 34 |
| | $T_C$ | 0 | 1 | 1 | 0 | 0 | 0 | 2 | 0 | 4 |
| | W | 5 | 1 | 6 | 19 | 1 | 0 | 0 | 0 | 32 |
| | $P_1$ | 1 | 0 | 0 | 0 | 12 | 0 | 6 | 0 | 19 |
| | $P_2$ | 3 | 1 | 1 | 2 | 3 | 4 | 2 | 0 | 16 |
| | $P_3$ | 3 | 1 | 0 | 1 | 0 | 1 | 5 | 1 | 12 |
| | $P_5$ | 0 | 0 | 2 | 0 | 0 | 0 | 0 | 0 | 2 |
| | 計 | 48 | 28 | 17 | 37 | 17 | 6 | 24 | 1 | 178 |
| | 放流尾数 | 1,416 | 386 | 1,956 | 2,327 | 1,579 | 293 | 511 | 244 | 8,712 |
| | 再捕率 (%) | 3.39 | 7.25 | 0.87 | 1.59 | 1.08 | 2.05 | 4.70 | 0.41 | 2.04 |

採集・再捕ポイントは図 1-4-1 の記号と一致する。

1996～1998 年の 3 カ年に行った研究結果をまとめて示した。

した。すなわち、採集地点と放流場所が異なることになる。ところが、湾の臨海実験所側の沿岸で採集・放流・再捕された個体には、距離の遠近にかかわらず、もとの棲み処（もとの採集場所）にもどっていた個体も多く見られた（表 1-4-1 と図 1-4-1 を参照）。

一方、臨海実験所の対岸のポイントで採集され、湾をはさんだ臨海実験所に移送・放流された個体は、そのような傾向を示した個体は少ない。詳細をみると、例外的に、放流後、対岸まで移動再捕された個体は採集時の体長が約 60 mm 以上であり、40 mm 未満の個体で湾を横断した個体は認められなかった。

臨海実験所下の放流場所から対岸までの海底地形に着目すると、両岸とも岸から 20～30 m までは岩礁域であるが、湾中央部は砂泥質で約 1,000 $m^2$ にわたってアマモが繁茂している。このアマモ場に設置した定置型水中ビデオカメラの映像や潜水調査の目視観察では、やや大型のメジナの群泳が確認されているものの、40 mm 未満の小型個体は見られない。水中観察と標識放流の結果から考えると、40 mm 以下、特に 20～30 mm サイズのメジナ稚魚は、依存すべき岩礁がなければ、たとえ幅 100 m の湾でさえも横断できないのかもしれない（図 1-4-1）。

## 🐟 沿岸域における子メジナの成長

　標識放流の最大の利点は、放流時と再捕時の体長、体重が確実に把握されていることから、1日にどれくらい大きくなるのかの目安となる日間成長率を知ることができることだろう。1997年に再捕された51尾のデータを用いて、子メジナの成長量を推定した。例えば、1996年7月7日にタモ網によって採集された体長43 mm、体重1.93 gのメジナが1997年8月30日に釣りによって再捕された。放流から再捕までの経過日数は419日、再捕時の体長は102 mm、体重41.5 gで、日間成長率は体長で1.41％、体重で9.45％となる。

　まとまった数の再捕があったのは、放流後約1カ月経過して再捕された14尾で、1997年5月6日に放流、6月2日に再捕された3尾と1997年7月7日に放流、8月3日に再捕の11尾であった。このうち、7月7日放流のグループには放流時体長20〜27 mmの個体が数尾ずつ含まれており、日間成長量を求めると体長で0.327 ± 0.052 mm、体重で0.0029 ± 0.0007 gと算出された。このことから、体長20 mmのメジナは、約1カ月間で30 mm程度に成長することがわかった（図1-4-6）。水戸（1967）は、人工授精によるメジナの卵内発生とふ化仔魚の観察から、ふ化直後の全長は2.27〜2.32 mm、3日後には全長3.58 mmに達したと報告している。この間の日間成長は0.426 mmとなる。この割合だと、20 mmのメジナは約1カ月で約33 mmに成長することになり、私たちのデータとだいたい一致する。

　標識放流の再捕結果から成長曲線式（von Bertalanffy）を求めたところ、

$$Lt = 19.227[1 - \exp(-0.00181\,t - 0.1036)]$$

が得られた。ここでLtは2 cmのメジナを放流してt日経過した後の計算体長を表わす。tは年令で表すのが普通であるが、ここでは経過日数で表してあるので、

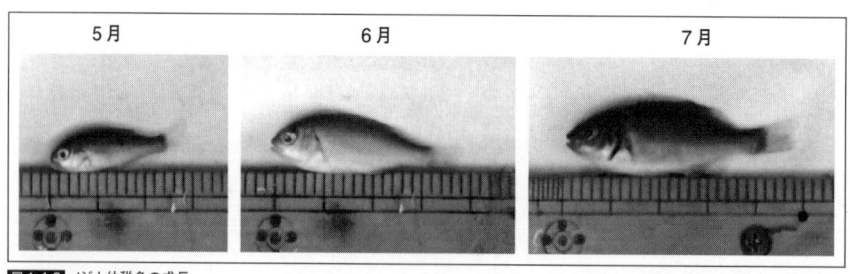

図 1-4-6　メジナ幼稚魚の成長。

もっと大型のメジナから得られた年令と体長関係から求めた場合には今回の成長曲線とは異なった式が得られるであろう。成魚の成長については、次の「1-5　メジナの成長と成熟」を参考にしていただきたい。

## 🐟 おわりに代えて

　本稿で紹介した研究期間後も、下田臨海実験所地先の狭い海域を研究の場として、メジナの幼稚魚を対象に連綿と調査研究を続けている。ところが本稿で紹介した採集尾数でもわかるように、年々、採集量が減少している。メジナ研究にたずさわる学生の人数や研究の目的によっても採集量は異なるため、一概にメジナの来遊量が減少したとは言い難い。しかし、田の浦湾西岸は新入生を対象とする海洋実習における磯採集の場所として格好のフィールドであり、以前はタモ網で簡単にメジナをすくうことができた。ところが、最近はあまり見かけなくなったのだ。このような印象を持っているのは私だけではないようである。

　実験所の近くに須崎御用邸がある。今上天皇陛下をはじめ、皇族の方々はここで静養される。数年前に陛下がご滞在の折に、邸内の海岸を散策されていて「魚が変わったようだが海はどうなっているのか？」とのご下問をお付きの侍従（筆者の大学時代の後輩）になされ、その侍従から「そちらでは変わった様子はありませんか？」と電話がかかってきた。「さすが魚類学者、くつろいだご散策の時でもよく観察されている」との印象を持ったことを覚えている。

　さらに、本学臨海実験所周辺海域での変化はメジナだけにとどまらない。釣りによるサンプリングを行うと、目的とするメジナよりも、いわゆる"エサ取り"と称されるニシキベラ、オハグロベラ、スズメダイ、キタマクラなどが多く釣れ、嘆いたものであるが、最近ではそれらの魚さえ少なくなっている。臨海実験所では20年近く毎日田の浦湾の表面水温を計測している。この10年間で平均水温が0.8℃、特に冬季の水温が高くなっているようだ。メジナ仔稚魚の来遊量と環境変動がどのように結びついているかは定かでないが、下田の海が従来の魚たちにとって住みにくくなっていることは確かであろう。

　メジナが磯の大物釣りの主役の座から降りるようなことにならないようにと祈りつつ稿を閉じるが、最後にこの調査研究に直接携わってくれた学生たちに感謝の意を表したい。

# 1-5 メジナの成長と成熟

## いつから親になる？

**前田充穂** 日本水産株式会社養殖事業推進室。水産資源の安定供給のため、養殖事業の新たな可能性を探っている。趣味はメジナ釣りで、紺碧の海に向けて竿を振る爽快感を求めている。メインフィールドの神津島、八丈島に通っている。

　魚類の年齢、成長、成熟についての情報は、その魚が増えているのか、減っているのかを知るための重要な手がかりとなる。日本には多種多様な磯魚がいるかもしれないが、それらの年齢、成長、成熟はほとんど知られていない。自分の釣ったメジナやクロメジナはいったい何歳なのか、両種はいつ産卵期を迎えるのか、釣り人なら誰しも興味を持つだろう。ここでは和歌山県潮岬のメジナを例に、年齢、成長、産卵について紹介する。

### メジナ集めとメジナ釣り

　年齢と成長を明らかにするためには、できるだけ多くのメジナが1年を通して必要となる。あまり流通していないメジナを年中確保しようと思えば、その方法は釣りに頼るしかない。**サンプリング**[1]のメインとなる場所は和歌山県串本の潮岬だった。その時、今は亡きメジナ釣り名人、本田収氏に同行させて頂いた。本田氏には磯釣りのイロハを教えてもらった。天気、時期、時間帯、水温、潮の流れ、メジナの動きなどから、竿さばきに至るまでである。

　おかげ様で、ある程度のコツをつかんだが、それでも、アプローチの仕方によって、釣れたり釣れなかったりする。まさに"気まグレ"なのである。メジナ釣りの厳しさを知ったのも、研究者としての収穫であった。

### ウロコの話

　さて、魚類の年齢はどうやって知ることができるのだろうか。魚類では、木に年輪が刻まれるように、ウロコや頭部内の内耳にある**耳石**[2]に輪のような模様があり、これを輪紋という。これが木の年輪のように1年ごとに作られると、いわゆる年輪として年齢査定に使うことができる。メジナの年齢と成長の研究例としては、私た

---

1) **サンプリング**：検査などのために標本を収集したり、ある集団から標本を取り出すこと。
2) **耳石**：硬骨魚において、聴覚と平衡感覚を担う内耳は三半器官と耳石器官から構成される。耳石器官は通嚢、小嚢、壺嚢からなり、それぞれの嚢に礫石、扁平石、星状石とよばれる炭酸カルシウムの結晶でできた平衡石がある。耳石とはこれらの3種類の平衡石の総称であるが、一般に、耳石という場合、最も大きい扁平石のことを指す。

ちが行った和歌山県串本での研究（前田ら、2002）と、長崎県佐世保周辺での研究（水江ら、1960）が報告されており、どちらもウロコを用いて年齢査定を行っている。年齢形質[3]として一般的に使用される耳石からも年輪を数えることを試みたが、年輪と考えられる輪紋を明確に読み取ることはできなかった。

ウロコを年齢形質として使うためには、年輪が1年に1輪だけ形成されることを確かめなければならない。年輪は必ずしも等時間隔で形成されるとは限らないからだ。一般的に、低水温時や産卵期の成長が鈍った時に年輪が形成される。和歌山県串本のメジナでは、ウロコ上の年輪は毎年2～4月に形成されると推定した（前田ら、2002）。そして、年間を通して集められたメジナのウロコの年輪を数え、メジナの大きさ（体の長さ）については尾叉長[4]を計測した。なお、年輪については「2-5 巨大クロメジナの正体」に詳しく説明されているので、そちらを参照していただきたい。

## メジナの年齢と大きさ

得られたデータから、平均的なメジナの年齢と大きさとの関係を計算すると、1歳魚で140 mm、2歳魚で191 mm、3歳魚で234 mm、4歳魚で264 mm、5歳魚で289 mm、そして6歳魚で309 mmであった（前田ら、2002）。この計算値をどう見るか。長崎県佐世保（水江ら、1960）の例と比べると少し大きな値となっている（図1-5-1）。その理由は、串本における冬場の水温が佐世保の沿岸域より高いことにあるのだろう。高い水温が成長を促進するのだ。

年齢と大きさの関係式から、メジナの最大サイズは、尾叉長で380 mmと推定される。メジナが、全長で最大500 mm（尾叉長に換算すると460 mm）ぐらいに達することを考えると（場合によっては更に大きい個体が釣り上げられる）、計算で

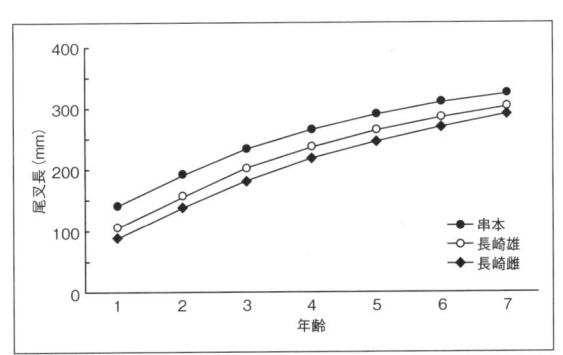

図 1-5-1　メジナの年齢と体の大きさ（尾叉長）との関係。

---

3) **年齢形質**:生物が持つ特徴のうち、一定の周期（多くの場合1年）で何らかの印がつくことにより、その生物の年齢を知る手がかりとなるもの。
4) **尾叉長**:口の先から尾の切れ込みまでの長さ。魚体の長さの測り方はいろいろあるが、魚を採集したり保存したりする過程で尾ヒレの先端は傷つきやすいので、このような研究には尾叉長をもって体の大きさを表すことが多い。釣り人が使う長さは、全長のことで、口の先から尾ヒレの先端までの長さ。

得られた値は小さく見積もっていると言えるだろう。

実際、サンプリングでは尾叉長 380 mm 以上の個体も少数釣れた。しかし、このような高齢魚のウロコの輪紋ははっきりせず、読み取りが不正確になるため、7 歳以上のメジナは解析に含めなかった。では、メジナが、尾叉長 380 mm（全長に換算して 410 mm）に達するには何年かかるのかというと、15 年以上かかると推定された。それ以上の大型のメジナは、もっと歳をとっていると考えられる。尾叉長 380 mm 以上の大型のメジナの数はもともと少ないし、しかも高齢である。なかなか釣れないのもうなずける。

## 何歳で大人になる？

魚の産卵期は、生殖腺である卵巣や精巣の重量と発達度合いによって知ることができる。生殖腺は産卵期に向けて重くなり、体重に対する比率が大きくなる。そして産卵を終えると極端に小さくなる。図1-5-2 に、和歌山県串本における、月ごとの雌雄の**生殖腺指数**[5]（(生殖腺重量/体重)×100（％））を示した。2 月頃から生殖腺が発達している個体もあるので、メジナの産卵期は 2〜4 月までの長期間にわたっていると考えられる。ただし、生殖腺指数が特に大きい個体は、オスでは 3〜4 月にかけて、メスでは 4 月に多くいた。よって、4 月がこの地域における主な産卵期であろう（前田ら、2002）。これは、この海域で、釣り人が思っていた産卵期とほぼ一致する。

ではメジナは何歳で成熟し、産卵に参加し始めるのだろうか。尾叉長と生殖腺指

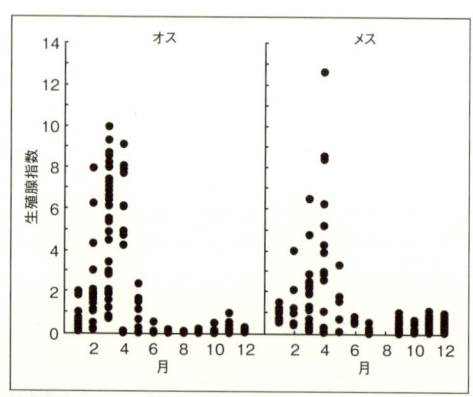

**図1-5-2** メジナにおける月ごとの生殖腺指数。
一つの点がメジナ 1 個体を示す。1999 年と 2000 年のデータを合わせた。

---

5) **生殖腺指数**：体重に対する生殖腺重量の割合を示す数値。成熟度の指標として用いる。ただし、体重から生殖腺重量をさし引いた体重を分母として、算出される場合もある（生殖腺重量／体重−生殖腺重量）×100（％）。

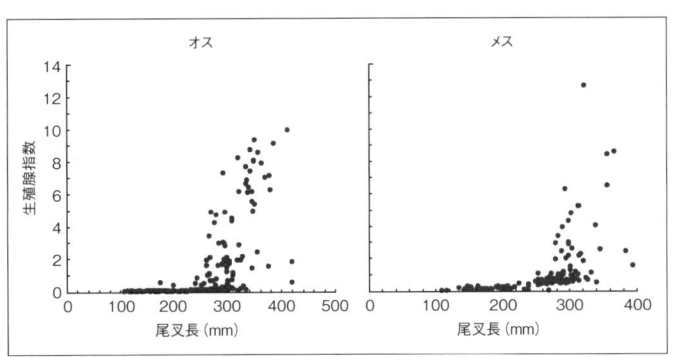

**図1-5-3** 生殖腺指数と体の大きさ（尾叉長）との関係。

数との関係をグラフにしてみると、オスでは尾叉長 250 mm、メスでは 280 mm 付近で生殖腺指数の値が急激に増えていることがわかる（図1-5-3）。この大きさに達するための最少年齢は 3 歳であった。すなわち、多くのメジナは 3 年目の春に産卵に加わることになる。産卵に加わる年齢としては、魚類の中で平均的なものである。

ところで、2～4 月の産卵期は、ウロコの年輪形成期と一致している。産卵期は成長が低迷するため、ウロコに年輪が刻まれるのである。1 歳や 2 歳の成熟前に形成された年輪は、3 歳時以降の輪紋に比べて不明瞭である傾向があった。やはり、産卵に加わることが明瞭な年輪形成に関係しているのだろう（鈴木・木村、1980）。

## クロメジナについて

この研究を始めた当初は、メジナとクロメジナの成長について、両種の差を明らかにし、その成長差の原因を明らかにすることも目的にしていた。しかし残念ながら、クロメジナの年齢、成長、産卵期について調べることができなかった。クロメジナの生態については、今のところ釣り人の情報にたよる部分が大きい。クロメジナはメジナに比べて大型になること、メジナに比べて水温が高い南方域を主な生息域とすることから、同じ年齢ならメジナよりも大きくなるのではと考えている。

和歌山県串本周辺の海域でも、クロメジナはメジナに混じって釣れるのだが、その数は少なく、サイズも小さい。また、季節によってその出現にムラがある。1950 年代後半から 60 年代前半にかけては、串本でも全長 60 cm オーバーのクロメジナが良く釣れていた時期があったと聞いている。海の環境が変わってしまったのだろうか。それとも単なる釣り荒れだろうか。

ところで、私たちがサンプリングを行った間、串本では成熟した生殖腺を持った

クロメジナを得ることはできなかった。この期間に串本で釣り上げることができたクロメジナは、最大全長 48 cm までであり、全長 40 cm 以上は少なかった。そのほとんどは春期に釣り上げられたにもかかわらず、生殖腺はひものように細かった。串本の沿岸域では、クロメジナは産卵を行っていないのではないだろうか。伊豆七島や九州以南の海域では、メジナより早い 1〜2 月に成熟した卵巣や精巣を持ったクロメジナが釣れるといわれる。

次のようなストーリーが考えられないだろうか。『伊豆七島や九州以南の海域でクロメジナは産卵し、稚魚は黒潮に乗って運ばれて、紀伊半島を含めた千葉県以南の本州の沿岸域にたどりつく。そして、ある程度のサイズに成長したクロメジナは、産卵期になると自分たちが産まれた産卵海域にもどっていくか、釣り人が知らないような海域で産卵する……』こんなストーリーを確かめることができればとおもうが、クロメジナの生態は未だベールに包まれたままだ。

## おわりに

メジナやクロメジナは増えているのだろうか、減っているのだろうか。この問いに答えることは難しい。年齢と成長を明らかにすることがその問いに答えるための第一歩となる。メジナやクロメジナを狙った磯釣りが各地で開拓され、大ブームになっていった時代（1960〜70 年代）に比べて、現在は大型の魚が釣れにくくなっているのは間違いないだろう。大型の魚が減っていることは、メジナ資源を考えたとき何を意味するのだろうか。その原因は何だろうか。産卵する魚のサイズは小さくなっているのだろうか。釣り人同士で連携し情報を集めることができれば、その謎を明らかにすることができるかもしれない。そのような努力が、釣り人が両種を釣りのターゲットとして享受し続けることの一助になると信じる。

## もっと知りたいひとに

水産資源学の総合的な学習に興味があるひとへ
「水産資源学総論」1985 年、田中昌一著、恒星社厚生閣

水産物の年齢と成長解析に興味があるひとへ
「水産動物の成長解析 − 水産学シリーズ 115 − 」1997 年、日本水産学会監修、赤嶺達郎・麦谷泰雄編、恒星社厚生閣

# 1-6 水族館での産卵行動
## 自分たちの卵を食べるメジナ

**阪本憲司（さかもとけんじ）** 福山大学生命工学部海洋生物科学科。専門は魚類遺伝育種学。環境の変化に強い魚を判別するにはどうすればよいのか、また強い魚はなぜ耐えられるのかを研究している。趣味は釣りのほか、楽器演奏、シーカヤック、旅など。

　魚は、それぞれ独特の繁殖生態を持っている。1尾のメスを複数のオスが追尾するもの、ペアになって恋のランデブーをみせるもの、産卵床を作るものなど、さまざまな特徴が観察される。メジナは、どのような産卵行動をみせるのだろうか？ここでは、水族館の水槽内で観察されたメジナの産卵行動について紹介する。

### 🐟 メジナを飼育する"マリンバイオセンター"

　広島県尾道市から愛媛県今治市までを島伝いに結ぶ、"しまなみ海道"の中に因島がある。この因島に福山大学の臨海キャンパスがあり、附属の水族館"マリンバイオセンター"と内海生物資源研究所が設置されている（図1-6-1）。1989年、広島県で"ひろしま海と島の博覧会"が開催され、福山大学はこの行事に協賛して水族館を一般公開した。その後、水族館は福山大学における教育・研究の場として活用され、今日まで発展してきた。また、地域の人々の憩いの場や学習の場としての役

図1-6-1 福山大学マリンバイオセンターと附属内海生物資源研究所。

割を果たしている。水族館は開館当初から無料で一般開放しており、自由に見学できることから、因島における観光名所の一つとして定着している。

この水族館では、瀬戸内海から熱帯・亜熱帯に生息している海洋生物を飼育している。瀬戸内海をモデルにした4基の水槽は、沖合、岩礁、砂浜および藻場というテーマで、それぞれの水域に生息する魚介類と藻類、海草類を展示している。メジナの幼魚と稚魚も、それぞれ沖合と藻場の水槽で飼育している。

## 魚たちの恋の争い

メジナは、水族館のメインとなる大型水槽[1]で飼育している（図1-6-2）。この大型水槽は、縦10 m、横3.5 m、深さ4.5 mの直方体で、日中は水槽の真上から人工照明（水銀灯2基）を照射している。さらに、水槽の上方に採光窓が東西に四つずつあり、自然の光も入ってくる。

大型水槽では、現在、およそ17種120尾が飼育されており、大小さまざまな海産魚の生態を垣間見ることができる。群れて泳ぐメジナ、岩陰などに自分の居場所をもつハタ類、岩の周りが好きなアカマツカサ、上層の水流に逆らって泳ぐイサキ、人懐っこいマダイ、クリーニングステーションでほかの魚の体を掃除しているホンソメワケベラ、水槽のアクリル板にいつもくっついているコバンザメ、ほかの魚の排泄物をパクパク食べるオヤビッチャなど、魚たちの習性は見ていて面白い。

大水槽では、毎年、繁殖行動も観察できる。春から夏にかけてはメジナやマダイなどの恋の季節である。これらは産卵期が重なるため、水族館の大型水槽では、両

図1-6-2 メジナなどを飼育している大型展示水槽。

1) 大型水槽は、160 m³の閉鎖式循環濾過方式の展示水槽。側面は厚さ15 cmの透明アクリル樹脂で、長側面と短側面の2カ所から観賞することができる。飼育水槽の背後には、容量80 m³の砂濾過方式の生物濾過槽が4基設置されている。飼育水温は冷却器とボイラーで調節され、夏季は25℃を上限とし、冬季は16℃を下限に設定されている。

種の産卵行動を同時に観察することができる。マダイでは1尾のメスのあとを数尾のオスが追いかけ回し、放卵・放精後は水槽内が精子でうっすらと濁る。放たれた卵は小型魚の絶好のエサとなり、ご馳走に有り付けるオヤビッチャたちが1年を通じて最も活き活きと見える季節でもある。

夏になるとチャイロマルハタの繁殖シーズンとなり、毎年、メスをめぐる恋の争いが起こる。ペアができると、オスはメスに寄り添い、産卵を促す。螺旋階段を上がるように、水槽の下層から水面へ向けてランデブーを繰り返し、お互いの息が合ったときに"ワーッ"と卵と精子が放たれて素敵な儀式が完了するのである。時には恋敵がランデブーに割り入って、ダンスの邪魔をすることもある。このときはまた、メスをめぐる激しい争いが再び起こり、ダンス中のオスが血相を変えて邪魔者オスを猛スピードで追い回す。水槽内は戦場と化し、傍観していた魚たちもあわてて岩陰に身を隠したりするのだ。

### 🐟 メジナの産卵

さて、本題のメジナの産卵について紹介する。産卵行動をみせるメジナ20尾（全長30〜40 cm程度、推定10〜12歳）は、水族館のメインとなる大型水槽で飼育している。水槽内では、3月下旬〜6月頃まで、メジナの産卵行動が観察される。3月下旬頃からメジナのオス同士が闘争を見せ始め、強い個体が弱い個体を追いかけ回す行動が観察される。ここでは、毎年この季節に観察される産卵行動のある一場面について以下に詳述してみる。

メジナたちは、日中は水槽内の人工岩の陰に集まっていることが多く、夕刻が近付くにつれて水槽内を活発に泳ぎ回る（図1-6-3）。午後3時を過ぎた頃から産卵行動の兆しがみられた。夕刻になると、それまで活発に泳ぎ回っていたメジナたちが水槽の中層に集まり始めた。落ち着きがない緊張感が漂い始め、午後4時を過ぎる頃からは1尾のメスに対して4〜5尾のオスが追尾行動を見せ始めた。メスが水面へと上昇を始めると、数尾のオスがメスの腹部を側面から吻（口）で突き、産卵を促した（図1-6-4,A）。このとき、1尾のオスが群れから離れた。オスが吻で突く行動がみられるとメスの泳ぎが早まり、一旦1〜2 mほど潜水した。その後、一気に水面直下へ上昇した。すると、また1 mほど潜水し（図1-6-4,B）、再度水面直下まで上昇した。この時、最初の潜水の際に離れて行った1尾のオスが再び群れに加わった。水槽のほぼ端まで行ったところで素早く反転し（図1-6-4,C）、水槽の中央付近まで素

第1章 メジナたちはどこからきて、どう生きるのか

図1-6-3 大型水槽内を泳ぎ回るメジナ。

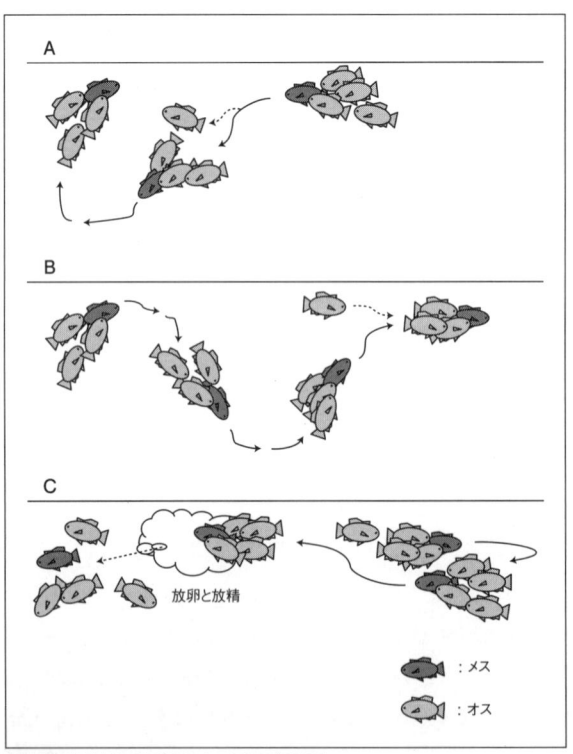

図1-6-4 大型水槽で観察されたメジナの産卵行動。

早く移動した。そして、ほとんど同時に放卵、放精した。その後、それぞれのメジナたちは水槽内に分散した。これがメジナの産卵行動だったのだ。

## 卵を食べた！

ところが、その後、メジナたちはとんでもない行動をとった。たった今産み出された卵を、産卵に加わったメジナたちがせっせと食べ始めるのである。口をパクパクさせながら必死で卵を食べている姿は、奇妙な光景でもある。

自分たちの卵を食べるいわゆる食卵行動は、キンギョやディスカス、エンジェルフィッシュなどでも観察される。興味深いのは、テンジクダイの一種、オオスジイシモチにみられる"子殺し"という行動である。テンジクダイの仲間は、オスが口の中で卵を育てる"口内保育（マウス・ブリーディング）"という一風変わった子育てをする。オスは、卵がふ化するまでエサを食べずに、口の中の卵の塊を頻繁に回転させて、常に新鮮な海水を供給する。しかし、卵数が多いなど、条件が良い卵を産出するメスが現れた場合は、口の中の卵を食べてしまい、結局、その新しいメスの卵を育てるというのである（Okuda and Yanagisawa, 1996）。この行動は若いオスに多くみられる。その理由としては、卵から栄養を摂って早く成長して大きくなること、そしてより多くの卵を確保することができるようになるためだと考えられている（平井、2003）。メジナは口内保育をしない"産みっぱなし"の魚であるが、水族館で観察されたメジナの食卵も、次の産卵と射精に備えた栄養摂取のための行動なのかもしれない。

メジナの産卵行動は１日に数回観察され、産卵期が終わるまでの間、ダラダラと繰り返し行われる。産卵行動は夕刻に始まるが、日没前に産卵する理由の一つには、外敵に卵を捕食されにくいというメリットがある。今回観察されたメジナの産卵行動は、水族館における飼育下での観察だが、おそらく自然界でも同じような行動がとられていると考えられる。

## メジナの卵

磯魚が産む卵は、その性質から以下の四つのタイプに大別される。卵の一粒ずつがバラバラで水中に漂う分離浮性卵、塊になって漂う凝集卵、バラバラで海底に沈む分離沈性卵、および物にくっついたり、あるいは卵同士がくっつきあう付着卵である。

メジナは分離浮性卵を産む。メジナをはじめ、浮性卵を産む磯魚の産卵は、産み出された卵が沖合いに運び出されるのに都合のよい場所で行なわれるといわれる。受精卵は海中を漂い、比較的短時間でふ化する。メジナの受精卵は透明な球形で、直径 1 mm ほどである（図1-6-5）。卵の表面を電子顕微鏡で拡大して観察すると、卵を包んでいる卵膜には小さな孔が規則正しく空いていた（図1-6-6）。この小さな孔は、卵が呼吸をするために必要な孔なのである。メジナとマダイの卵を比較すると、一定面積当たりの孔の数は、メジナの方がマダイよりも少ないことがわかった。

　卵膜表面の構造は魚種によって特徴がある。例えばサヨリやトビウオの卵膜には円錐状の突起物が散在していたり、ネズッポの仲間では、亀甲模様の多角形の平板が卵膜から垂直に立っていたりする。さらにソコダラの仲間では梁(はり)の上に作られた架橋(かきょう)が縦横無尽に卵表面を走っている。この卵膜表面の構造は美しく、まるで自然の芸術作品をみるようである（詳しくは、末尾に紹介した「魚の卵のはなし」平井明夫、成山堂書店で見ることができる）。

　メジナの卵は、水温が16℃くらいの場合、およそ60時間後にふ化し、全長2.3 mmほどの仔魚が誕生する（図1-6-7）。ふ化した仔魚は、大きな卵黄を持っている。産まれた後は、その卵黄を栄養として育ち、やがて口が形成されるとプランクトンを捕食するようになる[2]。

## おわりに

　水槽内の魚の観察は、図鑑などに書かれた説明以上にその行動が面白く、新しい発見もある。環境の変化が比較的少ない水槽の中ではあるが、魚同士の関係や個体

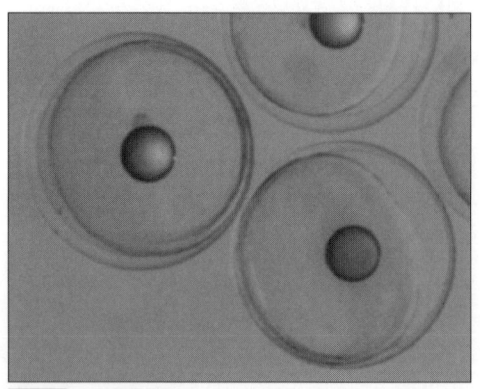

図1-6-5 メジナの受精卵。

---

[2] メジナの仔稚魚の発育については「1-2 子メジナの変貌」で紹介されている。

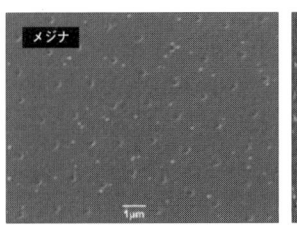

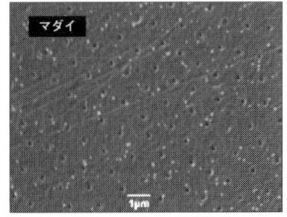

図 1-6-6 メジナとマダイの卵の表面（電子顕微鏡写真、×11,000）。

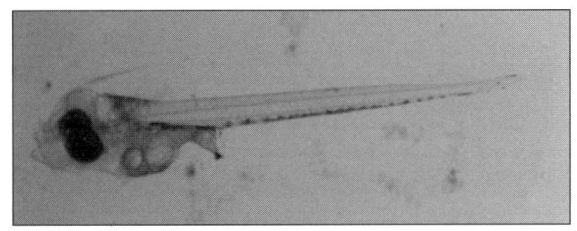

図 1-6-7 メジナのふ化仔魚。

それぞれの性格など、魚社会の一端を垣間見ることがでる。目の前の生きた魚類図鑑は実に素晴らしいものだと感じている。今後も、瀬戸内海を代表する魚たちの行動や生態が、より自然に近い姿で観察できる水族館であるように、展示方法などを工夫していきたいと思う。もちろんメジナの産卵をみたい人は、ぜひ、お立ち寄りいただきたい。

### もっと知りたいひとに

「魚学入門」2005 年、岩井保、恒星社厚生閣
「育ててみよう海の生きもの 海水魚の繁殖」1989 年、鈴木克美・高橋史朗 編著、緑書房
「カラー自然ガイド　磯の魚」1975 年、鈴木克美・松岡玳良、保育社
「魚の卵のはなし」2003 年、平井明夫、成山堂書店

# 1-7 メジナとクロメジナの低温適応
## メジナたちの心臓は語る

**小島隆人** 日本大学生物資源科学部。専門は漁業生産学。魚の体力や音を聴く能力などを調べて、漁業や養殖に活かしたいと考えている。仕事場が海なので、休みがあれば山に行くことを考えている。どちらも天候次第で状況が天と地ほど異なる中、何とか切り抜けていくことが味わい深い。

　メジナとクロメジナはもともと南方系の魚であるが、北限をみるとメジナは新潟県あたりまで分布域を広げているのに対して、クロメジナは対馬海峡付近にとどまっている。適応している水温の違いが、両種の北限を決めているらしい。どうやら、メジナはクロメジナより低温に対する順応性がありそうだ。メジナとクロメジナは、周囲の水温が低くなると、どのような生理的な変化を示すのだろうか。心臓の動き方の違いから、両種の低水温に対する順応性の違いが浮かび上がってくる。

### なぜ"心臓"か？

　メジナなどの魚類は**変温動物**[1]なので、水温が下がると体温も下がり、その結果、代謝も低下する。代謝というのは、体の中でいろいろな物質が化学的に変化したり、エネルギーを作り出したり、消費したりする生体活動のことである。普通、代謝が高くなると心拍が早くなり、逆に代謝が低くなると心拍もゆっくりになる。つまり、水温と心臓の動き（心拍数）との関係を明らかにすれば、水温と代謝（すなわち活動の程度）との関係もわかってくるのだ。

　心臓の動きを正確にとらえるには、心電図を記録するのが良い。人間や魚の血液は、心臓の筋肉（心筋）が収縮することで全身に送り出される。心筋が収縮するときには活動電位とよばれる電気的な信号が発生するが、これを記録したのが心電図である。ヒトは2心房・2心室、魚類は1心房・1心室であるが、心電図の波形はよく似ており、どちらの場合でも、心房と心室それぞれの収縮と弛緩に対応した波形が観察できる。

　いろいろな水温で、この心電図を記録して、メジナとクロメジナとを比較することによって、低い水温への適応の仕方の違いを探ろうというわけである。しかし、

---

1) **変温動物**：体温が外部の温度により変化する動物のこと。自ら体温を安定させることができず、外気温や水温などに体温・活動性が影響を受ける。外温動物ともいう。

その実験にはいろいろな難問が立ちふさがっていた。

## どうやって心電図をとるか

　低水温におけるクロメジナとメジナの心拍数を明らかにするためには、実験魚を確保することと、心電図を記録できるようにする必要がある。実験に用いるメジナとクロメジナは、メジナ釣りが大好きな学生の協力があり、静岡県下田市ですぐに調達できた。

　次に、実験室に持ち込んだメジナから心電図を記録する必要がある。魚の心臓は多くがエラの近くにある[2]。これまでよく用いられている方法は、電極となる細いリード線を、エラ近くの体表部から心臓付近を通るように刺し込んだり、電極を左右の胸ビレの中間付近に埋め込んだりするものだ（難波ら、1973）。このような方法を使えば、メジナたちの心電図を記録するのは難しいことではないかもしれない。

　しかし、厳密な意味でメジナたちの心拍数と低水温に対する適性や順応を調べることは簡単ではない。まず、メジナたちにストレスを与えないように水温をゆっくり下げなければならない。また、水温を下げてからもメジナたちがその温度に十分に順応するまで待つ必要がある。そこまで長期間になると、心電図を記録するために取り付けた電極が魚体から外れる場合や、あるいは、動き回る魚と電極から伸びる細いリード線が絡んで魚の動きを制約することで魚にストレスを与えてしまうかもしれない。

　近年、魚の行動を記録する研究で流行りのマイクロデータロガーとよばれる超小型記録装置を利用すれば、心電図も記録できる。しかし、記録が数カ月ともなると、メモリや電池容量の限界を超えてしまう。正確にメジナたちの水温適性と心拍数の関係を調べるためには、飼育だけでも数カ月間を費やし、しかも、長期にわたりメジナにストレスを与えないような心電図の記録が必要なのだ。

　そこで魚体に電極を貼り付けず、魚体と非接触で心電図を記録する方法（Höjesjöら、1999；Altimiras and Larsen、2000）を試してみることとした。メジナが安心して入れる大きさの筒状の箱をアクリル板で作り、この底面と側面に帯状の銀製の電極を貼り付けておいた。さらに、メジナが箱に入った時の位置が変わっても、心電図記録に使う電極を効率よく選択できるように工夫した（図1-7-1）。

　一方、飼育水温については、実験開始時にはメジナとクロメジナの両方にとって適水温である20℃とし、1日に1℃の割合で水温をゆっくり低下させた。しかも、

---

[2] メジナの心臓の位置については、「5-5　メジナの"こころ"をよむ」の図5-5-2を参照。

# 第1章 メジナたちはどこからきて、どう生きるのか

**図 1-7-1** メジナの心電図を非接触で記録するための装置。

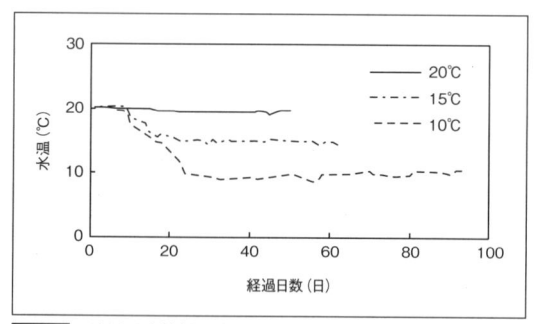

**図 1-7-2** メジナたちを低水温に順応させるための、ゆっくり水温を低下させた。

20℃、15℃および10℃における心電図は、各々の水温に到達して2週間以上経ってから記録を行うことにした（図1-7-2）。ただし、比較的短期間で実験を終えることのできる20℃の時の心電図だけは、正確な心電図の形を明らかにするため、電極を魚体に直接貼り付けて記録した。

## 🐟 メジナとクロメジナの心電図

実験の結果を披露しよう。この実験では、各水温における摂餌の様子も観察したが、メジナより暖かい海域を好むクロメジナは、低水温になると食欲が減退したのに対し、メジナはしばらくすると慣れてきて摂餌を再開した。このことからも、メジナの方がクロメジナよりも低水温に順応しやすいことがうかがえる。

肝心の心電図は、私たちが開発した装置を用いて、非接触の電極からでも記録が可能であった (図 1-7-3)。この時、実験に使ったメジナの体長は 10 cm で体重は 18 g、クロメジナの体長は 11 cm で体重 21 g と、ほぼ同じであった。実験魚の体の大きさには違いがなかったにもかかわらず、両種の心電図の波形はやや異なっていた。メジナの方がよりはっきりとした波形が得られたのに対し、クロメジナでは、エラ呼吸にともなうゆるやかな上下動が心電図に重なるノイズとして現れていた。しかし、クロメジナの記録をよく見ると心電図波形も記録されており、何とか心拍数（1分間当りの心臓の拍動回数）を計測することができた。前にも紹介したように、ここで測定した心拍数は、急激な水温低下にさらされたメジナたちのものではなく、長期間にわたって低水温に十分に順化した条件での測定記録である。

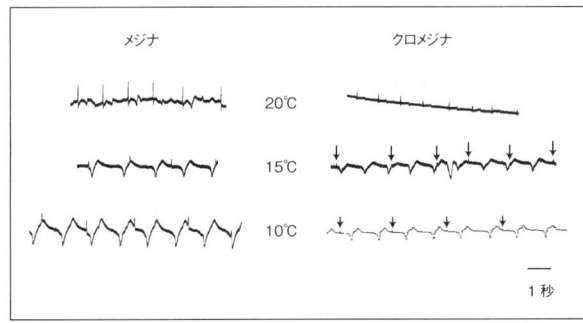

**図 1-7-3** 各水温で記録されたメジナとクロメジナの心電図。
クロメジナはエラの動きが主体で心電図はとても小さい（15℃と10℃については矢印で示した部分）。

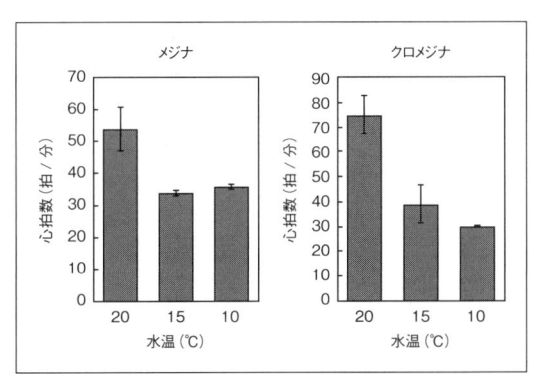

**図 1-7-4** メジナとクロメジナの、20℃、15℃、および10℃における心拍数の違い。

さて、実験データを解析すると、メジナおよびクロメジナの心拍数は、水温が20℃とやや高めの時には、それぞれ54回/分および75回/分と多かったが、水温低下とともに減少することがわかった。しかも心拍数の減少パターンが両魚種でやや異なっていた。メジナは20℃から15℃に低下した時に心拍数が減少して34回/分になったが、その後10℃まで水温を低下させてもほとんど変化しなかった。これに対して、クロメジナは15℃で39回/分とほぼ半減し、10℃に低下するとさらに減少して、30回/分になってしまった (図1-7-4)。

## 低水温に適応できるメジナ

前にも書いたとおり、魚は変温動物であるため、水温変化とともに代謝も変化することは良く知られているが、これは魚の種類によっても変わってくる。例えば、もともと冷水に適応しているニジマスなどは、十数度の低水温であってもその心拍数が40回/分以上もあることが報告されている[3]。対照的に、比較的暖かい水域に棲むコイを10℃で飼育すると心拍数が20回/分以下にまで減少してしまうという（山光・板沢、1988；Stecyk and Farrell、2002）。ニジマスは低水温であっても活発に行動できるのに対し、コイは水温が低下すると動かないでじっとしていることが多いためだ。

このことをメジナとクロメジナに当てはめると、低水温で心拍数がメジナよりも低下したクロメジナは、10℃という冷水では心拍数、すなわち代謝を減らして対応しているものと考えられる。これに対して、メジナは10℃という低水温でもさほど代謝量を減らしていないことから、クロメジナに勝る低温順応性を持っているのではなかろうか。ただし、1回の心臓の拍動で送り出される血液の量（心拍出量という）を増減させることで、体内を巡る血液量を変化させている魚種もいる（難波、2002）ので、まだまだ研究が必要である。

## おわりに

魚体に触れたり、魚を何らかの方法で拘束したりすることは、実験魚が最もストレスを受ける刺激となる。ただし、こうした手順なしで、心臓の電気的な現象を記録するための電極を付けたり、長時間記録ができるような小型記録装置を魚に装着することは難しい。しかも、こうした計器を取り付けた後に受ける影響もある。そのため、限りなく自然に近い状態で、しかも長期にわたって魚の心電図を記録する

---

[3] Don Stevens and Randall（1967）によれば水温10-12℃で47回／分、Nomuraら（1969）によれば10℃で45回／分。一方、15℃で32回／分（Altimirasら2000）という報告もある。

ことは至難の業である。魚体に直接触れずに、遠隔で心拍動や心拍出量をモニターできるような方法が開発されれば、季節に伴う水温変化に応じた代謝量変化など、さまざまなこともわかるようになるだろう。本稿で紹介したメジナたちの研究例が、その先駆けとなることを願いたい。

### 🐟 もっと知りたいひとに

心電図のほか、魚の感覚・遊泳・内分泌など生理学に広く興味があるひとへ
「魚類生理学の基礎」2002年、会田勝美編、恒星社厚生閣

データロガーを用いた動物の行動記録に興味のあるひとへ
「動物たちの不思議に迫るバイオロギング」2009年、日本バイオロギング研究会編、京都通信社

漁獲行為と、その時、魚がどのように感じているのかを知る手がかりとして
「魚の行動生理学と漁法−水産学シリーズ108−」1996年、有元貴文・難波憲二編、恒星社厚生閣

# 第2章

メジナを取り巻く
人と自然

## 2-1

# 遺跡のメジナ学
## 古代人もメジナを釣った!?

**石丸恵利子**　総合地球環境学研究所。専門は動物考古学、同位体考古学。人間の食文化がどのように展開してきたのか、将来どこに向かうのかに興味を持ち、さまざまな骨と向き合っている。もちろん、生の自然、動物、植物も好き。

現在、メジナは釣り人や魚類研究者にとってなじみの深い魚である。では、いつ人とメジナは出会い、付き合いが始まったのだろうか。その答えは、遺跡から出土する遺物から探ることができる。ここでは、遺跡から出土するメジナに焦点をあて、古代人とメジナとのかかわりを探ることにする。さあ、古代人が釣ったメジナを求めて、過去にタイムスリップしてみよう。

### メジナを同定する

遺物のなかで、特に骨や貝殻は**動物遺存体**とよばれている。昔の人々が捕獲して食べ、道具として使用した動物資源が地中に埋まり、数千年たった今でも残っていることがある。これらは、当時利用されたほんの一部ではあるが、今の私たちも目にすることができる。

さて、遺跡から出土する多くの魚骨の中に、どうしてメジナ類がいることがわかるのだろうか。釣り人や魚類研究者らは、体の色や模様などの外観的な特徴で種を判断することが多い。動物考古学者は、**現生生物**[1]の骨格標本をもとに、遺跡から出土したばらばらになった骨の形から種を同定する。いろいろな部位の骨の形態を熟知することによって、時には割れて破片となったものからでも同定は可能である。

では、メジナ類の骨がどんな形をしているか皆さまは知っているだろうか。メジナ科に属するメジナ、クロメジナ、オキナメジナの現生骨格標本で、遺跡から出土する主な部位の形を紹介しよう（図2-1-1）。メジナとクロメジナは、歯骨と前上顎骨、主上顎骨ともに形態が似ている。一方、オキナメジナは、前二者と歯骨と前上顎骨の形態が大きく異なっていることがわかる。それらの部位では、メジナおよびクロメジナとオキナメジナをはっきりと区別することができそうである。ただし、奄美沖縄諸島周辺に生息するイスズミやテンジクイサキなどのイスズミ科の骨格形

---

1) **現生生物**：現在の地球上に生きている生物のこと。

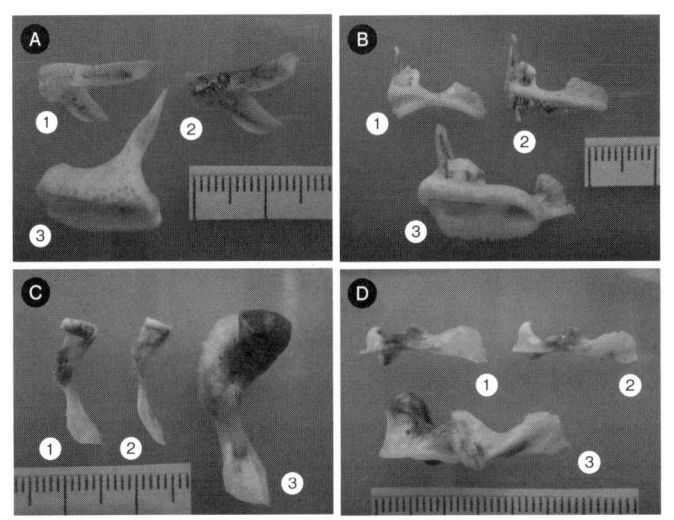

**図2-1-1** 遺跡から出土するメジナ科の骨に対応する現生メジナ科魚類の骨。
(A) 歯骨、(B) 前上顎骨、(C) 主上顎骨（上方面）、(D) 主上顎骨（側面）。それぞれ、1はメジナ、2はクロメジナ、3はオキナメジナ。

態は、メジナやクロメジナに類似するといわれる[2]。遺跡から出土した骨の種の同定の際は、むしろ、それらの魚種との区別に注意が必要である。

メジナとクロメジナについても、いくつもの標本でよく調べると、歯骨については下方にのびる突起の長さや、上方にのびる突起の湾曲の具合が異なっている。また、前上顎骨では、口先側の上方にのびる突起の全体の長さに対する比率や、その直下の突起の形態などに異なる特徴が認められる。よって、両者を区別することも可能だろう。

## 最初に釣り上げられたメジナ

次に、日本列島のどの地域でいつの時代の遺跡からメジナ類が発見されているのだろうか。報告例は少ないが、これまでに6遺跡で確認することができた（図2-1-2、表2-1-1）。以下、古代人が捕らえた"メジナ"[3]の出土例を日本列島の北から順に紹介しよう。

太平洋側の遺跡では、宮城県気仙沼市の縄文時代前期（約6000〜5000年前）と後・晩期（約4000〜2400年前）を中心とする田柄貝塚で、"メジナ"の前上顎骨が複数点出土している（宮城県教育委員会・建設省東北地方建設局、1986）。千葉県館山

2) 慶應義塾大学の名島弥生氏のご教示による。
3) 本稿で紹介したメジナの出土例は、遺跡の報告書から引用し、表記は" "をつけて各報告書の記載に従った。また、紹介した資料において、写真が掲載されているものについては現生標本と比較したが、やや形態が異なると判断できるものや、写真が不明瞭であったため確実にメジナと特定することができなかったものを含んでいる。不確定な資料や文章のみで報告されているものについては、機会があれば自ら実見し、もし間違いがあれば何らかの手段で訂正するつもりである。

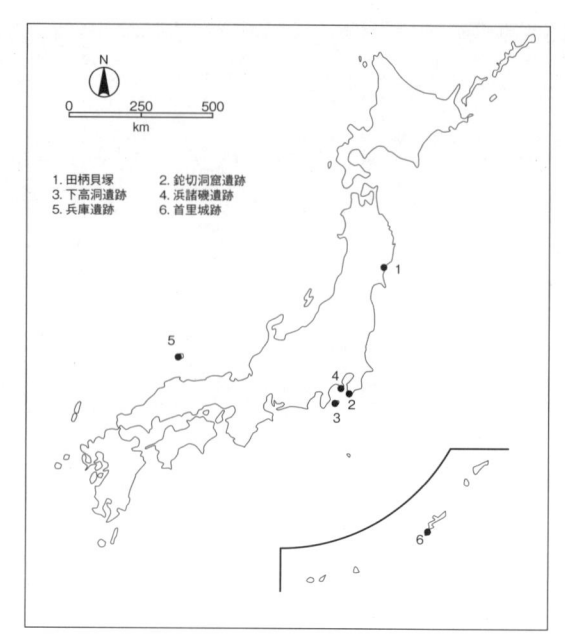

## 第2章 メジナを取り巻く人と自然

**図 2-1-2** メジナ科魚類が出土した遺跡の分布。
出土資料は、各遺跡の報告記載の有無に従った。

1. 田柄貝塚　　2. 鉈切洞窟遺跡
3. 下高洞遺跡　4. 浜諸磯遺跡
5. 兵庫遺跡　　6. 首里城跡

**表 2-1-1** メジナ科魚類が出土した遺跡の年表

| 遺跡名 | 縄文 | | | | | | 弥生 | | | 古墳 | | | 古代 | 中世 | 近世 |
|---|---|---|---|---|---|---|---|---|---|---|---|---|---|---|---|
| | 草創期 | 早期 | 前期 | 中期 | 後期 | 晩期 | 前期 | 中期 | 後期 | 前期 | 中期 | 後期 | 7C~11C | 12C~16C | 17C~19C |
| | 約 10,500BC~400BC | | | | | | 約 400BC~3C | | | 4C~6C | | | | | |
| 田柄貝塚 | | | | ▨ | ■ | | | | | | | | | | |
| 鉈切洞窟遺跡 | | | | | ■ | | | | | | | | | | |
| 下高洞遺跡 | | ■ | | | | ■ | | ■ | | | | | | | |
| 浜諸磯遺跡 | | | ■ | | | | | | | | | | | | |
| 兵庫遺跡 | | | | | | | | | | | | ■ | ■ | | |
| 首里城跡 | | | | | | | | | | | | | | ■ | ■ |

着色された部分は、メジナ科魚類の骨が出土した遺跡の形成年代を示す。黒色部分はその遺跡が主に利用された年代、灰色部分は主に利用されていないがその時期の遺物が出土する年代を示す。

市の房総半島先端部の海蝕洞窟に形成された、縄文時代後期（約 4000~3000 年前）を中心とする鉈切洞窟遺跡では、"メジナ？" として前上顎骨が報告されている（金子・和田、1958）。また、東京都大島町に位置する下高洞遺跡は、縄文時代早期（約 9000~6000 年前）、晩期（約 3000~2400 年前）、弥生時代中期（約 2200~2000 年前）の **包含層**[4] を主体とする集落跡であり、"メジナ属" の歯骨が報告されている（大

---

4) 包含層：遺物（石器や土器など）が含まれる堆積層。

島町下高洞遺跡調査団編、1985）。さらに、神奈川県三浦市の三浦半島先端部に位置する古墳時代後期（6〜7世紀）から奈良・平安時代の集落跡である浜諸磯遺跡では、"メジナ"の主上顎骨が出土している（岡本・中村、1991）。

日本海側の遺跡では、島根県隠岐郡西ノ島に所在する古墳時代後期の集落跡である兵庫遺跡で、"メジナ属"として椎骨が報告されている（柚原、1996）。

さらに、沖縄県では、中世から近世の首里城跡で"メジナ科"の歯骨と前上顎骨が報告されている（羽方・金子、2005）。

ただし、先にメジナとクロメジナの骨の形態が類似していることを示したが、メジナと報告されているものにはクロメジナも含んでいる可能性がある。また、骨格の中には、残りやすい部位と残りにくい部位があり、当時の人々がまるごと1尾を解体処理して廃棄しても、すべての部位が残るわけではないことを考慮しなければならない。例えば、前述の遺跡で検出することができなかったウロコや主鰓蓋骨などのほかの部位も、同時に埋まったと推測されるのである。

また、例えばマダイやクロダイのようなタイ科の骨は頑丈であるが、サケやマンボウなどの骨はもろいため、遺跡から検出されにくい。ニシンやマイワシなどの小さな魚も、発掘調査における遺物の取り上げ方法（フルイ使用の有無）の精度によって、採集される量や種類に差があることも事実である。メジナの各部位も非常に小さく、例えば体長約24.5 cmのメジナの歯骨長は16.2 mmの大きさしかない。

よって、遺跡から採取された動物遺存体だけで、過去のすべてを正確に読み取れるわけではなく、過大あるいは過小評価される魚種や部位があることに注意する必要がある。ただし、上記のような遺跡出土の報告によって、昔から人間とメジナとのかかわりがあったことは確実であり、縄文時代から、人々はメジナの存在を知り、食べていたことが読み取れるのである。

## 古代人の漁の技術

では、それらのメジナはどのようにして捕獲されたのだろうか。当時利用されたであろう漁具には、鹿角製の釣り針や骨製の刺突具、また網の錘として使用したと考えられている石錘や土錘などがあげられる。上記の遺跡においても、田柄貝塚と鉈切洞窟遺跡で土錘、釣り針、刺突具、銛などが、浜諸磯遺跡では釣り針と石錘が出土している（図2-1-3）。メジナ科3種は、内湾沿岸の岩礁域に生息することから、釣り針を使用した釣漁法、あるいはヤスや銛を使用した刺突漁法が行われていたと

推測される。縄文人も釣りによって、メジナの引きの醍醐味を楽しみ、美味しく食べたに違いない。鹿角製の釣り針や骨製の銛などを使ってメジナを捕った縄文人の姿は、この本の読者や釣り人の皆さまにとってどのように映るのであろうか。

## 昔と今の生息域

「1-1　分類と分布」で紹介したように、現生のメジナ属の分布の北限をみると、太平洋沿岸では3種とも千葉県房総半島で、日本海沿岸では、オキナメジナとクロメジナが対馬海峡付近、メジナが新潟県である[5]。これらの分布と上記の遺跡の場所を対比してみると、宮城県の田柄貝塚以外は、現在知られている生息域とほぼ一致しており、メジナ科の縄文時代と現在の生息域はほとんど変化していないと考えられる。ただし、田柄貝塚のみで議論するのは危険であるが、縄文時代においては、宮城県沿岸部もメジナが生息できる環境にあったのかもしれない。

また、研究材料として、全国の現生メジナの提供を受けたことがある。メジナはこれまで稚魚の放流や養殖などが行われていないので、遺跡から出土する海産魚類の産地推定のためのデータを得るのに適しているのだ。集まったメジナのなかに、

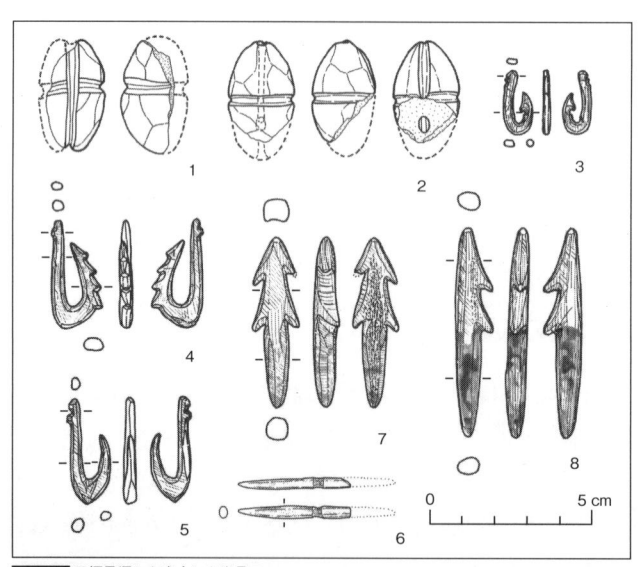

**図 2-1-3** 田柄貝塚から出土した漁具。
1、2：石錘；3〜6、釣り針；7、8：ヤス状刺突具。出典：宮城県教育委員会・建設省東北地方建設局（1986）。

---

5) メジナの分布の北限について、「1-1　分類と分布」では、多くの成魚が生息し、再生産（繁殖）が行われている海域を主分布域として扱っている。

男鹿半島で採集された個体が含まれていた（石丸ら、2008）。現生メジナの生息域は、近年大きく変化しつつあるのかもしれない。

## メジナの地方名

　メジナの目を宝石オパールに例えたメジナの標準英名 Opal eye（オパール・アイ）は、とても魅力的な名前である。一方、和名の由来は、"体長に比して眼が先端に近いことから目近魚（メジカナ）"、あるいは"春に幼魚が多数群れをなすことから湧き出る魚＝蒸す魚（ムスカ）の意か"とされている（魚類文化研究会編、1997）。オキナメジナは"成長するにつれ色がぼやけ、いかにも老魚を連想させる"ところからその名がついたといわれている。なお、クロメジナの由来は不詳であるが、エラぶたの後縁が黒いことでその名がついたのであろう。

　最後に、メジナ類の地方名から人々との関わりを探ってみたい。メジナ類の地方名はたくさんあって、日本海側では新潟以南、太平洋側では房総半島以南で確認することができる（図2-1-4）。よび名は、体の色を物語る"クロ"がつくものが非常に多く、メジナとクロメジナに共通する名前が多いこともわかる。よって、これらは明確に区別されていない可能性がある。また、南西諸島においては、クロメジナとオキナメジナの地方名が確認でき、独特なよび方がされていることが読み取れる。地方名が認められる地域は、現在知られているメジナ科の生息域とほぼ一致しており、これらの地域で人々とメジナ、クロメジナ、オキナメジナとの関わりがあった、あるいは今もあることを示している。古代人は、黒く、宝石オパールのような目をした魚をいったいどのようによんでいたのだろうか。

## おわりに

　周囲を海で囲まれた日本列島において、現在に引き継がれている漁の技術や魚食文化は、日本の代表的な文化の一つである。さまざまな魚種との関わりの中で、メジナとの付き合いにも数千年という長い歴史があることがわかった。遺跡資料の中からメジナを発見することは、私にとっての楽しみでもある。これからも、メジナと上手に共存していける未来を願う。釣り人の皆さまも、たまにはメジナの骨をじっくり眺めてみてはいかがだろうか。

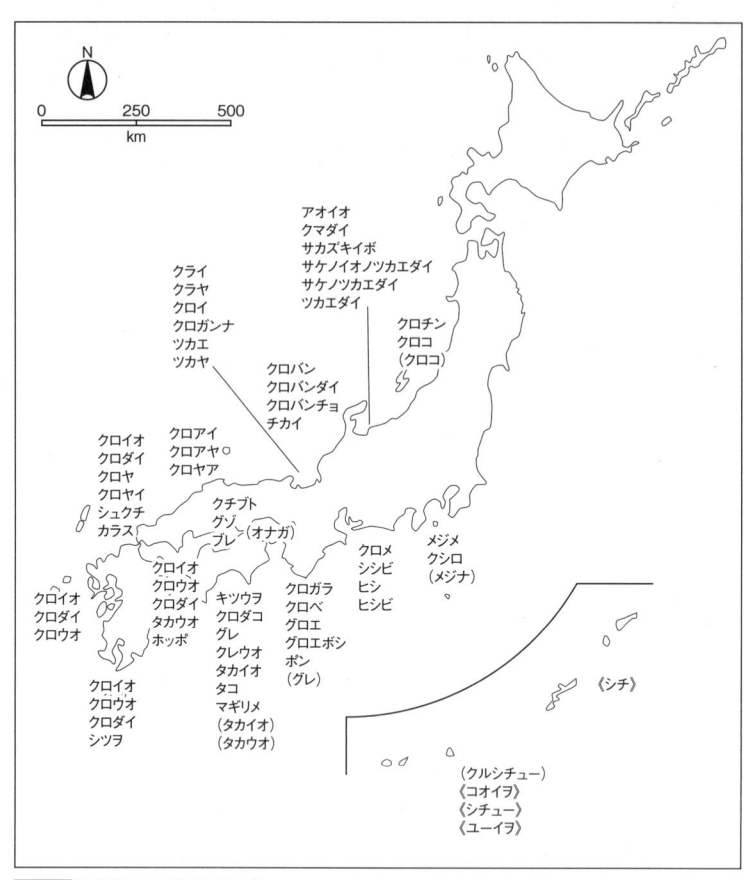

第 2 章　メジナを取り巻く人と自然

図 2-1-4　日本列島のメジナ科の地方名。
カッコなしはメジナ、（　）付はクロメジナ、《　》付はオキナメジナ。
出典：魚類文化研究会編（1997）、日本魚類学会編（1981）。

## 🐟 もっと知りたいひとに

「考古学と動物学」（考古学と自然科学 2）1999 年、西本豊弘・松井章編、同成社
「人と動物の関わりあい―食料資源と生業圏―」（縄文時代の考古学 4）2010 年、
　小杉康ほか編、同成社

## 2-2 メジナとクロメジナを見分ける業
### 正確無比なDNA

**糸井史朗** 日本大学生物資源科学部。「1-3 メジナとクロメジナの出会い」で自己紹介済み。

私たちが生物の種を区別するとき、普通は外見的な特徴の違いで見分けている。それゆえ、外見上の違いが小さい別々の種を同種として認識してしまうことがある。魚自身は、そのわずかな違いを何らかの方法で見分け、仕切りのない広い海の中でもそれぞれの種を維持してきた。しかし、最近は人間だって負けてはいない。分子生物学的手法の発展である。魚が互いを瞬時に認識するレベルには及ばないものの、外見的特徴からは見分けることが難しい場合でも簡単に判別できるようになった。ここでは、メジナとクロメジナを例に、その原理や応用例について紹介しよう。

### 🐟 メジナとヒトの設計図の文法は共通

メジナの体は、私たちと同じように異なる形や機能をもった無数の細胞の集合である。しかし、一つ一つの細胞にある生物体の設計図、すなわち遺伝情報は、すべての細胞で同一であり、それがDNAという長い鎖のような分子に書きこまれている。この設計図はDNAに含まれる、A（アデニン）、G（グアニン）、T（チミン）、C（シトシン）という4種類の塩基、つまりこの4文字を使って、生物に共通の文法で書かれている（図2-2-1）。

近年、分子生物学の研究が進み、今やヒトやマウスなどの哺乳類をはじめ、多くの生物種でその設計図の解読が行われている。その成果は、生命現象の解明や医療、さらには食の安全・安心に関する分野などに広く応用されている。そして、新しい技術が続々と開発され、原理を理解していなくても簡単に利用できる時代になっている。

マグロなど、産業的に重要な魚については、お金をかけて遺伝子やその設計図の解

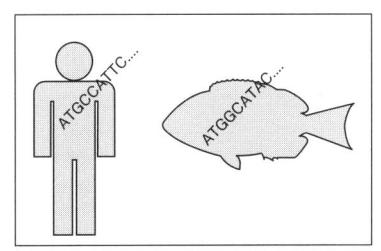

図2-2-1 ヒトも魚も設計図は共通の文法で描かれている。

読を進めることに疑問を抱く人はいないだろう。しかし、多種多様な魚の多くは消費者が目にすることのない魚である。また、限られた海域にしか生息しない魚や、漁獲量が少ない魚もいる。釣り人はともかくとして、普段の生活の中で目を向けられることの少ないメジナもそうかもしれない。コストや時間をかけることができないため、遺伝子分析技術の応用は、ごく限られた研究分野の中にとどまっている。

　一方、生物多様性の重要さ[1]が大きく取り上げられるようになった今日、遺伝子分析技術を用いた生態研究の必要性はますます高まっている。しかもDNA分析を用いることで初めて種の同定が可能になった魚種がいくつもある。例えば、単一種と思われていたメバル、ホシササノハベラなどが複数種と判明したり（Mabuchi and Nakabo, 1997 ; Kai and Nakabo, 2008）、別種として分類されていた深海魚が、実は同じ種の雌雄や親子であったり（Johnsonら、2009）と、驚かされることが多々ある。

## 🐟 DNAに注目して

　日本大学生物資源科学部の臨海実験所[2]は静岡県下田市にある。この付近のタイドプールや桟橋付近では、3～8月にかけて10～20 mmくらいのメジナ属の稚魚を観察することができる（吉原ら、1998 ; 吉原、1998）。地域によって多少の差はあるものの、この時期には本州各地でメジナ稚魚が観察できるだろう。このメジナ属の稚魚の中には、日本に分布するメジナ、クロメジナおよびオキナメジナの3種が観察される。このうち、オキナメジナは体側に白い帯があるため容易に見分けることができるが、メジナとクロメジナの場合には、形態的特徴だけで見分けることは難しい。メジナとクロメジナはある程度の大きさまで成長すれば、側線という魚の耳の役割をする器官上に並ぶウロコの数[3]（側線有孔鱗数）の違いにより見分けることができる。とはいえ全長20 mmに満たない子メジナのウロコを数えることは容易ではない（図2-2-2）。

　ここで威力を発揮するのが、近年、めざましい発展を遂げたDNA分析技術である。DNAと聞くと敬遠する人が多いかもしれないが、現在では比較的簡単に取り扱えるようになってきている。DNAを扱ったことがない人でも期待通りの結果を得ることができる。私の研究室では、学生さんにDNA分析を用いてメジナとクロメジナの種判別を体験してもらっているが、ほとんど失敗はない。また、高校生を対象とした同様な実験・実習をしているが、申し分のない結果が得られている。そ

---

1) 生物多様性については「6-1　メジナを次代に残すために」で取り上げている。
2) 日本大学生物資源科学部の臨海実験所：位置については「1-4　メジナ幼魚の動態」参照。
3) 側線有孔鱗数については「1-1　分類と分布」に、側線の形成については「1-2　子メジナの変貌」に詳しい解説がある。

れに、メジナおよびクロメジナの生態研究を行うことを考えた場合、多くの個体を扱う。このDNA分析の優れている点は、分析に要する組織量が少量ですみ、生きている個体からヒレの一部を切り取り、魚を生かしたまま種同定ができることである。私たちは、メジナ属の接岸状況把握などの生態研究への応用につなげるため、遺伝子分析を用いたメジナおよびクロメジナの種判別法を開発し、その成果を発表してきた（Itoiら、2007a）。

**図 2-2-2** 伊豆半島下田で採集されたメジナ属の稚魚。全長約 20 mm。このサイズでは、外見的特徴からメジナかクロメジナか見分けるのはとても難しい。

### 🐟 どのようにしてメジナとクロメジナを見分けるのか

メジナとクロメジナの種判別にはPCR-RFLP法による分析を利用している。PCRは**ポリメラーゼ連鎖反応**[4]（PCR、Polymerase Chain Reaction）の略記であり、RFLPは**制限酵素断片長多型**（RFLP、Restriction Fragment Length Polymorphism）の略記で、1. PCRによりDNAを増幅する、2. 増幅したDNA断片に制限酵素を反応させる、3. 制限酵素で切断されたDNA断片長の多型を比較する、という3つのステップからなる（図2-2-3）。

簡単に説明すれば、PCRによってメジナもクロメジナもほぼ同じ長さのDNA断片が得られる。しかし、得られたDNA断片の塩基の並びは両種で同じところもあれば、違うところもある。塩基の並びの違いに着目して、**制限酵素**[5]という特定の塩基配列を認識して切断するハサミのような役割を果たす酵素を用いて切断する。そうすると、両種で切断されるDNA断片長のパターンも違ってくるというものだ。ただし、PCR-RFLP法を確立するには、あらかじめ確実にメジナおよびクロメジナと判別できる複数の個体を使って、どこに塩基配列の違いがあるのかを解読した上で、数ある制限酵素の中から違いを認識できる制限酵素を選択する必要がある。

### 🐟 なぜミトコンドリアDNA？

種を見分けるためには、DNAのどの部分を分析対象にするかが重要となる。DNAのすべての遺伝子を一度に分析することはさすがに大変だからだ。メジナとクロメジナの種判別には、ミトコンドリアDNA（mtDNA）上の異なる2カ所を

---

4) **ポリメラーゼ連鎖反応**：特定のDNA配列を認識するプライマーとよばれるDNA断片（約20文字）および好熱菌由来の耐熱性DNA合成酵素を用い、プライマーで挟まれた領域のDNAを増幅する技術で、分子生物学の発展に多大な影響を与えた技術の一つ。
5) **制限酵素**：特定のDNA配列を認識して、その部分あるいはその近傍を切断するハサミのような役割を担う酵素。4文字や6文字の記号の並びを認識するなどさまざまな酵素が知られており、その分子生物学分野における応用範囲は広い。

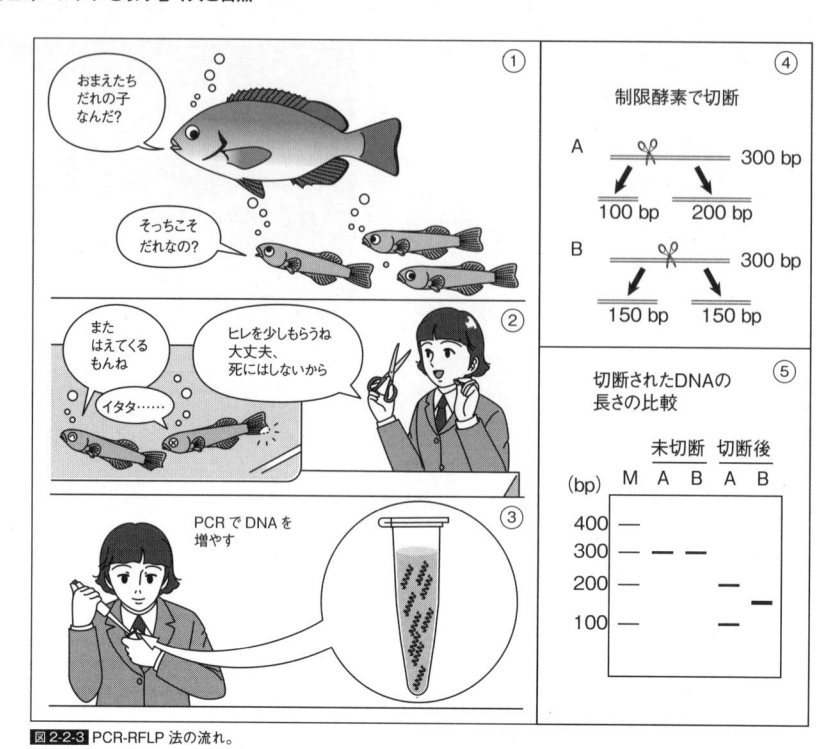

図 2-2-3 PCR-RFLP 法の流れ。

利用した。動物細胞が持っている DNA には、核にある核 DNA と、細胞小器官のミトコンドリアにある mtDNA がある（図2-2-4）。核 DNA は父方および母方両者から受け継ぐのに対し、mtDNA は母方からのみ受け継ぐため、同じ個体には 1 種類の型しかない。また、mtDNA は一つの細胞に含まれる数が多く、抽出や増幅を行いやすいという利点がある。このような理由から、一般に mtDNA が種を判別するために用いられることが多い。

さらに、mtDNA 上の遺伝子でも、遺伝子の種類や領域によって、その特徴が異なる。例えばタンパク質合成に関わるある遺伝子は、その機能の重要性から**保存性**[6]が高く、種の判別に利用されることが多い。一方、遺伝子の発現を制御しているような遺伝子は、個体レベルの変異が多く、個体群や系統の判別に用いられることが多い。私たちは、前者として 16S rRNA 遺伝子、後者として制御領域を解析の対象とした（図2-2-5）。

---

6) **保存性**：DNA の塩基配列における突然変異の起きやすさ。進化の過程で変異があまり起きていないとき、保存性が高いという。

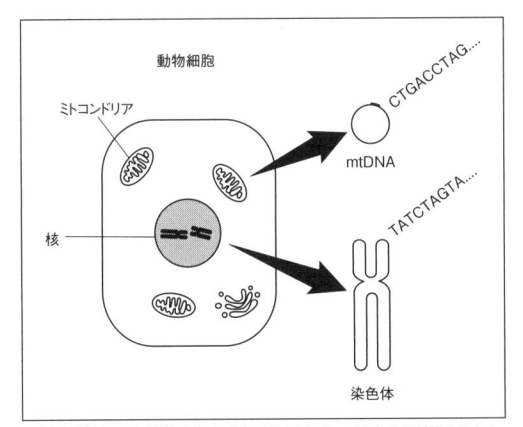

**図 2-2-4** 動物細胞の設計図は核の染色体 DNA と mtDNA の 2 種類からなる。

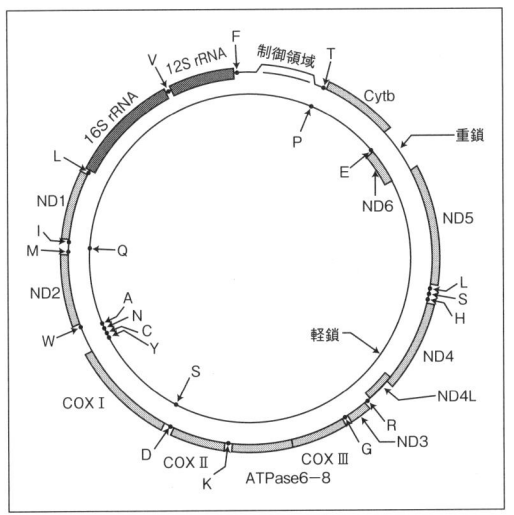

**図 2-2-5** ミトコンドリア DNA（mtDNA）の模式図。
コイの mtDNA 配列（Chang ら、1994）をもとに描写。

## 🐟 DNA 分析の実際

　形態的な特徴から明らかにメジナおよびクロメジナとして同定された魚から全 DNA を抽出し、mtDNA 上の 16S rRNA 遺伝子および制御領域の 2 カ所の塩基の配列を決定した。続いて、メジナおよびクロメジナの塩基配列を比較し、両種間で

異なっている配列を検出した。このとき、制限酵素の認識部位も検索し、両種で切断箇所の異なる制限酵素を選択した (図2-2-6)。この制限酵素の選択次第で、遺伝子配列を決定するのと同程度の精度で種判別を行うことも可能になる。

種判別に利用可能な制限酵素を選択した後、実際にポリメラーゼ連鎖反応により増幅したDNA断片に制限酵素を反応させる。この反応後のDNA断片を**アガロースゲルで電気泳動**[7]すると、それぞれの種に特異的な泳動パターンを得ることができる。以下に実際の結果を示す。

16S rRNA遺伝子の増幅断片613塩基対（bpと略す）を制限酵素 $Hin$fIで処理すると、メジナの場合、490 bpと123 bpの2断片が観察されるのに対し、クロメジナでは切断部位がないため613 bpの断片がそのまま観察される (図2-2-7)。同様に、制御領域（メジナ：497 bp；クロメジナ：496 bp）を $Dde$Iで処理すると、メジナの場合、308 bpと189 bpの2断片が観察されるのに対し、クロメジナでは307 bp、123 bpおよび66 bpの3断片が観察される。これらのパターンの違いが制限酵素断片長多型とよばれる。

このようにして、調べたい試料のDNA断片のパターンを、すでに明らかとなっているメジナおよびクロメジナの標準パターンと比較して、調べたい試料の種がどちらであるかを判別することができる。この作業時間の目安は、試料数や酵素のメーカー、どのような方法を採用するかにもよるが、DNA抽出に1時間、PCRに1時間、制限酵素処理および電気泳動に2時間の合計4〜5時間程度である。また近年、便利なDNA抽出キットや短時間（5分間程度）の処理でDNAを切断できる制限酵素も販売されているので、これを用いることで大幅な時間短縮も可能である。

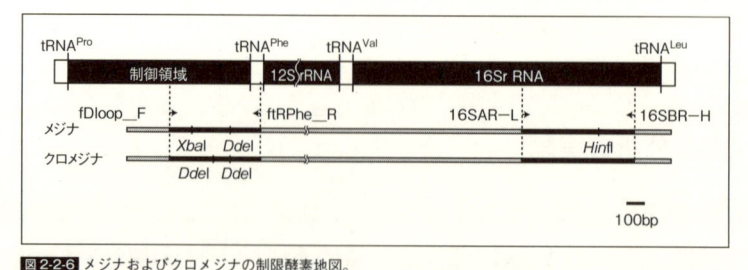

**図2-2-6** メジナおよびクロメジナの制限酵素地図。
黒い太線は増幅DNA断片を示し、$Xba$I、$Dde$Iおよび$Hin$fIは各制限酵素認識部位を示す。矢印はPCRプライマーの位置を示す。

---

[7) **アガロースゲル電気泳動**：アガロースゲルは、固めのゼリーを思い浮かべてもらえれば分かりやすいと思うが、アガロース（寒天）により目の細かい網目構造が形成され、電気的に負に帯電しているDNAに電荷をかけると、−から＋に移動する。この移動の際に、分子が大きいと網の目にひっかかりやすく、分子が小さいとひっかかりにくいので、網の目の中の進み方が異なる。

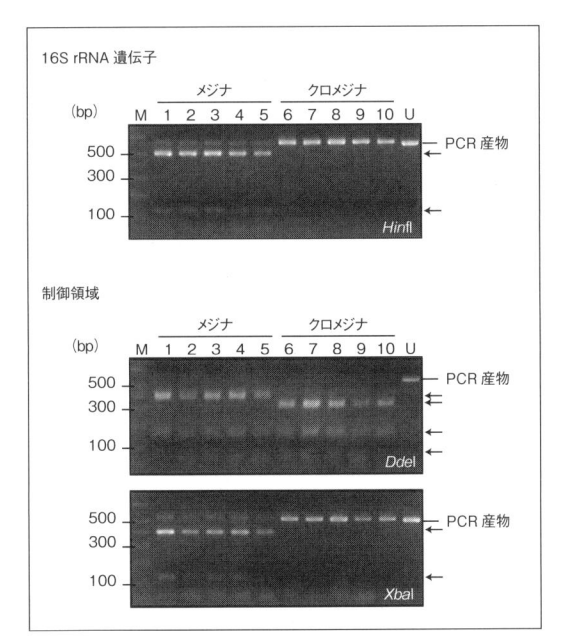

図 2-2-7 メジナおよびクロメジナの PCR-RFLP パターン。
No. 1〜5 がメジナ、No. 6〜10 がクロメジナのパターン。XbaI、DdeI および HinfI は使用した制限酵素を示す。矢印は制限酵素により切断されて生じた DNA 断片を示す。

## 🐟 DNA 分析を行う上での注意点

　PCR-RFLP 分析を用いて種判別を行うにあたり、気をつけなければならない点がある。遺伝子には突然変異が起こるという事実である。この突然変異の起きた部分が、もともと制限酵素が認識する部位であったとしたら、期待される切断が起こらないのである。そこで、このような事態による判別ミスを防ぐため、複数の制限酵素の使用（制限酵素の種類によって、認識する配列が異なる）、あるいは複数の遺伝子領域を対象とすることが必要である。ここで紹介した、メジナとクロメジナの種判別の場合もこのような対策がとられている。

　少し話がそれるが、この PCR-RFLP 法を用いた種判別法は、食品原料や加工食品に用いられる生物種の判別にも利用されている。例えば、ウナギ。ウナギが、スーパーなどで蒲焼として売られているところを想像してほしい。甘辛いたれを塗られて焼かれており、外見からは正確に種の判別を行うことはできないが、PCR-RFLP 法では難なく分析できてしまうのである。

ただし、食品の鑑定にこの方法を使う場合は特に注意が必要で、種判別を行う際には二重三重のチェックが要求される。仮にPCR-RFLP法により、表示されているものとは異なる種と判別された場合、この方法に引き続き塩基配列分析を行って、正確な種同定を行うこととなる。

## 遺伝子分析によるメジナ属の種判別の今後

　この判別法は、メジナおよびクロメジナの生態研究のための重要なツールになる。本書でも紹介された「1-3　メジナとクロメジナの出会い」、「1-4　メジナ幼魚の動態」、「2-4　メジナに寄生虫！」でも威力を発揮している。

　近年、地球温暖化の影響と生物分布の変化に注目が集まっているが、メジナおよびクロメジナの分布変化も例外ではないかもしれない。メジナの分布域が、太平洋側および日本海側の日本列島近海であるのに対し、クロメジナのそれは、太平洋側のみであるとされる（Yagishita and Nakabo、2000）。しかしながら、クロメジナが「日本海側で釣れた！」という話を耳にすることもあり、その分布域に変化が起こっている可能性がある。私は、日本海側の比較的寒冷な気候が、クロメジナの日本海側への進出を阻んできたと考えている。例えば、「1-7　メジナとクロメジナの低温適応」では、メジナとクロメジナの心拍と水温の関係から、両種の環境適応力について考察している。近年になって、日本海の環境がクロメジナの適応可能な環境になりつつあるのかもしれない。分布域を考える場合は、メジナたちが再生産可能かどうかという点も考慮する必要があるが、日本海側におけるクロメジナの仔稚魚に関する報告は聞いたことがない。ぜひ、DNAを使った判別法を用いて、各地で詳細な検討が行われることを期待する。

## 2-3 メジナとイシダイの雑種
### 幻になった"メジナ"

**家戸敬太郎（かとけいたろう）** 近畿大学水産研究所。専門は水産増殖学。魚種や研究分野にこだわらず、生産現場に直結した研究をしたいと考えている。周囲の人々を幸せにできる、幸せなお金持ちになることが目標。

**熊井英水（くまいひでみ）** 近畿大学水産研究所。専門は海水増殖学。半世紀以上に亘り一貫して魚類養殖の研究に従事し、数々の海産魚の完全養殖を実現、交雑魚の研究でも成果をあげた。2002年には、世界初のクロマグロの完全養殖を成功に導いた。

　本書で紹介されているように、メジナは釣りの対象として、あるいは食用として、とてもポピュラーで美味しい魚であるが、成長が遅いことなどから現在養殖はされていない。しかし、イシダイとの雑種を作れば「養殖の対象になるかもしれない！」と考えたこともあった。私たちの試みと、幻になった"メジナ"を紹介したい。

### 交雑魚"キンダイ"

　人々は長い間、食料を確保するための動植物を作り育ててきた。そして、自分たちの好みに合わせ、生産性の良い動植物だけを育てるようになった。それが固定されたものが品種である。品種をより良いものに改良する方法として、優れた品種同士で雑種を作る交雑育種というものがある。この方法はイネやトウモロコシといった農作物、野菜や花といった園芸作物、ウシやブタといった畜産では広く用いられてきた。時には異なる種で交雑が行われる場合もあって、マガモとアヒルとの雑種であるアイガモや、イノシシとブタの雑種であるイノブタが品種として利用されている。

　水産においても、古くから交雑魚に関する研究が行われている。淡水魚ではコイ（鈴木、1979）、キンギョ（松井、1934）、サケ・マス（寺尾、1970）、チョウザメ（稲野ら、1993）などに関して多くの研究例がある。海水魚でもタイ科（荒川・吉田、1986；熊井、1984a；原田、1991；村田ら、1995a,b；北島・塚島、1983；Murataら、1997）、イシダイ科（熊井、1984b；原田ら、1986）、ブリ属（村田ら、2000）およびトラフグ属（藤田、1966）の間で、種間の交配が試みられている。

　ところで魚の養殖の場合、成長が良ければ商品として早く出荷でき、生産コスト

も安くなる。病気に強ければ、飼育の途中で死んでしまうこともない。卵を多く産めば、子孫を多く残せるし、卵自体に価値があれば商品としての価値は倍増する。交雑育種は、こうした成長、病気の耐性、多産性が両親よりも優れる"**雑種強勢**"を期待して行われる。しかし、実際に作られた交雑魚は、それらの**形質**[1]が親の魚種の中間を示すものが多い。どちらかといえば、魚種のお互いの欠点を補い合う目的で作られることが多いのだ。

例えばイシダイは卵を産ませたり、飼育したりするのが簡単であるものの、成長が悪いという欠点がある。イシガキダイの飼育はやや困難だが、イシダイよりも成長が良い。そこで、イシダイの卵とイシガキダイの精子を使って人工授精することで、イシガキダイよりも飼育が簡単で、イシダイよりも成長が早い交雑魚が作られた（熊井、1984b；原田ら、1986）。この交雑魚は近畿大学で**作出**[2]されたので、近大にちなんで"キンダイ"と名付けられている。

また、ブリは身の脂ののりは良いが、歯ごたえはやや劣る。ヒラマサは脂ののりは悪いが、歯ごたえは良い。ブリとヒラマサとの間で交雑魚を作り、ヒラマサよりも脂ののりが良く歯ごたえがブリよりも優れた"ブリヒラ"も作出されている（村田ら、2000）。

代表的な養殖魚であるマダイは、網イケスで飼育すると日焼けによって体色が黒化する。しかし、チダイは日焼けの影響をほとんど受けないことから、マダイとチダイの交雑魚"マチダイ"が作られた。"マチダイ"ではマダイよりも日焼けに強く、体色が優れるという結果が得られている（熊井、1984a）。

このように交雑育種では、成長、肉質、体色などの有用な形質が優れた魚の間で交雑魚を作出することで、それらの形質を改善することができる。

### 🐟 雑種の生き残りの秘密

交雑魚を作りだす交雑育種は、品種を改良する方法としては古典的であるが、とても有効な手法であるといえる。しかし、交雑育種はどんな種類の魚の間でも可能というわけではなく、ある程度、近縁種間でしか成功しない。また、交雑魚が作出されても、その交雑魚は子供を残すための**生殖能力**[3]がない場合がある。優れた交雑魚でも生殖能力がなければ、それは一代限りの品種であり、品種の維持のためには人工授精を繰り返す必要がある。

それでは、なぜ交雑魚は近縁種間でしか作ることができず、しかも、生殖能力が

---

1) **形質**：生物のもつ性質や特徴のことで、遺伝によって子孫に伝えられる形質を特に遺伝形質とよぶが、単に形質と言えば遺伝形質のことを指すことが多い。
2) **作出**：新しい品種を作り出すこと。
3) **生殖能力**：精子や卵を作れ、次世代に子孫を残せる能力。

ない場合があるのだろうか。少し難しい話しになるが、これには**染色体**[4]の数や、核型とよばれる、各々の染色体の形の違いが大きく影響している。まず、マダイとクロダイの交雑魚"マクロダイ"を例に説明してみよう。マダイとクロダイは同じタイ科魚類であるが、属レベルではマダイはマダイ属、クロダイはクロダイ属である。マダイもクロダイも染色体数は同じであるが、核型には両者の間で違いが多い[5]。この結果、マダイの卵とクロダイの精子をかけ合わせた"マクロダイ"は生き残るが、雌雄を入れ替え、クロダイの卵とマダイの精子をかけ合わせると生き残りは極めて低い。さらに生き残った"マクロダイ"は雌雄ともに性成熟しない（Murataら、1997）。

一方、イシダイとイシガキダイはともにイシダイ科イシダイ属であり、染色体数は同じで、核型の差もわずかである。同じ属内で、しかも核型が似かよっているイシダイとイシガキダイとの交雑魚"キンダイ"の場合は、"マクロダイ"と違って両親の性を入れ替えても生き残りが良い。しかも、"キンダイ"は雌雄ともに性成熟するほか、自然界でも存在することが知られている。また、交雑魚の核型も両親から半数ずつ染色体を受け継いでいることがわかる（村田、1998）。

## 🐟 イシダイ♀×メジナ♂ができた！

釣り人にとってイシダイはメジナと同様、憧れの磯魚である。しかも、イシダイは美味であり高級魚であるため、養殖魚としても重宝されている。私たちは、イシダイの品種改良に関する研究の一環として、イシダイとイシガキダイの交雑魚である"キンダイ"の作出に成功したが、イシダイとメジナの交雑魚にも挑戦したことがある。

分類学的に、イシダイはスズキ目イシダイ科、メジナはスズキ目イスズミ科であり、両者は科レベルで異なる。イシダイとメジナの交雑魚を作る上での問題は、両親となる魚種が分類上大きく離れているところにある。科が同じで属が異なるマダイとクロダイとの交雑魚"マクロダイ"の場合よりも難しいことが予想された。当然、このような場合には雑種の生き残りも危ぶまれるところである。ところが、結果は意外だった。

イシダイ4歳魚の卵とメジナ3歳魚の精子を用いて人工授精した結果、受精に至った卵は全体の66.7％であった。ふ化までの時間はイシダイと同様であり、水温19.9℃～20.5℃の間で管理したところ、受精後37時間20分～40時間10分の間に、

---

4) **染色体**：DNA（デオキシリボ核酸）とタンパク質が集まった構造体で、生物の遺伝情報を担う。ほとんどの動物では、染色体が対になっている。たとえばマダイやクロダイでは、24本の染色体が対になって合計48となる（2n＝48と表記）。
5) **核型の違い**：マダイは次端部着糸型（ST型）が1対と端部着糸型（A型）が23対であるのに対し、クロダイは次中部着糸型（SM型）が3対、ST型が2対、A型が19対である。

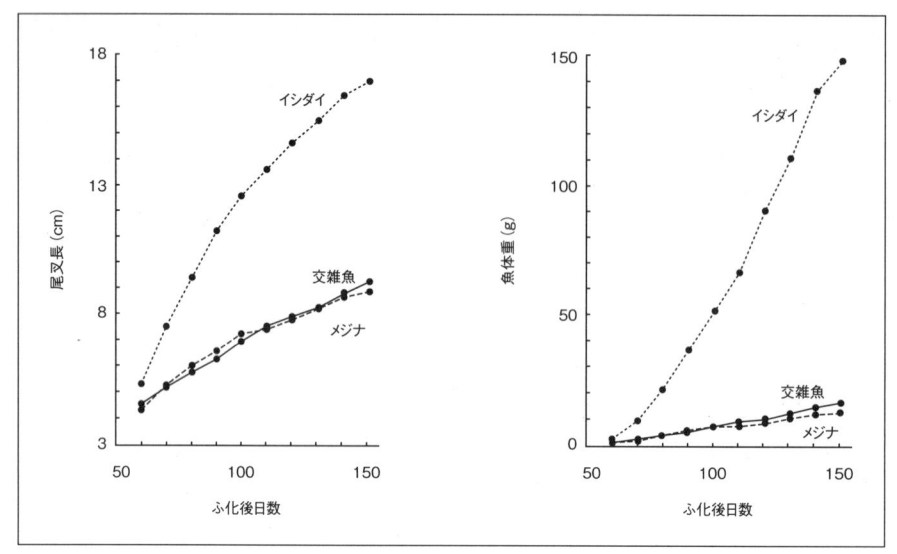

第 2 章　メジナを取り巻く人と自然

図 2-3-1　イシダイ、メジナ、およびそれらの交雑魚の成長。

受精卵の 46.7％がふ化したのだ。つまり科レベルで異なるイシダイとメジナの間で雑種が成立したことになる。そこで成長についても、交雑魚とイシダイおよび天然メジナとの間で比較した。残念ながら、ふ化後 50 日まではイシダイよりもやや劣っていた。さらにふ化後 60 日以降はイシダイよりも著しく劣り、天然メジナとほぼ同様だった (図 2-3-1)。

この交雑魚で興味が持たれる点は外観であろう。"キンダイ"は母親（イシダイ）の縞模様と父親（イシガキダイ）の斑点模様の両方をもつ特徴的な外観を示す。イシダイとメジナとの交雑魚の体型は、どちらかといえばメジナに似ており、ふ化後 110 日（平均尾叉長 9.3 cm）の交雑魚の模様は、イシダイ由来の横縞模様が明瞭で、体側の背部に沿って交雑魚に特徴的な 1 本の縦縞が出現したのだ (図 2-3-2、カラーは口絵参照)。

以上のように、磯魚イシダイとメジナとの交雑魚は、お互いに科が異なるにも関わらず、受精率、ふ化率ともに比較的高かった。しかし、成長の速さはメジナに似ており、イシダイよりもかなり遅いことがわかった。外観はイシダイではなくメジナ型であった。養殖されているイシダイは成長が悪いことが問題になるので、残念ながらイシダイよりも成長の劣るこの交雑魚を養殖用品種として用いることは現実

**図 2-3-2** 左図はイシダイ×メジナの交雑魚（上）とメジナ（下）。右図は水槽を遊泳するイシダイ×メジナの交雑魚とメジナ。

的ではないだろう。

　一方、イシダイもメジナも釣りの対象魚として人気の高い魚である。この交雑魚の性格や生態については調べていないが、釣りの対象となった場合にはどのような釣り方、釣られ方をするのか大変興味深い。メジナのように賢く、イシダイのように力強い遊泳力をもった魚なのかもしれない。

### 🐟 おわりに

　イシダイとの交雑魚を作ることによって、メジナを養殖に利用しようという試みは、残念ながら実現しなかった。メジナという魚は養殖されて網イケスの中を泳ぎまわるのではなく、あくまでも磯で、そして釣り人と格闘しながら生き続ける方がよいのかもしれない。

### 🐟 もっと知りたいひとに

「最新　海産魚の養殖」2000 年、熊井英水編著、湊文社
「水産増養殖システム 1　海水魚」2005 年、熊井英水編著、恒星社厚生閣

# メジナに寄生虫!
## それはメジナの履歴書

**間野伸宏**　日本大学生物資源科学部。「1-3　メジナとクロメジナの出会い」で自己紹介済み。

"寄生虫"というと、奇妙な形をした気持ち悪い生物を思い浮かべる人も多いだろう。生物に害をもたらす"危険生物"を連想する人もいるかもしれない。しかし、最近になって寄生虫のイメージも少し変わってきたように思える。世界でただ一つしかない寄生虫の博物館である**目黒寄生虫館**[1]は、デートスポットとしてテレビや雑誌で取り上げられている。寄生虫がプリントされた寄生虫Tシャツを着ている若者もみかける。ここでは、寄生虫の不思議な世界と、メジナと寄生虫との関係について紹介しよう。きっと寄生虫のイメージが変わるはずだ。

### 寄生虫を通して魚をみる

自然界には寄生虫が満ちあふれているといっても過言ではない。釣り上げた魚を解剖してみると、ほとんどの魚の皮膚やエラ、胃や腸の中に、さまざまな寄生虫が住みつき、生活(寄生)している。普通、一つの生物(宿主)に対して、複数種の寄生虫が観察される。このことから、地球上には、自分自身で行動してエサをとるような自由生活を営む生物より、宿主に移動やエサを頼っている寄生生物の種類の方がはるかに多いのではないかと考えられている(長澤、2004)。彼らの大部分は宿主に対して悪影響をもたらすことなく、そして、私たちの目にとまることもなく、ひっそりと暮らしているのである。

こうして静かに暮らしている寄生虫たちを利用しようという試みがある。話は本論からそれるが、最近、水深などを時間に沿って記録する超小型記録装置(以下、マイクロデータロガー)を魚に装着し、その行動を探る**バイオロギング**[2]とよばれる研究分野が注目されている。人が直接見ることのできない水中生活者である魚の生態を解明するのに、とても有効な方法である。しかしバイオロギングでは、マイクロデータロガーを魚に付けて放流した後、再びその魚を捕まえる必要がある。広い海の中で、マイクロデータロガーを付けた魚を回収するのは至難の業であり、調

---
1) **目黒寄生虫館**：東京都目黒区下目黒　入場無料(2010年10月現在)。
2) **バイオロギング**：バイオロギングは、バイオ(生き物)とロギング(記録する)を組み合わせた和製英語。日本バイオロギング研究会もあり、魚からウミガメやペンギンなど、さまざまな生物の生態が明らかにされている。

べることのできる魚の大きさや実験期間も限られる。

　話を寄生虫にもどそう。実は、私たちが目で追うことのできない魚の生態を調べるために、寄生虫が利用できる場合があるのである。例えば、北海道のオホーツク海沿岸に生息するマガレイ。マガレイに寄生するカイアシ類とよばれる甲殻類は、**能取岬**[3]の南沿岸と北沿岸で寄生率に違いがある。南北の間でマガレイの交流があれば寄生の割合に違いはないはずであり、寄生虫を目印とすることで、オホーツク海沿岸のマガレイは二つの系群（海域群）に分かれることが明らかになったのである（長澤、2003）。

　また、寄生虫は宿主を乗り変えて成長していくものも多い。つまり、寄生していた宿主がほかの生物に食べられることで新たな宿主に移動していく。よって、消化管などに寄生している虫の種類を調べることで、その魚がこれまでに何を食べてきたのかを知ることができるのである（長澤、2003）。ほかにも、寄生虫は回遊、**母川回帰**[4]、資源変動、種分化など、魚のさまざまな生態や進化の研究に役に立つ情報をもたらす。この詳細は成書（長澤、2003；小川、2005）に譲って、話を進めよう。

### 🐟 メジナの寄生虫を調べる

　ここからがメジナの寄生虫の話になる。太平洋側の東日本沿岸で釣ることのできるメジナ属は、主にメジナとクロメジナの2種である。両種とも代表的な磯魚として釣り人の間で絶大な人気があるが、その行動や食性など、不明な点も多く残されていた。そこで、私が所属する日本大学でメジナ研究プロジェクトが開始されたのをきっかけに、寄生虫を利用したメジナ属の生態研究を開始した。

　まず、メジナ属のこれまでの寄生虫研究についてふりかえってみる。すでに1930〜40年代にかけて、寄生虫学者として世界的に有名な山口左仲先生により、複数種の**吸虫**[5]や**線虫類**[6]がメジナに寄生していることが報告されていた。しかし、その後のメジナ属の寄生虫報告は数えるほどしかなく、季節変化や地域差について調べた研究もない。そこで、私の研究室に所属する学生であった鈴木直行君や久保田諭君たちと一緒に、伊豆半島を中心にメジナ属をサンプリングし、調査を開始した。

　この調査では、伊豆や三浦半島城ケ崎沿岸で採集されたメジナやクロメジナの稚魚や未成魚を対象とした。釣り上げた魚の寄生虫はその場で調べることができないため、伊豆半島の下田にある日本大学の臨海実験所か、神奈川県藤沢市の本学校舎に生きたまま運んだ。

　調べ方はそれほど複雑な方法ではない。メジナを氷上で麻酔後、解剖し、**実体顕**

---

3) 能取岬：北海道網走市にある、オホーツク海につきだした岬。
4) サケなどが生まれた川に帰ってくること。
5) 吸虫：扁形動物門吸虫綱に属する動物の総称。楯吸虫類と二生類から構成される。すべてが寄生性の生活をする。
6) 線虫類：線形動物門に属する動物の仲間。寄生生活をしない種も多い。

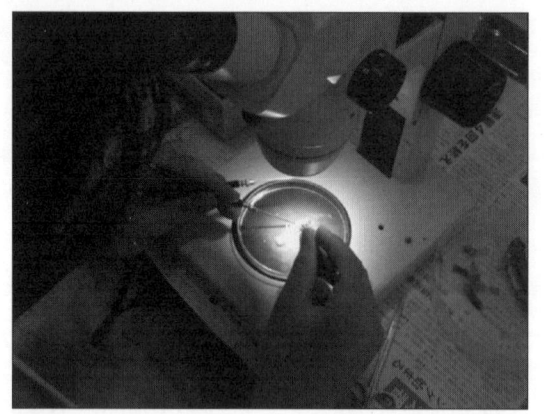

**図2-4-1** 寄生虫を探しているところ。
シャーレに入った組織に生理食塩水を加え、実体顕微鏡をみながら寄生虫を探す。寄生虫を"見る目"と根気が要求されるが、はじめての寄生虫との出会いはなかなか楽しい。

微鏡[7]を使って寄生虫を探していくのである。長い時間をかけて、小さいハサミや特別製の針などを用い、丹念に寄生虫を探し出していく。美しい（？）形をした寄生虫と出会える楽しみがあるものの、寄生虫を見つけるための"目"と根気が必要な作業である（図2-4-1）。寄生虫を見つけても、そのままでは形や体内の構造がはっきりとしないため、寄生虫の種類に応じた標本を作成し、再び観察を行う。そして、過去の報告（論文）と形や大きさなどを照らし合わせ、種類を絞っていく。

魚の病気を対象とした寄生虫研究の場合、悪さをする寄生虫は通常限られている。だから、教科書を開けば、魚種ごとにそのウオンテッド（お尋ね者）リストが載っており、種類を特定するのは比較的簡単である。ところが、害を及ぼさない寄生虫の研究では、そのようなリストがある方が稀であり、自分自身で論文を探し、リストを作成していかなくてはならない。メジナ属の寄生虫研究でも、やはり寄生虫の種類を特定する作業に大変な労力と時間が必要であった。

### 🐟 "寄生虫"は語る

このような研究の結果、伊豆や三浦半島城ケ崎沿岸のメジナおよびクロメジナから計15種類の寄生虫が見つかった。1尾当たりの寄生率を計算してみたところ、伊豆・三浦半島ともに、季節を通じて *Prodistomum* [**シノニム**[8] *Opechona*] *girellae* との学名をもつ吸虫が多く観察された（図2-4-2,A）。この吸虫は主にメジナ属の

---

7) **実体顕微鏡**：標本をそのままの状態で観察することができる顕微鏡で、通常数倍～数十倍程度の倍率で使用する。細かい解剖のときなどに使う。
8) **シノニム（Synonym）**："異名"と訳す。生物分類では、同じ分類群にあたる生物に与えられた複数の学名を意味する。

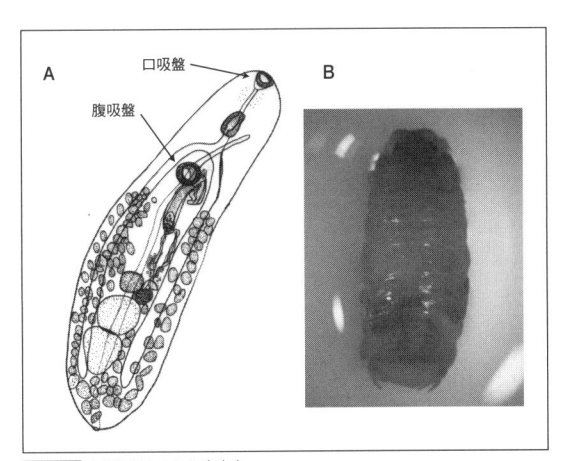

**図 2-4-2** メジナにみられた寄生虫。
(A)最も多く観察された吸虫 *Opechona girella* のスケッチ図(久保田諭 作)。(B)三浦半島の城ケ崎沿岸でのみ観察された等脚類 *Mothocya* sp.。

腸管に寄生しており、メジナの稚魚への感染率は約 1〜15％、幼魚のメジナでは 30％近かった。この寄生虫の生活史は明らかにされていないが、*Opechona* 属の一種はクラゲのような腔腸動物に属する動物プランクトンを介して、サバの仲間に寄生することが報告されている（Cremonte and Sardella, 1997）。

「1-2 子メジナの変貌」や「5-4 最新技術でみたメジナの食べ物」で紹介されているように、メジナ属は成長に伴い、食事の内容を動物プランクトンから海藻に移行する。私たちの研究でも、メジナ属の幼魚の消化管内容物がほぼ 100％海藻であることを確認していた。しかし、幼魚の方が稚魚よりも高い割合でこの寄生虫に寄生されていたことから、メジナやクロメジナの稚魚や幼魚は、吸虫の**中間宿主**[9]となっている水生動物を定期的に食しているものと推測している。

次に、メジナ属で観察された寄生虫の種類を海域別に比較してみた。*Prodistomum* [*Opechona*] *girellae* がもっとも優占して寄生していることは変わらないものの、同じ伊豆半島内でも採集地によって寄生虫の種類に違いがみられた。また、三浦半島まで離れると、伊豆半島で観察されることのなかった**等脚類**[10]の仲間（*Mothocya* sp.）**(図 2-4-2,B)** の寄生が、エラや体表に認められるなど、寄生虫の種類の差が大きくなる傾向があった。これらの結果は、少なくとも体長 15 cm にも満たない小型のメジナは特定の限られた海域で育ち、大きく生息環境が変わるような

---

9) **中間宿主**：寄生虫が、成虫になる前に別の種類の宿主に寄生するような生活をする場合、この宿主を中間宿主という。
10) **等脚類**：節足動物の 1 グループで、ワラジムシ類ともよばれる。枯れ草の下などにいるワラジムシもその仲間である。

外洋への長旅はしないことを意味しているのだろう。

　さて、「メジナに寄生虫！」と聞いて、不安になる読者もいるのではないだろうか。心配はご無用。私たちに害はないし、食べてもまったく問題ない。そもそも、寄生虫のいない魚なんてほとんどないと言って良いくらいだ。

## おわりに

　私たちの研究の狙いの一つは、メジナとクロメジナの生態の違いを寄生虫という観点からみることであった。この研究で得られた寄生虫の種類を比較すると、稚魚ではクロメジナで、幼魚ではメジナで多様な寄生虫が見つかっている。しかし、正確に両種の生態の違いを寄生虫から検討する場合、同じ時期に、同じ成長段階のメジナやクロメジナを研究対象にしなくてはならない。そのため、現在もメジナ属の採集を継続している。しかも、より大型かつ沖合に生息するメジナやクロメジナも研究対象にしたい。大物に狙いを定め、磯釣りの準備を進めている。

## もっと知りたいひとに

「さかなの寄生虫を調べる」2003年、長澤和也、成山堂書店
「フィールドの寄生虫学」2004年、長澤和也、東海大学出版会
「魚類寄生虫学」2005年、小川和夫、東京大学出版会

# 2-5 巨大クロメジナの正体
## 年齢と生き様にせまる

**海野徹也**　広島大学大学院生物圏科学研究科。専門は水産増殖学。日本の魚を増やし、守るため、フィールドから分子生物学までの幅広い研究を展開している。趣味は釣りで、メジナを求め男女群島まで出かける。

メジナ釣りに魅せられた私もそうであるように、釣り人はいつも大型メジナとのファイトを期待している。ところが、大きなメジナは釣り人をあざ笑うかのように**寄せエサ**[1]だけを貪欲に拾いあさり、釣り針の付いたエサには見向きもしない。いったい彼らは何年間、厳しい自然を生き抜き、釣り人と戦ってきた強者なのだろうか？　これまであまり知られていない大型クロメジナの年齢について紹介しつつ、彼らの生き様について考えてみようと思う。

### 🐟 クロメジナのウロコ

私たちは性的に成熟すると身長はほとんど伸びない。しかし、「1-5　メジナの成長と成熟」で紹介されているようにメジナは全長 30 cm 程度で成熟するものの、自然界にはそれよりずっと大きなメジナがいる。メジナやクロメジナは生きている限り成長を続けるのだ。釣り人が追い求める大型クロメジナは何歳なのだろうか。この疑問に答えてくれるのが年齢形質である。魚には、ウロコ、耳石、脊椎骨など、年齢が査定できる部位があり、これらを年齢形質とよぶ。中でも、ウロコによる年齢査定は 300 年の歴史があり（吉富，2007）、今でもいろいろな魚で利用されている。

クロメジナのウロコを例に、基本的な構造と年齢査定方法について説明してみる。ウロコを体表から取って観察すると、五角形に近い形をしている（図 2-5-1）。体の表面に露出している部分は頂部（露出部）とよばれ、体に埋没しているのが基部（被覆部）である。

ウロコの基部に無数にみられるくさび状の突起物は、ウロコと体との接着を強固にする役割がある（図 2-5-1,C）。頂部の表面には規則正しく配列された線状の紋様がみえる。中心から頂部に向かって放射状にならぶ溝条（放射線）と、中心から頂部にかけて環状に配列されている多数の隆起線（環状線）である。隆起線上には

---

1) **寄せエサ**：メジナを集めるために撒かれるエサで、コマセともよぶ。近年は寄せエサにオキアミと配合エサが使用されている。詳しくは「4-5　メジナ釣りに最適なエサを作る」で紹介されている。

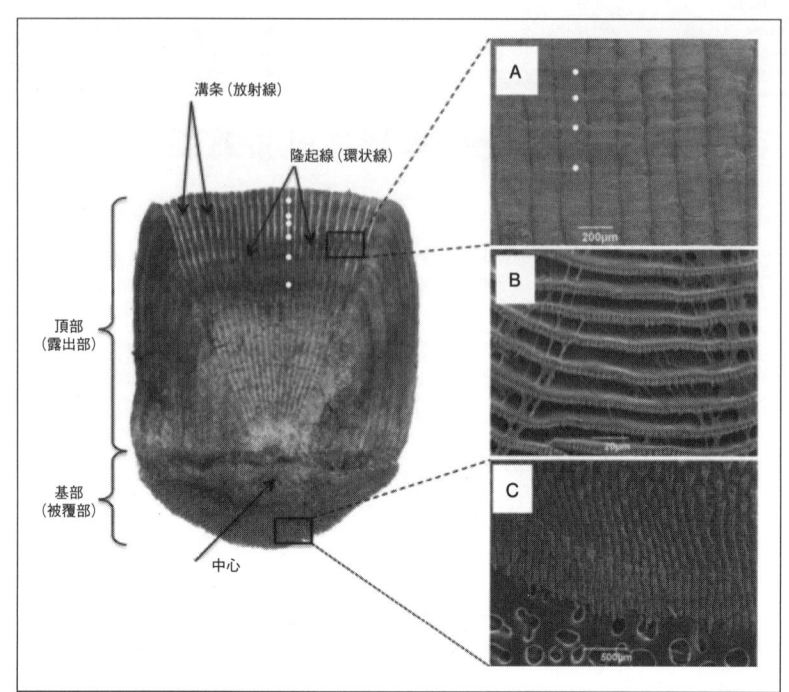

**図 2-5-1** クロメジナのウロコの基本構造（光学顕微鏡写真）と微細構造（電子顕微鏡写真）。
電子顕微鏡写真（A）では、環状に配列された多数の隆起線と、その間隔が密な年輪がみえる。（B）突起物を持つ隆起線の微細構造。（C）体に埋没しているウロコの基部には無数の突起物がみられる。電子顕微鏡写真は広島大学大学院の占部敦史君が撮影。

無数の細かい突起物があり、重なり合っているウロコ同士を安定させる役割がある（図 2-5-1,B）。また、隆起線は魚の成長に伴い数が増すが、そのパターンから年齢を知る手がかりが得られる。

　隆起線の間隔をよく見ると等間隔ではない（図 2-5-1,A）。一般に魚の成長が順調な時期の間隔は広く、成長が停止した時期の間隔は密になる。前者を成長帯、後者を休止帯とよぶ。メジナの休止帯は 2〜4 月に形成されると考えられ、年輪とみなすことができる（前田ら、2002）。だからウロコの年輪（休止帯）の数をカウントすることで年齢査定が可能なのである。

## 大型クロメジナの年齢

　釣り人が目標にしている大型クロメジナの年齢を紹介しよう。私は**男女群島**[2]で 60 cm を超える大型クロメジナを二度ほど釣り上げたことがある。その標本につい

---

2) **男女群島**：長崎県五島列島の南西に位置する、東シナ海の無人の孤島。

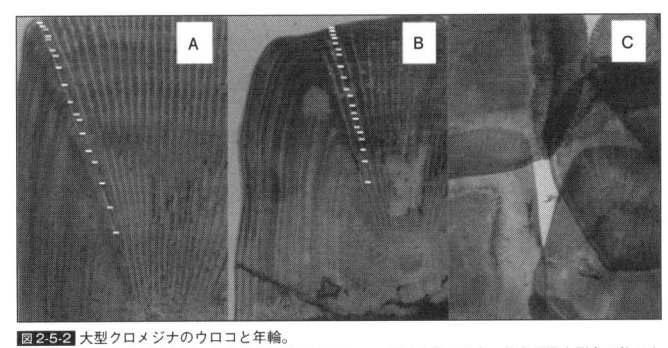

**図2-5-2** 大型クロメジナのウロコと年輪。
(A) 全長61 cm、推定年齢18歳。(B) 全長61.5 cm、推定年齢20歳。著者が男女群島で釣り上げたこれらのクロメジナには再生鱗 (C) が大多数を占めた。

て年齢査定を行うと、1998年の全長61 cmの推定年齢は18歳（図2-5-2,A）、2008年の全長61.5 cmの推定年齢は20歳であった（図2-5-2,B）。2007年には、本書の著者の一人である大原健一氏と男女群島に赴いた。同氏が初の男女群島の挑戦で、見事、60 cmのクロメジナを釣り上げた。その推定年齢は17歳であった。また、釣り仲間が1997年に男女群島で釣り上げた60 cmと62 cmの推定年齢はそれぞれ19歳、17歳であった。

残念ながら70 cm近い標本にはめぐり合わなかった。学術書を見渡してもそんな報告があるはずがない。ところが、貴重な情報が釣り雑誌にあることが判明した（図2-5-3）。タイ科魚類の分類研究で有名な赤崎正人博士が、大型クロメジナ2尾について年齢査定を行っていたのだ（赤崎、1993）。結果を紹介すると、1993年に男女群島で山本八郎氏によって釣獲された68 cmは推定年齢17歳で、本書の著者の一人でもある宮川明氏が1993年に三宅島で釣獲した70.3 cmは、18～20歳と推定されていた。

以上の結果をまとめると、全長60～70 cmの大型クロメジナの推定年齢は17～20歳ということになる。しかしながら、年齢が同じでも大きさが同じなわけではないのだ。また、大きさが同じだからといっても年齢が同じではない。これはほとんどの動物にあてはまる。すなわち、クロメジナの大きさと年齢の関係には個体差があるということだ。釣り人が狙っている超大型クロメジナとは、同じ年齢群の中でも飛び抜けて大きく、しかも出現希な"超大型個体"ではなかろうか。今のところクロメジナの最大全長記録は、長崎県で釣獲された83.3 cmである（小西、2007）。その年齢は謎であるが、大きさからすると20歳以上かもしれないし、意外

図 2-5-3 1993 年 10 月に発行された磯釣りスペシャル No. 14。故赤崎正人博士が超大型クロメジナ 2 個体について年齢査定を行っていた。本書の著者の一人でもある宮川明氏が三宅島で釣獲した 70.3 cm が査定の対象になっている。有限会社フィッシング・ブレーン提供。

に若かった可能性もあるのだ。

　さて、ウロコによる大型クロメジナの年齢査定に挑戦してきたが、不思議な現象に気が付いている。それは、再生鱗の多さである。再生鱗とは、産まれた時から持っていたウロコがはがれ落ち、代わりに新しく再生されたウロコのことである。産まれてからの隆起線や放射線が刻まれていないため、通常のウロコと区別できる（図2-5-2,C)。一般に、再生鱗は、体が海底に接触する底生魚や、体を河床に擦りつけるシロザケに多い（吉富、2007）。荒磯に生息するクロメジナの再生鱗は、体が岩礁に接触したり、外敵に襲われたりすることで体表が傷つき、ウロコが剥がれ落ちたことが原因であることが想像できる。大型クロメジナの再生鱗の多さは、彼らの過酷な生涯を物語っているように感じた。

### 🐟 メジナの寿命を考える

　さまざまな魚の寿命については、末広恭雄博士による"魚の寿命一覧表"が残されている（末広、1951）。この記録の多くは、イギリスの研究者がウロコや耳石、もしくは飼育記録から知り得た寿命が抜粋されたものである（Flower, 1935）。
　長寿の魚を紹介すると、ナマズは 60 年、ヨーロッパウナギは 55 年、コイ、チョウザメは 40〜50 年、オヒョウ、ウグイ、キンギョは 30〜40 年、ヒラメ、シマスズキ、アカエイ、ハタ、ドジョウは 20〜30 年と記されている。しかし同じ魚種でも、

コイで 70～100 年、チョウザメで 152 年という記録もある（Flindt、2007）。さらにコイに至っては 200～400 年も生存していたという話もあるらしい（松宮、2000）。

　寿命は生息環境によって大きく異なるであろう。しかも、これらの記録は"寿命"ではなく、正確には"長寿記録"なのかもしれない。私たちの寿命も、平均的にみれば 80 年もあるが、短命な人もいるし 100 歳を超える長寿を謳歌できる人もいる。魚の平均寿命を正確に特定するのは難しいのである。

　先に紹介した大型クロメジナの年齢も、いわゆる寿命ではなく、科学的には"偶然採集された超大型個体の年齢"にすぎないのだ。かといって、メジナに寿命がなければ、釣られたり漁獲されたりしまわない限り、日本の海は大型のメジナだらけになってしまう。もちろん実際にはそうではない。今のところ、大型クロメジナの長寿記録は 20 歳程度である。彼らが釣り人に釣獲されなければ長寿記録は更新されたであろうが、クロメジナの平均的な寿命はそのあたりではなかろうか。

　それではメジナが死亡する要因はなんであろうか。釣られたり食べられたりすることを除くと、病死ということになろうか。例えば寄生虫はどうか。しかし、寄生虫と宿主は共生関係にあり、長年共存してきた。寄生虫が宿主を殺してしまうと自身も生き残れないため、メジナの寄生虫がメジナを死亡させることは考えにくい[3]。細菌やウイルス感染による病死もありそうだ。ただし、天然魚で特定のウイルスが検出されることはあるそうだが、それによって死亡していることもないという（Gomez ら、2004）。

　想像の域をでないが、産卵などの繁殖が命取りになる可能性がある。サケやアユが産卵後に死亡することから、その過酷さが理解できよう。繁殖期には体内に蓄えたエネルギーのみならず、必要なら自身を犠牲にして得たエネルギーをも生殖腺の発達に投資するのだ。一生、繁殖行動に加わり続けるクロメジナやメジナにとって、繁殖が命取りになっても不思議ではない。メジナたちの場合に限らず、魚の死因は謎が深いということで、本稿を締めくくりたい。

## 🐟 おわりに

　メジナと人気を二分する磯魚のマダイでは、年齢 26 歳、全長 114 cm という記録がある（海老名、1936）。そのような大型マダイが出現するのは、平均的なマダイの高年魚（70 cm 程度）1 万尾のうちたった 1 尾、10 年に一度の確率だという（猪

---

[3] メジナの寄生虫については「2-4　メジナに寄生虫！」に詳しい。

子、1992)。超大型クロメジナの出現する確率もこれに近いであろう。このような超大型クロメジナと出会った釣り人は幸運である。しかし、厳しい自然を生き抜き、長寿を全うしている超大型クロメジナはもっと幸運の持ち主である。本稿を通じてメジナたちの生き様に敬意を抱いていただければ幸いである。

### もっと知りたいひとに

「魚のウロコのはなし」2007年、吉富友恭、成山堂書店
「数値でみる生物学 − 数値に関わる数のデータブック」2007年、R.フリント著、浜本哲朗訳、シュプリンガー・ジャパン
「水産動物の成長解析 − 水産学シリーズ115 −」1997年、赤嶺達郎・麦谷泰雄編、恒星社厚生閣

## 2-6 ナンキョクオキアミ
### 地球がくれた宝物

**高野篤成**（たかの あつなり）　日本水産株式会社オキアミ事業部。ナンキョクオキアミで世界の食料危機を救うべく食品用途の営業と開発を担当。出身は上州渋川産のため坂東太郎での釣りを愛する。Catch & Eat がモットーの『川魚むさぼり研究会』を主催。

　メジナ釣りのエサとしてすっかり定着しているオキアミは、大きさや形からしてエビのように見える。しかし、実際はエビではなくて　プランクトンの仲間である。正式なよび名はナンキョクオキアミ（南極沖醤蝦、学名：*Euphausia superba*）（**図2-6-1、カラーは口絵写真参照**）。プランクトンとは何か？　というと、"浮遊生物"。"遊泳能力がないか、あっても弱いため、水中で浮遊生活をする生物"と辞書にある。また、プランクトン（plankton）の語源はギリシア語で"放浪させられる者"の意味をもつ。

　プランクトンといえば、小学校の理科で習ったミジンコを思い出す人もいるだろう。ただし、ミジンコ（2 mm 程度）はナンキョクオキアミに比べると非常に小さい。ナンキョクオキアミは動物プランクトンの中でもクラゲに次ぐ大きさなのだ。また、オキアミの仲間は全世界に約85種が知られており、その中で最も大型で数が多いのがナンキョクオキアミである。体長6 cm、体重は最大2 g まで成長し、寿命は最高6年とされている。名前のとおり南極海に分布しており、合計、数億〜十数億

**図2-6-1** メジナ釣りの必須アイテム、ナンキョクオキアミ。

**図2-6-2** ナンキョクオキアミ漁の揚網風景。

トンもいるといわれている。

　ナンキョクオキアミの歴史は1961年に始まる。この豊富な資源を有効利用するため、旧ソビエト連邦の調査船が洋上試験を始めた。これは日本より10年以上早い。1980年代前半にはソビエトの大船団が繰り出し、62万トンも漁獲したという記録が残っている。2010年には6カ国の船が南極海でナンキョクオキアミを漁獲している（図2-6-2）。漁獲量はこの10年間大きく変わっておらず、各国総計で約12万トン前後となっている。推定現存量からすれば、0.1%も獲られていない巨大な資源である。

　ナンキョクオキアミの用途は、その多くが養殖魚のエサや釣りエサであるが、一部には人間の食料としても利用されている。例えば、欧州では缶詰や**フリッター**[1]、国内ではかき揚げ原料や練り物などに利用され、人々もその豊富なタンパク質の恩恵を受けている。最近では、ナンキョクオキアミが持っているいろいろな有効成分が研究されている。殻や眼球に含まれる赤色系天然色素の**アスタキサンチン**[2]や、オキアミの脂質（リン脂質を多く含む）から抽出したオキアミオイル（Krill oil）なども健康食品の分野で注目されている。

　現在の地球に残された、利用可能な最後の動物資源といっても過言ではないナンキョクオキアミ。この大いなる"宝物"を大切に利用したいものだ。

---

1) **フリッター**：天ぷらに似た揚げ物で、衣はふわっとしている。
2) **アスタキサンチン**：カロテノイド色素の一種で、赤系の色素として知られる。マダイやサケの表皮に多い。

# 第3章

## はまる！ きわめる！
## メジナ釣り

## 3-1 海の中から見てみれば
### 釣りと生態学の知識とともに

**豊田直之**（とよだ なおゆき）　現在、冒険写真家として活躍中。特に水中撮影においては第一人者である。大学時代に魚群行動学や魚類生態学を学び、しかも、磯釣りにも精通する。釣りをテーマに、専門知識や水中生態観察をとりいれた書籍も多数執筆。

### 🐟 メジナは海の中で何をしているのか

　寄せエサを撒くと、まずベラやスズメダイといったサカナが寄せエサに突入してきます。メジナは何をしているかというと、彼らの行動を観察しているのです。臆病なだけに、いきなり突入してはきません。しかし、ベラやスズメダイたちが寄せエサをむさぼり喰っているのを見ているうちに、小型のいわゆる**木っ葉**[1]メジナたちはいてもたってもいられなくなります。木っ葉のうちの1尾が寄せエサの煙幕の中に偵察に入り、一口喰ってはあわてて自分たちの隠れ家、岩の割れ目や**オーバーハング**[2]などにもどっていきます。無事にその1尾がもどってくるのを見届けて、次の木っ葉が突入して、同じことを繰り返すのです。

　最初は1尾1尾もどってくるのを確認してからの行動開始だったのが、そのうちほかのメジナがもどる前に次から次へと木っ葉が突入します。その動きが激しくなるにつれて、今度は大物が寄せエサに突入し始める。こうなってくると、最初にいたベラやスズメダイたちは、メジナの激しい摂食行動に恐れをなして、寄せエサの煙幕の隅の方でおこぼれを拾うようになる。ここまで待つと、メジナは警戒心よりも食事に夢中になり、人が近づくこともできるのです。

　まるで見てきたようなことを書いていますが、実際に海に潜って見てきたのです。私はメジナに魅せられた水中写真家なのです。メジナを撮影しようとするなら、寄せエサを十分に撒いて、相手が喰うことに夢中になるまで待つことが必要なのです。釣りとまったく同じで、水中撮影も被写体の生態を知ることでその目的を達成できるのです。そう悟るまでに、長い時間を要しました。

---
1）木っ葉：釣りの用語で、小さなメジナのこと。手のひらくらいの小さなメジナを葉っぱにたとえた呼び名。
2）オーバーハング：海中で岩が張り出した部分。下に魚が隠れるのに都合の良い空間がある。

## 🐟 いるのに釣れない

　そもそも私が水中での魚の様子に興味を持ったきっかけは、1970年代にまでさかのぼります。ある日のこと、三浦半島の漁港の堤防で、中学生だった私が投げ釣りをしていると、ウキ釣りをしていたとあるおじさんのサオが満月に曲がっているではありませんか。どんな大物かと思って、しばらく見ていると、海面に浮いたのは40 cmを超える立派なクロダイ。玉網[3]で堤防に引き上げられ、セビレを立てて、釣った相手を鋭い眼光でにらみつけるこのサカナに、私は鳥肌が立つと同時に、強い憧れを抱いたものです。

　それからはクロダイを釣ることに熱中しましたが、なかなか釣れませんでした。ある夏の日、自分の釣っている釣り場に本当にクロダイがいるのかどうか見てやろうと、水中眼鏡をつけて海に飛び込んだのでした。すると憎らしいことに、クロダイはそこにいたではありませんか。私が海に潜って撮影することになるきっかけです。

　「どうしたらこいつらを簡単に釣れるようになるのか？」今から考えると実に短絡的な発想なのですが、海について学び、そこに棲む生き物、特にサカナの生態を学べば、きっと簡単に釣れるようになるはずだと考えたのです。だったら、大学は東京水産大学（現・東京海洋大学）と決めて、その後も釣りと受験勉強とを両立させて、希望通り入学したのでした（図3-1-1）。

　大学に進むと、まずは潜水部に入って**スクーバ潜水**[4]を習いました。生態を知るには、海に潜って観察するしかない。水槽で観察しても、本当の生態はわからないと考えていたからです。

　潜水部の合宿で、千葉県外房の小湊という地の実習場をよく利用したのですが、ここにはクロダイが多く棲み、トレーニングの合間によく観察したものです。それからクロダイはなんとか釣れるようになり、自分としては少しだけ満足していたのでした。

図3-1-1 大学の卒論で寄せエサの拡散と沈降の実験中。左が私。東京水産大学（現、東京海洋大学）千葉県館山の実習場にて。

---
3）**玉網**：枝の付いている丸い掬い網。釣り竿で上げることのできない、大きな魚をすくう時に使われる。
4）**スクーバ潜水**：圧縮空気をつめたタンクを使っての潜水。スクーバダイビング。

## 🐟 メジナとの衝撃的出会い

　中学高校時代によく一緒に釣りに行っていた相棒は、R大学に進学し、当時盛んに活動していた釣り部に入部。合宿で、伊豆大島や式根島、八丈島（図3-1-2）などに行っては、イシガキダイやヒラマサなどを釣ってきて、その写真を自慢げに私に見せるのでした。「こんな大物を釣ってみたい。連れてってくれ」こう頼んで彼と一緒に初遠征にでかけたのが式根島。寄せエサを撒くと、なにやら黒い大きなサカナたちが、その寄せエサをむさぼり喰って黒い球になっていたのです。これがメジナ。正確にはクロメジナ。そのサカナが、いきなり私のウキをひったくって行ったのです。

　想像をはるかに超えるヒキ。クロダイには申し訳ないのですが、この海の中に引っ張り込まれそうなヒキに、私は今まで自分のもっていた釣りの概念を木っ端微塵に吹き飛ばされてしまいました。この時の魚拓はいまでも大切に保管してありますが、釣り上げたのが46 cmと45 cmのクロメジナ。これでメジナ釣りに火がついてしまった私は、翌年、さらに大物の潜む神津島へ行くことになるのです。

図3-1-2　私が通った伊豆諸島。

　バイト代をすべて釣り道具に注ぎ、翌年行った神津島。いきなり10キロオーバーのヒラマサを5本連続でバラし、悔しさが頂点に達した時、ウキが磯際に沿ってスルスルスルッと生き物のように吸い込まれていました。しばらくのやり取りの末、海面に浮いたのは、見たこともないような茶色味を帯びた黒っぽいサカナ。それが巨大なクロメジナであることに気づくまで、しばらくの時間を要しました。64.5 cm。半年後には破られてしまったのですが、とあるメーカーのとあるサオで釣った日本記録となったのです。

　もう完全にメジナにとりつかれてしまった私は、実習ということで大学に

欠席届を出して神津島に通い、年間の3分の1は神津島にいるという生活をしていました。今なら絶対に許されることはないでしょうが、当時はそんなゆるやかさが存在したのです。民宿の手伝いなどをしながら、島での滞在費と釣りのエサ代・**渡船代**[5]を工面していました。

実習という名の下に授業を休んだ手前、暇があれば釣ったメジナを解剖して胃の内容物を調べたり、ウロコをはがして**年輪**[6]を調べたり、水温とメジナの行動を客観的に調べたり。また海に潜って、実際の彼らの行動をよく観察したものです。それをレポートにして大学に提出していたのですから、相当な確信犯学生だったかもしれません。

大学卒業後は、魚群探知機などのトップメーカーに就職して、漁師さん相手に営業したり、船に乗って使い方を説明したりしていました。仕事自体は面白かったのですが、4年後には会社を辞めて、後先考えずに神津島に移り住んでしまったのです。ここまでくると、さすがにひどい親不孝息子だと思います。

図 3-1-3 神津島へ足しげく通ってメジナ釣り。

### 🐟 写真を見せろというけれど

島に住みながら、夏はダイビングインストラクターとして、冬は造船所で船大工として働き、暇を見つけて釣りの雑誌に投稿しては原稿料をいただいて生活していました。私の原稿には、釣りのことはもちろんですが、しばしば海の中で見てきたことも書いたのです。編集者にも読者にもその原稿は面白がられたのです。そのうちに、その時撮った写真がないかと聞かれるようになりました。つまり、私が海の中で見てきた話が、話としては面白いけれど、釣りの一般常識からすると真実味に欠けるように思えるからだということなのです。

---

5) **渡船代**：渡船とは釣り人を磯へ送迎する遊漁船で、渡船代は支払う料金をさす。距離や地域によって料金はことなり、おおよそ 3,000〜8,000 円程度。
6) **年輪**：成長によってウロコに刻まれた年輪を数えることで、魚が何年生きてきたかがわかる。詳しくは「2-5 巨大クロメジナの正体」を参考。

それからまもなくして、私は水中カメラを手に入れました。と同時に、陸上で釣り風景を撮影するための一眼レフカメラも手に入れたのです。これで原稿に写真を添えて、さらに内容の濃い原稿を書くつもりでいたのでした。

ところが、メジナというサカナは、実に臆病。撮影しようと静かに忍び寄っても、なかなか思うように撮影できません。3mまではメジナに寄れるものの、そこから10cmでも近づこうものなら、それを敏感に察知して[7]、こちらが近づいた分だけ離れていく。どんなに息をこらして近づいても同じで、こちらが業を煮やして強引に近づけば、それまでの努力もむなしく逃げ去ってしまうのです。

海の透明度を考えると、被写体から3m離れると、写真にしたときに何が写っているのかわかりにくいものです。撮影者の伝えたい主題がはっきりとする写真を撮るためには、少なくともあと1.5m、できれば2mは近寄りたい。このときから、私は、単にメジナを釣ることだけではなく、どうしたらメジナを水中撮影できるのかを考えるようになったのです。何度もトライし、場所を替えてみたものの、どうにもうまく撮影できませんでした。しかし、失敗して悔しい思いを繰り返すうちに、あることに気がついたのです。寄せエサに夢中になっているときだけ、うまく近寄れるタイミングがあることに。また、寄せエサに対していきなり突入してくるのではないことも。

こうして、冒頭に書いたような詳しい観察ができるようになったのです。また、いろいろな経験で得た"水中でサカナたちを撮影する際のアプローチ法"がカラダにしみつき、ほかの人が不思議がるほどサカナたちに近寄って撮影するワザの習得にもつながったのでした（口絵カラー写真は著者のアプローチ法を駆使して撮影されたもの）。

### 🐟 そしてメジナが釣れるようになったか？

このようにメジナに振り回された私でしたが、当初の目論見どおり釣りが上手になったのでしょうか？　確かに少しは上手になったと思います。ですが、ちょっとだけ彼らの生態を知っているからといって、メジナ釣りの達人の域まではほど遠いものです。

なぜなら、メジナは順応力が高く、行動パターンがその時代その時代に即したものになるからです。例えば、私が本格的にメジナ釣りを始めた1980年頃と、今とでは生態が異なります。もちろん学術的な部分では、適水温や分布域などが大きく

---

[7] 側線感覚については「1-2　子メジナの変貌」、眼の感覚については「5-1　メジナの眼」に詳しく解説されている。

変わることはありません。私の言う生態とは、釣りにおいてのエサの好みや喰い方についてです。

　例えば、1990年ぐらいまでは、メジナ釣りは**サラシ**[8]を狙うのが鉄則でした。岩に当たって砕けた波やうねりは、白く泡立って海水を撹拌すると同時に、岩に付着したエサを落として運んできます。本来のメジナは、それらを捕食するという生態でした。ところが、メジナを狙う釣り人が増え、常にエサが撒かれることによって、彼らは確実に横着になっています。横着というよりは、"臆病な性格から派生した、怠惰な方向へシフトした生態"と言ったほうがいいかもしれません。

　彼らの棲み家は、岩の割れ目やオーバーハングの下、岩と岩の間にできた隙間などです。釣り人が増えることで、毎日エサが撒かれる状況となり、そこにいながらにして、流れてくるエサを得る確率が異常に高くなってきたのです。つまり、それまでは棲み家からある程度まで遠出して初めてエサにありつけたのが、棲み家までエサが勝手に流れてくるのですから、危険をおかして遠出する必要がなくなったわけです。その結果として、いくらサラシを狙っても、釣れる確率はきわめて低くなったのです。その代わり、彼らの棲み家まで付けエサを運んで直撃するような釣り方が2000年頃から脚光を浴びるようになったのです。

　このように、特にエサをめぐる環境に対し、メジナは実に賢く対応しています。「これが確実に釣れるメジナの釣り方だ！」と言っているうちに、しばらくすると彼らの生態は微妙に変化して、それがあてはまらなくなる、ということを繰り返します。つまり、悪く言えばメジナと釣り人のイタチごっこ、メジナを尊敬した言い方をするなら、固定観念こそがメジナ釣りを下手にすると言えるかもしれません。ちょっとやそっと、海の中の彼らの生態をかいま見たからといって、メジナ釣りの名人にはとうていなれそうもない。それが私の結論です。

　これからも私は海に潜って彼らの生態を観察し、そこで得たものを自分の釣りに活かすと同時に、雑誌やさまざまなメディアを通じて発信し続けるでしょう。このズル賢い好敵手の生態が今後どのように変わっていくのかを、一生かけて見届けたいと思っています。

---

8) **サラシ**：波やうねりが岩にぶつかり、白く泡立っている部分。

# 3-2 グレと遊ぶ
## 感謝する心を大切に

**宮川　明**（みやがわ　あきら）　株式会社シマノ、株式会社マルキユー、株式会社東レなど主要メーカーのインストラクターであり、MFG（マルキユー・ファン・グループ）、名翔会会長を務める。メジナ釣り大会で最多の26回の優勝経験を持つ日本屈指のトーナメンター。

### グレ釣りの基本

　釣り人の間では、メジナのことを"クチブト"、クロメジナのことを"オナガ"とよび、両方ひっくるめて"グレ"とよびます。ここでは、私が慣れ親しんできた"クチブト""オナガ""グレ"というよび名を使わせてもらいましょう。

　私は陸から釣りをしている立場なので、水中の状況は推測にすぎません。けれども、もともとグレたちの巣穴は岩場の割れ目やオーバーハング、海底の溝だと思います。巣穴に潜むグレは寄せエサを撒くと次第に浮いてきます。寄せエサで集まったグレは、水面下1〜4mの浅い**タナ**[1]で釣れることが多いのです。撒かれた寄せエサに対し、棲み家から浮いてくるのがグレの基本的な習性と考えています。ですから、浅いタナで寄せエサと付けエサを同調させて釣ることがグレ釣りの基本だと思います。当然、浅いタナなので、鉛は使わなくて良い。すなわちこれが**フカセ釣り**[2]の基本でもあります。

　もう一つの基本はグレの群れをしっかりと集めることです。私がグレ釣りを始めた約40年前、先輩から「寄せエサを撒いて30分くらいして、竿をだしなさい」と教えられました。そもそも、釣りを始めてすぐに寄せエサに反応し、浮いてくるグレの数は多くないと思います。まず、最初に1尾が興味を示し、次にまた1尾といった具合に、少しずつ巣穴から出てくるグレは増えていきます。やがて、群れ全体が寄せエサに集まるようになると思います[3]。こうなればしめたものです。後は、浅いタナで寄せエサと付けエサの同調がうまくいけば面白いように釣れます。違う群れも集まり、一日中釣れ続くこともあるのです。

---

1) **タナ**：深さを表す釣りの専門用語。
2) **フカセ釣り**：寄せエサを撒くことで、魚を表層から中層まで浮かせて釣る釣り方。通常、ウキを付けて釣るので、ウキフカセ釣りともいう。
3) 「3-1 海の中から見てみれば」で紹介されているように、実際に水中で観察すると、この推測が正しいことがわかる。

## グレ釣りの難しさ

　しかし、簡単に釣れるのがグレであり、簡単に釣れないのもグレです。まず、グレはいつも寄せエサに反応するわけではありません。巣穴に潜んでいるグレは、寄せエサが巣穴の方向に流れると簡単に反応してきます。ところが、寄せエサが流れる方向が変わると状況が一変してしまいます。「グレは潮を釣れ！」と例えられるくらい、潮の動きや方向で食いが違います。名礁とよばれる磯でも、潮が動かなくなったり、潮の方向が変わるとまったく釣れなくなるのは、このためだと感じています。

　さらに、グレが寄せエサに反応して乱舞しても付けエサが寄せエサの中に同調していないと釣れる確率は低いでしょう。だから、寄せエサを打ち込むタイミングと付けエサを入れるタイミング、それにグレが巣穴から浮上してくるタイミングを見切ることが大切なのです。頭の中では理想の状態を思い浮かべていても、潮の流れや風の具合など、現実は違うことがあります。上手な人というのは、その理想と現実のギャップに早く気づき、釣り方を修正できる人なのだと思います。

　それに、グレ自体やたら気むずかしい。賢いと思います。グレは釣り糸の存在を見破っていると思います[4]。私たちが釣り上げているグレは、寄せエサによって警戒心が薄れ、釣り糸がたまたま死角に入って見えなかったグレではないかと思うのです。それと、釣り針が付いたエサに違和感を感じて、これをはき出すグレも相当多いと思います。しかし、はき出すとしてもごく短時間は付けエサを口の中に入れているのは確かなのですから、この一瞬のスキを逃さず仕留めるというわけです。

## グレ釣りを楽しむために

　グレ釣りを楽しんでいる釣り人は全国にいると思います。地域によっては小さなグレしか釣れないところや、グレの数が少ないところもあるでしょう。かといって大型が寄せエサに乱舞するような良い磯に通い続けるわけにもいきません。

　私のグレ釣りの楽しみ方の一つは、どんな釣り場でもその日のテーマを決めることです。私がよく実践しているテーマはグレのサイズアップです。なにしろ、グレ釣りの競技会[5]では、少しでも良型のグレを数多く釣り上げた方が勝利につながるのですから。それに競技会では規定サイズがあり、規定より小型なら検量対象にもならないのです。正直なところ、30 cm のグレが主体の釣り場で 33 cm を釣り上げ

---

4) メジナの視力については「5-1　メジナの眼」で解説されている。
5) メジナ釣りの主要な大会は現在（2010 年）約 10 ある。例えばシマノ・ジャパンカップ磯（グレ）には全国で 2,000 名近い参加者がある。地区大会を勝ち抜いた釣り人が集う決勝大会は、マンツーマン方式で競うトーナメント方式が採用されている。

た価値と、60 cm のグレが主体で 63 cm を釣り上げた価値は、私にとっては同等なのです。

ただし、私のようにサイズアップを意識したグレ釣りの楽しみ方は一つの例にすぎません。競技会で優勝したことや離島に遠征して大型オナガを釣り上げるのは、グレ釣りを楽しむ延長線だと思います。遠くに遠征しなくても、たとえ小型グレしか釣れなくても、グレ釣りの楽しみ方はきっとあるはずです。グレがまったく釣れなければ「グレを絶対釣り上げよう！」と思って望めばいいのです。自分のホームグランドの地域性に応じて、また四季を通じて、自分なりの楽しみをみつけ、グレと遊ぶことを心がければ、グレ釣りの面白さが倍増するのではないでしょうか。

## 100%グレ人生

私は高知で生まれ、4歳から釣りを始めて15歳までグレ釣りを楽しんでいました。その後大阪で仕事に就き、しばらくグレ釣りができませんでした。しかし、19歳で仕事を独立することができて、晴れてグレ釣りに行けるようになりました。友人に誘われて出かけた和歌山県すさみ（西牟婁郡すさみ町）の"潮吹き"という磯で、44 cm のクチブトを釣り上げました。子供のころから親しんできたグレ釣りではありますが、これで決定的に火がついてしまったようです。それから磯釣り愛好家が集う守口荒磯クラブに入会し、グレ釣りの幅が広がったのです。

負けず嫌いの私は、その後、グレ釣りの競技会に没頭して、幸いにも、これまで26のタイトルを手中におさめることができました（図3-2-1）。

釣りの技術的な部分はさておき、私が実践してきたことは、使える時間の100%をグレ釣りに費やすことでした。釣り場では勿論グレに集中し、ほかの魚がいても見向きもしません。時間があれば、道具やオリジナルの釣りエサまで試行錯誤します。頭の中はグレグレグレ……そんなグレ人生であったと思います。

読者の中にはグレ釣り以外にも、チヌ（クロダイ）釣り、アユ釣りなどを楽しんでいる人が

図 3-2-1 シマノ・ジャパンカップ磯（グレ）（2008年）での優勝。
株式会社 KG 情報提供。

いるかもしれませんが、私はグレ一筋です。人間の能力なんか限られています。凡人である私がもしほかの釣りに手を出していれば、少ない能力の100％をグレに発揮できないではありませんか。そんなことでは、今の自分はなかったでしょう。

### 三つの感謝

　お陰さまで私はグレ釣りで幸せな人生を送ることができています。いつも三つの感謝を念頭に置いています。一つめは、海の神様への感謝です。少し古い考え方かもしれません。だけど、私は釣りをしている時、いつも海の神様に感謝しているのです。

　私は日本各地でグレ釣りを楽しんでいます。しかし、一番好きな釣り場は**三宅島三本岳**[6]です。大物が釣れるからではありません。海の神様が祀られているからです。私にとって、海の神様に一番近づくことができるのが三宅島三本岳なのです。その三宅島三本岳で、釣り雑誌の取材中に70 cmを超えるオナガを釣り上げることができました（図3-2-2）。メディアの取材中で釣り上げた最大記録でもあります。これこそ、日頃より海の神様に感謝していた私への褒美だったと思うのです。

　二つめは、釣り仲間への感謝です。私は釣り仲間を"つれ"とよんでいます。"つれ"というよび方は少しきたないよび方かもしれませんね。しかし、私にとって"つれ"とは夫婦間で呼び合う"連れ合い"の"つれ"に等しく、最高の仲間を意味するのです。私のグレ釣り人生では、幸いにも良い師匠に恵まれ、多くの"つれ"と出会いました。"つれ"があってのグレ釣り人生なのです。つれたちに感謝。

　最後の感謝はグレに対してです。私はこれまで多くのグレと出会ってきました。しかし、釣れなかったグレはそれ以上に多いはずです。多くのグレには勝負で敗れ、私の良き遊び相手になってくれているのです。ですから、私にとってグレは"つれ"であります。そして私にとってグレ釣りとは、"グレと遊ぶ"ことなのです。

　私は海外でもグレ釣りの経験があります。しかし、日本のように恵まれたところはありません。日本のようにグレがたくさんいて、しかも、安く手軽にグレと遊べるところはないのです。日本に生まれて良かった。グレと遊べて良かった。グレに感謝。

**図3-2-2** 三宅島三本岳で釣り上げた70 cmを超えるクロメジナ。有限会社フィッシング・ブレーン提供。

---

6) **三宅島三本岳**：三宅島は伊豆諸島に位置する。三宅島の位置については「3-1 海の中から見てみれば」を参照。

# 3-3 メジナ釣りを伝えたい
## 難しいから面白い

**鵜澤政則**（うざわまさのり）　グローブライド株式会社、株式会社キザクラなどの主要メーカーのフィールドテスターを務める。卓越した技術と理論を展開しつつ、メジナ釣りの魅力を伝えてきた磯釣り界の第一人者として、全国に多くのファンをもつ。

### こうしてメジナに魅せられた

　私がメジナ釣りを始めたのは小学校の高学年、父親に連れられ初めて磯に行った時である。寄せエサを撒いて釣り始めると、いきなりそれまで私がやってきた釣りからは想像もできないような力とスピードで引っ張り込まれ、瞬時にライン（釣り糸）を切られたことから始まる。小学生とはいえ田舎の子、釣りは遊びの一環である。物心がついた頃から近所の子らとやっているし、延べ竿で相当大きなコイやライギョなども釣っている。だから、いくら海とはいえ釣る自信はあったのだ。

　「いまのはなんだ？　これは相当に大きい魚だよな!?」と思って釣り続けてもまた切られ、しばらく親父の釣りを見ていた。ようやく平常心に戻って、次に掛った時は竿を満月に曲げたまま鋭い突っ込みをじっと我慢で止めて、ようやく上げたのが40 cmに満たないほどのメジナであった。こんな小さい魚にラインを切られていたとは驚きであった。そして、この釣行こそが私の人生の転機、"転落点？"になったのである。

　その後、しばらくは、それまで毎日のように通っていた近くの川では釣りをしなかった。いや釣る気にならなかったのである。あの強烈な引きの印象がぬぐえず、頭の中にメジナが棲みついてしまったのである。一度でも海でこういう釣りを覚えてしまうと、もう川の釣りなんて「ふっ、フナ、コイなんて子供の釣りさ、男は海だぜ！」みたいな生意気な感覚に陥ってしまったのである。

　それからは親のタックルボックス（釣りの道具箱）から小物を引っ張り出しては仕掛けを作り、父の入っていた釣りクラブに紛れ込むようにして一緒に磯に連れて行ってもらったものである（図3-3-1）。まだ**スパイクシューズ**[1]さえなく、草鞋（わらじ）をつけ、救命胴衣の代わりにウキ袋を脇に置いての釣りであった。

---

1) **スパイクシューズ**：底に鋲を打って滑りにくくした磯釣り用の靴。

さすがに高校時代は勉強もクラブ活動もあるし、思春期で色気も出てくる。煩悩には勝てずどうしてもそっちに目が向いてしまうものだ。その上、進学校だったので学校内で釣りの話などする相手もいないし、しばしの青春時代、釣り休止状態が続いた。

釣りに復帰したのは大学生になってからである。アパートの近くにあった釣り具屋の前をたまたま通りかかったその時、店先に飾ってあった新しいタックルを見た途端、目がくぎ付けになってしまった。ここで釣り心が復活、再び昔の"道"に戻ってしまったのである。休みの日には釣り、今の女房とのデートもまた否応なしに釣りであった（図3-3-2）。

図3-3-1 若かりし頃、釣りの指導を受けている（上）、大型クロメジナを持つ私（下）。

社会人になっても釣りの意欲だけはそのまま存続、すべてを釣りにつぎ込んでいたような気がする。ある大会をきっかけに釣りの**フィールドテスター**[2]となって、はや30数年になる（図3-3-3）。

若い頃は口太メジナ（いわゆるメジナ）よりも尾長メジナ（クロメジナ）釣りに

図3-3-2 家内とのデートも否応なしにメジナ釣りだった。

2）**フィールドテスター**：開発中の釣り竿、釣り糸、釣り針、釣りエサを試し、釣り具に対して適切な助言をする釣り人、もしくは開発にたずさわる釣り人で、釣技、人格にも優れる。各釣り具メーカーは専属のフィールドテスターを擁する。詳しくは「4-1 日本の技術が光るカーボンロッド」でも紹介されている。

第3章 はまる！ きわめる！ メジナ釣り

図3-3-3 ダイワ精工のフィールドテスターとして活躍中の私。
今でもメジナ釣りの魅力を伝えることを主体に活動している。

はまっていた。あのスピード、そして力との対決は、掛けてから取り込みまでワクワクのハラハラである。もちろん口太メジナ釣りがつまらないわけではない。あの神経質な魚にエサを食わせるまでのプロセス、掛けてからのハラハラ感は、尾長メジナほどではないにしても、やはりかなりそそられるのである。釣りは何をやってもそれぞれに面白さがある。どれが一番かと聞かれることがあるが、釣り人には自分の釣っている魚がオンリーワンのナンバーワンである。

　私のメジナ釣り人生は、最初に痛い目にあった時から数えて50年、多分ずっとこのまま死ぬまでメジナを追い続けるのだろうと思う。釣った量は、メジナだけでも優に10トンは超えているはずだ。それほどやっても飽きないのが自分でも不思議である。結婚もしたし、子供も生まれた。ゴルフも付き合いでするし、スキー、テニス、スキューバ、etc. なんでもやってみたけれど、それらにはそれほどのめり込まなかった。でも釣りからは離れることはなかった。まあ途中から釣りを仕事にしていたこともあるのだが、中国の諺どおり、「一生楽しみたかったら……」である。

## 🐟 メジナのフカセ釣り、かくして今に至る

　メジナ釣りの歴史を見てみるとそう長くはない。私の知る限り、今のフカセ釣りの原型ができて、メジャーな釣りになって来たのはせいぜいここ60年くらい、戦後のことである。第二次世界大戦後、アメリカのデュポン社が開発したナイロンから作られた**モノフィラメント**[3]が輸入されるようになり、これがラインとして使われ始めてからのことだと思われる。

　もちろん、それまでもメジナは釣られてはいたのだが、当時はごく限られた地域、例えば徳島などで、それも裕福で熱狂的なメジナファンに支えられて行われていた

---

3) **モノフィラメント**：釣り糸の種類や歴史については「4-3　最強の釣り糸のために」に詳しい。

と思う。その当時のタックル、ラインでは、レコードクラスの大物にはほとんど逃げられていたと思われる。なぜならメジナは非常に目が良く、危険に対する勘も良くて思い切り臆病ときている。その上、その愛らしい目や大きさからは想像できないスピードと力も兼ね備えている。しかも大きくなればなるほど警戒心は増すという厄介者、なかなかエサを食わせられなかったと思う。第一、針掛かりするといきなり岩に張り付くよないやらしい逃げ方をする。こんな魚の大物が、戦前まで使われていた**馬素**[4]やテトロン系のテグス、柿の渋をかけて撚った絹糸のようなものでは、よほどの技がない限りそう簡単に釣れるはずがないのだ。

　それでもその頃なりに釣れていたのは、多分、メジナが相当数いたに違いない。戦前でもこの釣りに魅せられていた釣り人はいたはずであるが、大物の記録や魚拓がほとんど残っていないことから、昔の釣り人は相当にメジナに痛い目にあわされたに違いない。メジナの大物は、磯釣りに限らず釣りづらい魚の代表みたいな奴なのだ。だから余計にのめり込むのである。

　メジナやクロダイのフカセ釣りが一気に拡大したのは、今から40年ほど前、オキアミが釣りエサとして全国に広まってからであった。それまでは、関西方面では小さな**アミエビ**[5]や**田エビ**[6]、関東ではイワシの身エサなどが使われていたし、海に生えているアオサという海藻もエサにして釣られていた。ところが、オキアミはほとんどの魚が大好物で良く釣れることに加え、冷凍技術の発達でどこでも手に入るようになった。

　東日本ではクロダイが、西日本ではメジナがフカセ釣りの主なターゲットであった。これは今も基本的には変わっていない。オキアミを使うと信じられないほどよく釣れるからまた釣りに行く。釣れるという巷(ちまた)の噂で釣り人が増え、そしてまたその仲間が、……という具合。そこで競争が生まれ、人より多く釣りたいので釣り方を考え……と、どんどん釣り方の進歩と口こみ宣伝が繰り返されて、より繊細なフカセ釣りが普及していったのだ。メジナの性格が変わってきたこともこれに拍車をかけた。

　なぜそれほどこのメジナのフカセ釣りが進歩したのか。それはメジナが神経質で臆病な魚であること。それを釣るためにどんどん次の技法が研ぎ澄まされてきたからにほかならない。のめり込んでやればやるほどわからなくなってくるという、アリ地獄かはたまた迷路のような釣りであるともいえる。簡単なものならすぐに飽きてしまうのが日本人の特性？　であるが、難しいからもっと研究するし、人よりも

---

4) **馬素**：馬の尾の毛で作った釣り糸。
5) **アミエビ**：日本近海で捕れるツノナシアキアミ。
6) **田エビ**：主にブツエビ、スジエビをさす。

釣りたいから寝ても覚めても考える。その結果が今のフカセ釣り最先端である。

## どうしてこんなにハマるのか

いったい何がそんなに人をメジナ釣りに誘うのか、それはこのフカセ釣りがメジナと釣り人との原始的な知恵の比べ合いみたいなところがあるから。それから、釣り人の上手い、下手がはっきりと出てくるところだと思う。メジナ釣り初心者が初めて磯に行って、型の良いメジナが掛かることもたまにはあるが、掛った大物を取るなんてほとんど皆無で、ラインを切られてしまうのが関の山である。しかし、それで面白さに目覚めてのめり込んでいく人も多いのだ。

船釣りや管理釣り場では発揮することのないスキルと野生の勘だけで釣る、自然と真っ向勝負。その難しさ、そしてそこに感じられる自然の偉大さ。あいつが釣った以上の大物を俺も釣りたいという、人間の欲望や悔しさみたいなところがむき出しになる。人と競って、魚と競って、そして自分と競う。メジナの青い目？　そのあたりにも魅せられているのかも知れない。

釣りの面白さは、何もかもすべてを忘れて集中できること。もちろん運と根性と勘は基本ではあるけれど。釣り場で魚が食いそうな気配を感じると自然と無口になり、じっと仕掛けのわずかな動きを見続ける。この時は仕事も家族も、俗世のことすべてが頭から消えて時の経つのも忘れている。この"集中"がすべての釣りの楽しさだ。

本気で釣らなければ釣れないメジナ釣りの面白さを、ずっと伝えていくのが私のこれからの仕事だと思っている。わたしは色紙を頼まれると、よくそこに「メジナ釣り難しいから面白い！」と書くが、まさにメジナ釣りはこれに尽きる。

## いま必要なこと

ここまで進歩したメジナ釣りであるが、最近自分も含めた今の釣り界として反省しているのは、釣りはこれほど極端に（オタク的に？）進歩しないほうがよかったのではないか？　ということだ。専門的になればなるほど敷居が高くなり、初心者は入りにくくなってくるし、進歩の速さ、難しさについていけない人はドロップアウトしてしまう。これからは、必要以上に細かいノウハウや知識がなくとも、少し勉強すれば誰もが楽しめること。そして「大物釣ったぞ！」という子供のような喜びの笑顔や、嬉しくてつい天狗になる気分を味わえることが、メジナ釣りのみなら

ず釣り全体に求められているのではないだろうか。

　今、メジナだけでなくいろんな魚の総数が減ってきていることは、長い間いろいろな地域の釣り場にいって釣りをしてきた経験から肌身に感じている。これは釣り人が釣ったからか？　多少はそれもあるだろう。しかし釣り人が釣る数なんてタカが知れているもの。思っているほど釣り人は釣っていないもので、それが主な原因ではない。また、幸いにもメジナは、今のところ漁師さんたちが目の色を変えて追いかけるほどの価値はない魚である。これがシマアジやヒラマサほどの市場価値があったら、とっくに取りつくされていたであろう。

　では、なぜ魚が減っているのか、海水温の上昇による釣り場の変化もあるのかもしれない。でも一番の原因は沿岸の水質の悪化ではないだろうか。住宅からの中性洗剤や、土地開発により出てくる赤土、そして農薬などさまざま、かつ、膨大な量の汚染物質。これらが影響して海藻が育たなくなると海水も浄化されにくくなるし、稚魚が育つ場所も減る。海をきれいに残したかったら、まずここを考え直さなければいけない。もちろん、小さな魚や持ち帰らない魚は、できるだけリリース（放流）する、釣り場のゴミは持って帰る、などは基本であろう。私たちの次の世代が、私たち以上に楽しい驚きと興奮を感じる釣りができるようにするのは、釣り人の責任だと感じている。

# 3-4 鬼才が語るグレ釣り
## 明るく・楽しく・面白く

**松田　稔**　株式会社がまかつ、株式会社サンラインなどのフィールドテスター。磯釣り界の巨匠。年間釣行回数は100日を超える超実戦派。第12回Ｇ杯争奪全日本がま磯（グレ）選手権優勝、第14回・第16回・第20回同準優勝、第18回・第19回同3位、第9回・第10回・第15回Ｇ杯争奪全日本がま磯（チヌ）選手権優勝など、数々の輝かしい成績を残す。徳島たつのこ会会長、名釣会会長。

**聞き手：**
**海野徹也**　松田稔氏と海野徹也氏は釣りを通じて面識がある。

　メジナ釣りにおいて釣り具は格段の進歩をとげた。リール、釣り針、釣り糸、カーボンロッドの進歩はめざましい。そんな中、LBリール[1]の原型、竿や釣り糸の細かな号数設定、竿の表面の凹凸加工やガイド位置の設定[2]、釣り針の着色、必要なら釣り糸の製造工程など、数え切れないほどの釣り具の進歩に貢献してきたのが松田稔氏である。一方、松田氏のメジナ釣りスタイルは繊細にして豪快であり、鍛え抜かれた技は大胆不敵ともいえる。奇想天外な発想と動物的な感覚で、大型メジナに挑み続ける松田氏は阿波の鬼才とよばれるようになった。松田氏の釣りに同行し、メジナ釣りの神髄について尋ねてみた。

### 🐟 変わるグレの生態

**松田氏（以下「松」）**：おい、今日は広島からわざわざ来たんか？　真面目な話か？
**海野（以下「海」）**：はい、そうなんです。師匠にグレ釣りを語っていただくため来ました。
**松**：ワシ（自分）から学者に聞くけどな、グレは雑食性か？　ほんじゃけど、本来、海藻が主食じゃろうが？[3]
**海**：はい、そう思います。
**松**：それがな、ワシが釣り楽しんどる間、オキアミがでてな、グレの食性や生態が変わったんじゃ。
**海**：それはオキアミを大量に撒くからですか？

---

1) **LBリール**：レバーブレーキ付きのリール。詳細は「4-2　リールの使命」を参照。
2) 釣り竿の表面に意図的に凹凸加工を施すことで、釣り糸の釣り竿へのベタつきを軽減できる。また、最もリールに近いガイドの位置を竿先方向に移動させることで、ガイドと釣り糸の摩擦を軽減させることができる。
3) メジナの食性が海藻主体であることは「5-4　最新技術でみたメジナの食べ物」でも紹介されている。

写真3-4-1 磯釣り界の巨匠、松田稔氏。釣りは明るく、楽しく、面白く。

松：そうじゃ、一人が10 kg撒くとして、1隻で20人おったらじゃな、200 kg。それを毎日やったら、こりゃあ養殖じゃろうが。グレは海藻食わんでもええなるわ。オキアミを撒くだけじゃないで。（ほかの原因が）わかるか？

海：いいえ、想像できませんが。

松：それじゃけえ、いつまでたってもえろうなれんじゃろうが。あのな、チヌ釣りには穴場はあるがな、グレ釣りにはないんよ。本来グレは海藻食うとるけえな、ええエサ場にしか居着かんのよ。釣り場が限定されるんじゃ。決まった場所におるグレに、毎日、決まった時間にオキアミ撒いたら、よけいに養殖状態になるじゃろうが。

海：そうですか、グレの生態や食性の変化にはグレの環境への依存性が関係しているわけですね。食性や生態のほかに気の付いたことありますか？

松：最近、変なグレもおる。オナガとクチブトの雑種みたいなやつじゃ。理屈からゆうても可能性はゼロじゃないじゃろうが。

海：はい、人工授精ではイシダイとグレの雑種[4]もできますから。可能性はゼロではないです。

松：あとな、グレは減ってないじゃろうが。その理由はなんじゃ。

海：漁師さんが捕らないからですか？

---

4) イシダイとメジナの雑種については、「2-3 メジナとイシダイの雑種」に紹介されており、メジナとクロメジナの雑種も人工授精では作ることができるであろう。ただし、自然界でその存在が確認された研究例はない。クロメジナとメジナの詳細な見分け方は「1-1 分類と分布」を参考にしていただきたい。

松：それもある。が、瀬戸内海を中心とした温暖化もあるんとちがうか？　昔からな、宇和島にある真珠養殖イカダは木っ葉グレの最高の隠れ家になっとる。供給源じゃ。最近じゃあな、瀬戸内海もグレの供給源になっとるんじゃないか。それが瀬戸内海の温暖化で、よけいに機能するようになったと思わんか。そのへんもしっかり研究せえよ [5]。

### 🐟 大グレへのこだわり

海：はい、わかりました。ところで、師匠は、阿波釣法発祥の徳島の出身ですが、阿波釣法の後継者なんですか？

松：そんなもんあるか。阿波釣法いわれとるが、そんなもんないわ。サラシの切れ目に泡（あわ）が浮いとるじゃろうが。そこをポイントに釣るのが阿波釣法というだけじゃ。和歌山やら高知の昔のグレ釣りと変わらんぞ。

海：そうすると、師匠は阿波釣法の伝承者ではないんですね？

松：阿波釣法じゃあな、見えとるグレは食わんと言われてきたんじゃ。ワシはその反対に見えとるグレだけ狙ろうてきた。それもえらい大グレをな。

海：大グレってそんなに賢いですか？

松：グレが賢こうなっとる。スレとる [6]。長生きしとる大グレはえらいで。（四国高知の）中泊のグレは高校生レベルじゃ。鵜来島のはな、大学院生じゃ。沖の島にはな、ノーベル賞クラスの大グレがおるんよ。

海：師匠はそのグレを追いかけているんですね。

松：そうじゃ、見える大グレを釣るのがグレ釣りじゃ。そうじゃないと、どうして釣れたんか、（エサを）食わんかったんか、わからんじゃろうが。

海：それじゃあ、師匠に釣りを教えた師匠は誰ですか？

松：そんなもんおらん。独学じゃ。

### 🐟 好きでもなし、嫌いでもなし！

海：話しは変わりますが、グレ釣りの面白さって何ですか？

松：そりゃあ、頭の中が真っ白になることじゃわ。休みの日に何もかも忘れてな、頭の中、真白にして釣りを楽しんだら最高じゃろうが。

海：師匠は毎日最高ですね！

松：馬鹿たれ。じゃけんどな、ゆうとくけどな、グレ釣りは好きでもない、嫌いで

---

5) 瀬戸内海のメジナと温暖化については「6-1　メジナを次代に残すために」で論議されている。
6) メジナがスレる過程については「5-5　メジナの"こころ"をよむ」で解説されている。

もないで。

海：本当ですか？

松：あのな、近頃、グレ釣りを楽しいと思ったことないで……面白くもないわ。仕事でグレ釣りしとるとな、無茶苦茶悩むんよ！　頭つかうんよ。何で食わすことができんかったんか……、頭の中が真っ白うなるどころじゃないんで。それが毎日続くとグレ釣りが苦痛になるんよ。

海：グレ釣りはどうしてそんなに難しいんでしょう？

松：的がないんよ。ゴールが動くんじゃ。ゴルフにしても穴は動かんし、サッカーのゴールも動かんぞ。グレ釣りは的が動くんよ。やっとの思いでエサを（グレの目の前まで）運んでも、そっぽを向くんよ。それにな、自然が相手じゃ。太陽の光、水温、気温なんやらでな、的の状況が変わるんじゃ。しかもな、10尾おったら10尾食うパターンが違う。グレが1億尾おるなら、みんな個性が違うで。グレが同じパターンで食うんなら、釣りには何の面白さもない。釣りは進歩せん。

海：それじゃどうすればグレ釣りが上手になるんでしょう？

松：そりゃ、頭で考えて釣ることじゃ。的が広い時には誰でも100尾のグレを釣ることできるかもしれん。でもな、100尾グレが釣れたと喜んだらあかん。そんな日もあるわ。釣れたんじゃのうて、1尾でもええから狙って釣ることじゃ。"釣れた！"はいかん、"釣った！"じゃないとな。

### 🐟 グレ・人・釣り

海：グレ釣りがこんなに日本で流行った理由って何でしょうか。

松：それはな、グレ釣りが日本人の気質に合っとるからじゃなかろうか。

海：師匠には多くのファンがいますが、師匠からみた釣り仲間って何ですか。

松：釣りの技術もあるけどな、大切なんは、それより付き合い方よ。人間、10 ええところあれば、必ず10悪いところもある。死ぬまで治らん。じゃけどな、それが人間の魅力じゃ。ええところが1で、悪いところが1の人間はな、0か1にしか動かん電気回路のような機械じゃ。人間の臭みがないわ。完璧な人間なんかおらん。互いの良し悪しを知ったってな、（グレ釣りを通じて）付き合うことが肝じゃな。

海：これからグレ釣りを始める人にメッセージってありますか？

松：ワシの真似せんでええ。釣りは明るく、楽しく、面白く！　これが基本。それとな、オキアミがついとったらやな、いつかクジラが釣れる可能性があるんよ。夢があるんよ。水の中は宇宙よりわからんのよ、神秘なんよ。夢をもって望まんとあかん。

海：師匠にとってズバリ、釣りって何でしょう？

松：人生短いで。その間、何もせんで過ごす人間はほんまにつまらん。釣りはな、知っといて死んでいったらマシじゃなかろうか。

　私の知る師匠、それはスキだらけの人間である。真面目な人からすると、時にはデタラメかもしれない。しかし、飾り気がなく、自分にも他人にも正直である。とことん人間味にあふれ、人間臭さをまき散らし、人を引きつける深い信念を合わせ持っている。メジナだけでなく、人々が松田稔氏に釣られてしまうわけである。

和歌山串本にて

**写真 3-4-2** 見える大グレに挑む松田氏。

# 3-5 釣りのない人生なんて
## クロ釣りでリフレッシュ

**城島健司（じょうじまけんじ）** 現在、阪神タイガースに所属するプロ野球選手。捕手としては日本人初の米メジャーリーグ入りを果たしたほか、プロ野球史上初となるセパ両リーグでのゴールデングラブ賞を受賞。釣りやマリンレジャーへの造詣も深く、日本水難救済会の「青い羽根募金」のアドバイザーも務めている。

### 釣りが先か、野球が先か

　私は、長崎県佐世保の海の近くで育ったので、子供の頃から遊びといえば海遊びでした。周りの友達もみんなそうだった。夏は海に潜って魚や貝を捕り、冬になれば魚を釣る。物心ついた時には釣り針に糸を結んでいました。そういうことは、お兄ちゃん連中から伝えられるものだったのです。釣り好きだった父の影響もあって、小学生のころには、近くの磯でクロ（メジナ）やチヌ（クロダイ）を狙ったものです。今、本業になっている野球を始めたのは、小学校の高学年の頃だったから、"釣りが先か野球が先か？"というと"釣りが先"ということになります。

　ところが、野球を始めると、休みの日は野球が優先なので、大好きな釣りになかなか行けなくなりました。そこでなんと、父が平日に磯に連れ出してくれました。小学生で五島列島に行き、中学2年生の時には男女群島までも足をのばしました。当時は男女群島まで行くような瀬渡し船が、あまり就航していなかった頃です[1]。だから、当時としては都会の子供が外国旅行へ連れていってもらうより贅沢だったかもしれません。

　今ふり返れば、幼い頃の経験は大切でした。野球に関しては厳しかった父ですが、釣りになると優しい父に変わるのです。そんな父の優しさを肌で感じ、親子の絆を深めたことで野球を続けられたと思います。それに父と苦労して釣った魚を家族で美味しく食べれば、家族の絆も深まります。だから釣りが好きだし、こうして育った佐世保が好きなのです。

### 釣りの楽しみ方

　美味しい魚を食べたいというのが、私が釣りをする大きな動機です。寒の時期の

---

1) 現在、男女群島に行くには長崎や佐世保より高速船が就航しているが、片道3時間を要する。普通、磯の上で寝泊まりし、料金は1泊2日で40,000円程度。渡船が発達していない頃は、遺書を残して釣りに出かけた釣り人もあった。

クロは最高に美味です。ただ、クロに限らず、「釣った魚は命をもらったものなので、大切に扱いありがたく食べる」のも釣りのルールでしょう。逆に、「命ある魚なら、たとえ毒魚でも粗末に扱わない」というのも私のポリシーです。

　私の場合、野球がシーズンオフになれば釣りのシーズンインです。シアトルマリナーズ時代はキャンプインが日本より２週間も後でしたから、釣りも充実していたのです。でも実際プライベートな時間は限られているし、日頃のトレーニングも大切です。"もしも"の話、今の私に10日間の自由な時間があれば、間違いなく７日間は好きな磯に、３日間は近くの海で何かを釣っています。

　今の私の対象魚はシーズンオフの10〜2月に狙える魚に限られます。そのメインがクロです。釣った時のなんとも言えない色、緑色に輝く眼、自分の身を削ってでも岩の割れ目に逃げ込もうとする力強さ、そんなクロの魅力に多くの釣り人が誘惑されてしまったのだと思います。それに、クロがいるおかげでメーカーや釣り具屋さんが潤って、釣り人も癒されますから。

　ただ、離島の荒磯でクロ釣りを満喫した翌日に、アジやキスなんかの小物釣りを子供と楽しむのも最高です。「釣りの対象魚は大きくなければダメだ！」とか「チヌよりマダイが格上だ！」という気持ちはありません。どんなに小さな魚でも、あの独特のピクピク！　という魚信が伝わってくればもう最高です。クロが４番バッターで、マダイが３番、アジが８番というような考えはないのです。どんな釣りでも、楽しく面白いというのが私の持論です（図3-5-1）。

## 🐟 クロへのアプローチ

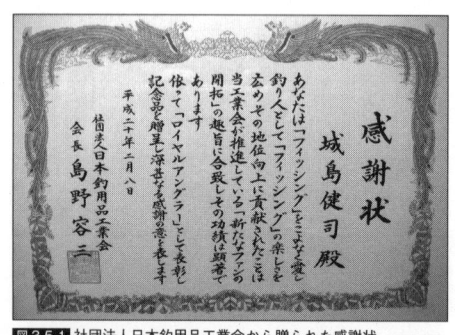

図3-5-1 社団法人日本釣用品工業会から贈られた感謝状。釣りは平等に楽しく面白いという信念で、新たな釣りファンの開拓に貢献している。

　クロ釣りが盛んになって、道具も進歩して釣りエサも変わりました。でも、クロ自体の本能というか習性はあまり変わっていないのではないでしょうか。縄文時代にもクロは釣られていたと思うので[2]「釣り糸や大きな釣り針が見えているからクロが釣れない！」というのも絶対的ではないと思います。イシダイやヒラス（ヒラマサ）用

---

2）縄文時代から出土したメジナについては「2-1 遺跡のメジナ学」で紹介されている。

の太い釣り糸や大きな釣り針でもクロが釣れることがあります。多分、釣りエサが自然な動きをした瞬間とか、エサを食べたくなる時間とか、いろいろな条件さえ合えばクロは釣れるのでしょう。

その証拠として2004年の出来事があります。久しぶりに父と一緒に長崎県平戸市宮ノ浦の沖磯にクロ釣りに出かけました。当時の腕はまだまだ未熟だったので、長い時間、何も釣れませんでした。ところが、夕方になってあきらめかけていたとき、大きなクロが釣れたのです（図3-5-2）。まさしく、この魚が私を磯釣りにのめり込ませたのです。

しかし、条件さえ合えば釣れるといっても、その条件を意図的に整えることは簡単ではありません。腕が少しばかり上達したからといって、クロは簡単には釣れないのです。いろいろな試みをしてきましたが、私の現在のクロ釣り仕掛けは、なるべく軽いオモリを使って、**ハリス**[3]を長くとるのが特徴です（図3-5-3）。それは付けエサの落下スピードや角度が理想に近いと思うからです。それでも、クロが見えているのに釣れないことだってあります。

私はハリスをよく交換します。実際、ハリスを換えた途端にクロが釣れることもあります。ハリスを細くしたから釣れた可能性もあります。でも、新しいハリスは吸水していないので、エサが自然な動きをした可能性もあるはずで、本当の原因はわかりません。こういう仕掛けや釣り方は、自分なりのアプローチであって、これが絶対と言うつもりは毛頭ありません。今の自分の技術が本当に通用しているとはまだまだ思えないのです。

クロを釣りあげることを"答え"としたら、その答えをクロに聞くことはできません。釣りは自然相手で、水の中は見えません。イメージを描いて、答えを探すスポーツです。自分の考えが合っているかどうかを確かめる答え合わせも楽しくなるのです。当然、釣り上げられなかった手強いクロもいるので、全問正解とはいかないはずです。

なかなか釣れないクロを「こん畜生！」なんて思いません。釣れ

**図3-5-2** 運命をかえた良型メジナの魚拓。
2004年、長崎県平戸市宮浦ノ沖磯にて。

---

3) **ハリス（針素）**：釣り針からウキ下までの釣り糸をハリス、リールに巻く釣り糸をミチイト（道糸）とよぶ。ハリスは摩耗に強いフロロカーボンハリスが、ミチイトは柔軟性に優れたナイロンが主流である。

第3章 はまる！ きわめる！ メジナ釣り

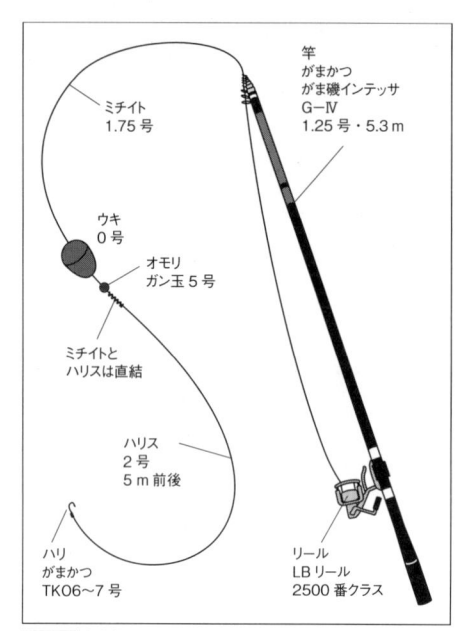

**図3-5-3** 標準的なクロ仕掛け。
竿：がま磯インテッサG4（1.25号、5.3m）、針：がまかつTKO6～7号、道糸1.75号、ハリス2号5m前後、ウキは0号、ガン玉G5前後、リールはLBリール2500番クラス。

ないから悔しいというより、自分の力を出し切れずに納竿する時が一番悔しいのです。私にとってクロは永遠の好敵手なのです。

### クロ釣りの美

　クロ釣りが上手な人は、重たい仕掛けでも軽い仕掛けと同じような効果を演出できるとか、状況に応じた適切な仕掛けを選べる人ではないでしょうか。それは野球だって同じです。状況を判断して、必要なら送りバント、進塁打、犠牲フライなどを駆使して、チームに貢献できないといけません。しかも、その日の自分の調子を判断したうえで、バッティングスタイルを選択しないといけないのです。クロを釣り上げるには、いつもホームランを狙うような一つ覚えの攻め方ではなくて、状況に応じたパフォーマンスが必要なのです。

　技術的なことはさておいて、クロ釣りが上手な人は直感的にわかります。何人もの釣り人が並んでいても、道具を一見するとなんとなく雰囲気でわかるのです。それは最新の道具を持っているからではありません。手入れが行き届いているのです。釣り竿は磨かれ、釣り糸から衣類まで手入れされています。それに加えて、リールを巻いたり、エサを付けたりする一連の動作に無駄がない人というのは見ていて美しいものです。

　例えば野球でも、プロのキャッチャーから見れば、バットの手入れもしていなくて、ユニフォームもダラっとしていたら、打てるバッターとは思えません。ピッチャーだって、汚いミットを持ったキャッチャーには心のこもった球を投げ込みたくないはずです。ほかの仕事でも同じです。できるサラリーマンはスーツ姿も似合って靴はピカピカです。仕事もクロ釣りも最高のパフォーマンスをするには、道具の手入れ、準備、心構えが大切だと思います。

## 🐟 クロ釣りと野球

「釣りと野球の共通点はありますか？」と聞かれることがあります。これまで釣りを野球に例えたこともありますが、技術的な共通点はありません。もちろん、前に書いたように、スポーツでも、仕事でも、趣味でも、"向き合う姿勢"の重要さに違いはありませんが、私にとって釣りと野球は独立した世界なのです。ゴルフや麻雀をしていると、ふと野球のことを考えることがありましたが、野球から完全に離れられるのが釣りなのです。

プロの野球選手には365日野球のことばかり考える人もいるでしょう。でもそんなことは私には受け入れられません。野球にもリフレッシュやオンとオフの時間が大切と思います。辛い食べ物があって、甘いものの良さがわかるように、釣りがあるから野球に集中できるのです。野球があって、釣りがあって、野球に集中できる自分があるのです。

私はお酒も好きです。釣りのない人生はお酒のない人生と同じくらい面白くないものでしょう。釣りを知らずに死んでいくなんて想像できません。それほど釣りが好きなのかもしれません。**FA選手**[4]になったら、いっそ"がまかつ"に移籍するのも悪くないですね（図3-5-4）。

かといって、仕事が釣りで、休日に趣味の野球をする自分も想像できません。私にはやるべき仕事、"野球"があります。多くのファンの応援に答えなければいけません。釣りは野球の応援歌で、クロとバッテリーを組むのはもっと先にとっておきましょう。

図3-5-4 五島列島で至福のメジナ釣り。
株式会社がまかつ提供。

---

4) **FA（フリーエージェント）選手**：一定の条件を満たした上で、現在の球団も含めてどの球団とも契約ができる権利を得た選手のこと。

## 3-6 オキアミのない国のメジナ釣り
### 新しい釣りがみえてくる

**斉藤英俊** 広島大学大学院生物圏科学研究科。専門は海洋生態学。渚の希少種であるアカムシやナメクジウオなど底生動物の自然史に関する研究が主体。将来、国内外の種々のメジナやクロダイを求めて釣り歩きたい。

### 🐟 オーストラリアのメジナたち

　日本にはメジナ、クロメジナ、オキナメジナの3種が生息している。ところがオーストラリアにはメジナの仲間が5種も生息している。オーストラリアは、世界で最も多くのメジナの仲間がみられる国なのだ。オーストラリアに生息するメジナたちの形態と生息域は本文中に示した。体色は口絵カラー写真を参照していただくとして、読者の皆様にはオーストラリアのメジナがどのように見えただろう。きっと、「日本のメジナになんとなく似ている！」と感じられるだろう。そのはずで、「1-1 分類と分布」で紹介されているように、日本のメジナとオーストラリアのメジナは共通の祖先から進化している。

　一方、日本の釣り人にはあまり知られていないが、NSW（ニューサウスウェールズ）州のシドニー周辺海岸はメジナ釣りが盛んである。私は、以前シドニーに研究目的で長期滞在する機会があった。それに、私の趣味が磯釣りとくれば、そう、休日はメジナ釣り。研究者というより、釣り人としてオーストラリアのメジナ釣りを紹介しよう。なお、各メジナの食性はClements and Choat（1997）による研究を参考にした。

### 1. ブラックドラマー

英名 Eastern Rock Blackfish　学名 *Girella elevata*

オーストラリア東海岸およびニュージーランド北島の沿岸に分布する。どちらかといえば、イシダイのような力強さを感じる体型かもしれない。本種は、外洋の岩礁の割れ目に潜んでいることが多く、定着性が強いのもイシダイに似ている。ところが、食性はメジナ型である。食べ物の大部分は海藻類で、アオサ科緑藻、ヒバマタ目褐藻および繊維状紅藻で占められている。最大 76 cm に達し、NSW 州では、全長 30 cm 以上の魚を 1 日に 10 尾まで持ち帰ることができる。

## 2. シマメジナ

**英名** Luderick　**学名** *Girella tricuspidata*

オーストラリア東海岸から南海岸およびニュージーランド北島の沿岸に分布する。日本のメジナと違って体型は細長く、薄い横縞があり、口はイスズミのようにとがっている。食用魚として輸入されたことがあり、シマメジナという和名が付けられている（阿部、2003）。最初に紹介したブラックドラマーとは異なり、外洋だけでなく内湾や河口のマングローブ域にも生息している。食べ物は藻食性で緑藻や紅藻がメインとなり、小型甲殻類や**デトライタス**[1]も食べている。最大 71 cm に達し、NSW 州では全長 27 cm 以上の魚を 1 日に 10 尾まで持ち帰ることができる。

## 3. ブルーフィッシュ

**英名** Blue fish　**学名** *Girella cyanea*

オーストラリア東海岸およびニュージーランド北島に分布する。体型は日本のメジナに良く似ているが、体色はコバルトブルーで、尾ヒレの切れ込みはクロメジナ

---

1) **デトライタス**（detritus）：生物の排泄物や死骸、破片などの有機物で、これらに取り付いた微生物も含む粒子。水底に堆積したり水中に懸濁したりして、多くの動物のエサとなる。

のようだ。オーストラリア沿岸に出現することは希で、シドニーから 800 km も沖に位置し、世界遺産に指定されているロードハウ島のような孤島にひっそりと生息している。そのため NSW 州沿岸では保護種に指定されていることから持ち帰ることはできないが、ロードハウ島では 1 日に 5 尾まで持ち帰ることができる。本種の食性は主にミル科緑藻で占められている。ブラックドラマーと同じく、最大 76 cm に達する。

## 4. ゼブラフィッシュ

英名 Zebra fish　　学名 *Girella zebra*

オーストラリアの東海岸から西海岸まで広く分布する。名前が示すように、明瞭な横縞模様が大きな特徴である。生息域は河口を含む沿岸部の藻場、岩場および砂地などで、小さな群れを作っている。最大 54 cm に達し、分布の中心である南岸では時折シマメジナ狙いで釣れる。

## 5. ウエスタンロックブラックフィッシュ

英名 Western Rock Blackfish　　学名 *Girella tephraeops*

オーストラリア南西海岸のみに分布する。一見すると、日本のクロメジナに似ている。尾ヒレの切れ込みもクロメジナと共通している。本種は、岩礁の割れ目に隠れていることが多く、あのイシダイに似たブラックドラマーと同じく定着性の強い性質を持っている。大きさは最大で 62 cm に達する。分布域が南西海岸に限られていることもあり、釣りの対象魚としての知名度は低い。私が唯一釣り上げていないのが、

このメジナである。

## 🐟 メジナの釣り方

　日本のメジナ釣りは、ウキを付けて、寄せエサでメジナを浮かせて釣るウキフカセ釣りがメインである。ところが、オーストラリアの場合、イシダイのような底物のイメージを持ってメジナ釣りをしている場合がある。そうかと思えば、日本のメジナのようにウキフカセ釣りが通用することもある。NSW州に生息する3種類のメジナである、ブラックドラマー、シマメジナ、ブルーフィッシュの釣りを紹介してみよう。

　**ブラックドラマー**は、定着性が強くほかの2種と比較して寄せエサに浮き難い。まるでイシダイのようだった。実際、釣りでは、水深でアプローチが違ってくる。足下から水深10 m前後あるような、いわゆる"ドン深"の釣り場では、底物釣り的な"ブッコミ釣り"が効果的だった。この釣り方はオーストラリアの釣り人に人気があり、彼らは石鯛竿のような頑丈な竿に、オモリと針だけのシンプルな太仕掛けを用いる。しかも、エサは、アバロンガット（アワビの内臓）、カンジュボイ（ホヤの仲間）、エビおよびカニ類などが使われ、海底に落とし込んでアタリを待つ。

　一方、水深2～3 mの"ゴロタ浜"では、ウキフカセ釣りでも狙うことができる（図3-6-1,A）。晩秋の5月から早春の9月頃[2]までがシーズンである。釣り方は、磯に生えているアオサをスパイクブーツで削り、足下まで来る寄せ波に乗せて寄せエサとして使う。付けエサは現地に生えている海藻のアオサで、柔らかい新芽を使う。日本のメジナと同様、サラシの切れ目や沈み瀬の周囲がポイントとなり、仕掛けが落ち着くところでアタリを待つ。ブラックドラマーのアタリは、"スパッ"とウキを消しこむので合わせやすい。

　ただし、ブラックドラマーは針掛かりしてからが鬼門である。浅場でイシダイを掛けたのと同じで、素早く浮かさないと瀬ズレでラインが切られてしまう。私も幾度となく苦い経験をした。竿は最低でもクロメジナ用の磯竿2号、3 kg以上がヒットするようなところでは3号以上が無難であろう。道糸はナイロンの4号、ハリスはフロロカーボンの5～8号がお勧めである。

　**シマメジナ**は、近くの内湾の護岸や桟橋の下にも生息しているので、手軽に楽しめる。ただ、人里近くに生息するシマメジナは日本のメジナと同じようにスレ気味である。これに対して、外洋の磯では比較的警戒心が薄く、釣りやすい（図3-6-1,B）。

---

[2] オーストラリアでは日本と季節が逆になる。

第3章 はまる！ きわめる！ メジナ釣り

**図3-6-1** シドニー周辺の釣り場。
(A) シドニー、モナベールビーチ。水深2〜3mと浅いが、50cm以上の大物ブラックドラマーが期待できるポイント。アオサが生え始める5月頃からシーズンとなる。(B) シドニー、ボンダイビーチ。シドニー有数の観光スポットであるボンダイビーチ周辺には、シマメジナの数釣りができるポイントがある。

**図3-6-2** ロードハウ島の釣り場。
(A) 西磯のリトルアイランド。(B) 東磯のジムズポイント。

　シマメジナは針掛かりしても、不思議と根に突っ込まない。竿はメジナ用の磯竿1.5号クラス、ハリスは1.5〜2号で十分だった。釣り方は、ウキフカセ釣りが通用する。アオサを寄せエサに使い、付けエサはアオサの新芽やアオノリを針に巻き付けるように小さく付ける。シマメジナは群れで磯の周りを回遊しており、沖の潮目など寄せエサの溜まるところが好ポイントとなる。シマメジナのアタリは、ウキが突かれるような小さな前アタリの後、ゆっくりと消しこんでいく。ブラックドラマーよりもアタリが繊細なため、日本製の高感度のウキが効果的だった。ただし、先にも紹介したように、針掛かりしてもボラのように首を振りながら横走りするだけで瀬ズレの心配がなく、50cm級でも取り込むことは難しくない。

　**ブルーフィッシュ**は、最も日本のメジナに近い感覚で釣れる。NSW州で唯一この魚を釣ることのできるロードハウ島の釣り場は、西磯と東磯に別れている。西磯は環礁になっており、水深が浅く波も穏やかである（図3-6-2,A）。私が釣りをしたのは西磯で、釣れるサイズは30cm前後が多いため日本のライトタックルで望んだ。

ポイントは環礁の外側のため、パン粉やキャットフードなどを混ぜた寄せエサをヒシャクで30～40 m遠投すれば効果的だった。

　寄せエサをすると、ブルーフィッシュはメジナのように浮いてくる。ウキ下を50 cmくらいにして、寄せエサの効いているポイントに仕掛けを投入すればいい。付けエサは、エビのむき身やパンを用いる。ブルーフィッシュは、エサを吸ったり吐いたりしながら食べるので、合わせるタイミングが難しい。日本のメジナと同じで、針掛した魚は瀬に突っ込むので、取り込みには注意が必要である。

　一方、ロードハウ島の東磯は水深もあり、一級磯が多い。残念だが、私が訪れた時は波が高く、竿を出すことができなかった（図3-6-2,B）。島の釣りガイドの話によると、足下から沖に出る潮にパンをちぎって撒くと4 kgクラスの大物が水面まで浮いてくるらしい。したがって、日本なら離島感覚のヘビータックルが必要になると思われる。もちろん再度、訪れてみたい。

### 🐟 オーストラリアのメジナ釣りに学ぶ

　ここまでオーストラリアのメジナ釣りを淡々と紹介してきた。日本の釣り人にどのように感じられたであろうか。「何か変だ？」と思われたに違いない。そう、オーストラリアではオキアミを撒かないのだ。それに「オーストラリアのメジナ釣りは一昔前の釣りだ！」と思われたかもしれない。実際、現地のタックルも日本のメジナ釣りでは考えられないほど昔のものである。その点、私は日本より最新のタックルを持参した。現地の釣り人から「Gamakatsu Guy（がまかつ野郎）」とよばれ、羨望の的だった。

　ただ、正直、釣果は決して比例しなかった。日本での経験があまり通用しなかったのだ。メジナの仲間といえども、イシダイやアイゴのような生態をしたメジナもいれば、習性や泳ぎ方もいろいろである。「日本のメジナと同じだろう！」と、先入観を持って望むと失敗してしまうことが多いのだ。ただ、それはある意味、新しい発見であり、変化に富むメジナという魚の生態も垣間見ることができた。オーストラリアの釣り人からみると、ウキフカセ釣りしかない日本のメジナ釣り文化が異質に感じられるかもしれない。機会があればオーストラリアでも、そして日本でも、ひと味違ったメジナ釣りを楽しんでいただきたいと思う。

第**4**章

メジナ釣具の進歩

# 4-1 日本の技術が光るカーボンロッド
## メジナと"深化"

**能島康匡**(のじまやすまさ)　株式会社がまかつ　釣竿企画室。子供の頃にチヌ釣りにはまり、釣り竿を作るのを夢みて、現在、釣り竿の企画開発を担当している。好きな釣りは、磯釣り、アユ釣り、ヘラブナ釣りなど。趣味は赤字覚悟のスロット。夢は磯釣り人口が増え、盛り上がること。

## 🐟 日本で育ったカーボン繊維

　現在、磯釣りにおいて広く愛用されているのはカーボンロッドである。カーボンロッドのカーボンとは"炭素"を意味するが、素材となっているのはカーボン繊維で、直径数**マイクロメートル**[1]の非常に細いカーボンの糸が数千〜数万本も集結され一本の繊維となっている。釣り竿に使用されているのはアクリルを原材としたカーボン繊維で、アクリル自体が燃えつきないように高温熱処理すると、炭素含有率がほぼ100％のカーボン繊維が形成される。

　カーボン繊維が脚光を浴び始めたのは、アメリカと旧ソ連がロケット開発でしのぎをけずっていたころにさかのぼる。最初のカーボン繊維は、強度、軽量化に加えて耐熱性が要求されるロケットの噴射口の構造材として、1957年にアメリカで試作された。ただし、当初のカーボン繊維の原材は**レーヨン**[2]だった。その後、日本でアクリルを原材としたカーボン繊維が1959年に開発され、1963年には石油や石炭の**ピッチ**[3]を原料とするピッチ系カーボン繊維が開発された。今日、前者は強度設計用材料として、後者は**剛性設計用材料**[4]として、広く利用されている。カーボン繊維はアメリカで産まれ、太平洋を渡り、日本で育ち、世界に羽ばたいたことになる。

## 🐟 進歩は釣り竿と二人三脚

　カーボン繊維は、鉄に比べて重さは1/4で、強度は10倍もあり、軽くて丈夫である。しかし開発当初は、素材自体の問題、加工の問題で構造材に使用されるほどの強度はなかった。欧米ではカーボン繊維が開発された後も、ロケットの構造材を中心に基礎研究が行われていた。

---

1) **マイクロメートル**：1マイクロメートルは1/1000ミリメートル。
2) **レーヨン**：絹のような見栄えを持った人工の繊維。
3) **ピッチ**：石油や石炭を加工した際に生じる液状の混合物。
4) **強度と剛性**：「強度」はその材料自体の強さ、「剛性」は力を加えた時の変形のし難さ。

そんな中、カーボン繊維に転機が訪れたのは1969年だった。東洋レーヨン（現東レ）により、弾力性と復元力を有し強度に富む、高弾性のカーボン繊維が開発された。1971年にはカーボンシートが商品名"トレカ"として量産化されたのである。そして、翌年にはついに世界初のカーボンロッドが誕生し、カーボン繊維と釣り竿の二人三脚が始まった。以来、"カーボン繊維の進歩は釣竿研究の賜物"といっても過言ではないくらい、カーボンロッドには、カーボン繊維の応用と実用という点で、常に最先端の技術が注がれてきた。それは熱狂的な釣り人の要求に応えるためだった。

## カーボンロッドの難題

カーボンロッドの作り方を簡単に説明しよう（図4-1-1）。カーボン繊維は直径5〜8マイクロメートルの極細繊維だが、各々の繊維を集結させ接着する必要がある。その役割を果たすのが樹脂である。接着剤に相当する熱硬化性樹脂をカーボン繊維に含浸したカーボンシートが竿の基本材料となる。このカーボンシートは平面状であり、まず、カーボンシートを筒状のマンドレルとよばれる芯材に巻きつけることで、**ブランクス**[5]の原型ができる。巻き寿司を作る時の海苔をカーボンシートと置き換えていただいたらよいかもしれない。実際には、カーボンシートをさまざまな形にカットし、それをプレスしながらマンドレルに巻きつけ、さらにテープで締めた後に高温を加え、熱硬化性樹脂を硬化させて成型するのだ。

さて、カーボンロッドの生命線は、まず、素材であるカーボン繊維自体の性能である。性能を決める目安となるのが弾性率（竿の硬さや張りに関係する値）と、引張強度（竿の丈夫さに関係する値）である。よく"何トンカーボンを使用した竿"というのが竿の宣伝に使われるが、そのトン数が弾性率のことである。

次に、大切なのは、カーボン繊維をつなぎとめる樹脂である。なぜなら、樹脂が多いとカーボン繊維をつなぎ止める力は強くなるが、一方では竿も重くなってしまうからだ。

さらに、三つめの生命線は、カーボンシートを巻く方向である。カーボンシートは、カーボン繊維が一方向に引きそろえられている。これ自体は、引っ張り張力に強いが、カーボンシート単体で筒状に成型すると圧縮やせん断、ねじれなどの力に耐えられず、完成した釣り竿は直ぐに折れてしまう。これを防ぐために、マンドレルの軸に対して0°方向に繊維を巻き付けたベース素材（以下、縦材）に対して、

---

5）**ブランクス**：長い釣竿は、普通、複数本に分けられ、それらをつないで使う。それぞれのパーツをブランクスという。

## ブランクスの作り方

カーボンブランクスは、カーボンシートを目的に応じて様々な形状にパターンカットし、それをマンドレルとよばれる鉄の芯棒に巻きつけた後、熱を加え樹脂を硬化させることで完成する。

### (1)カーボンシートの裁断

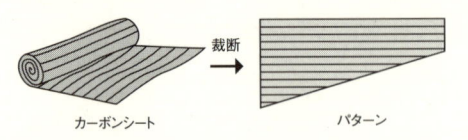

長さ、太さ、調子など、竿の設計に応じてカーボンシートを裁断する。この裁断されたカーボンシートをパターンとよぶ。パターンの形によって竿の肉厚に変化が生じ、目的の調子を作り出す。
同じマンドレルを使っても、カーボンシートの裁断形状が変われば竿の肉厚が変わり、竿の調子も変わる。

### (2)ローリング

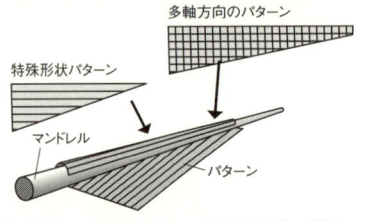

目的に合うマンドレルにパターンを巻き付ける。微妙な調子の調節をするために、様々な形状、カーボン軸方向を持ったパターンが何度もローリングされる。

### (3)テーピング

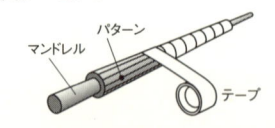

マンドレルに巻かれたパターンに、専用のテープを巻きつける。こうすることで釜入れ時にカーボンシート内の樹脂が膨張することにより、テープが締まりカーボンシートをしっかり締め付ける。

### (4)釜入れ

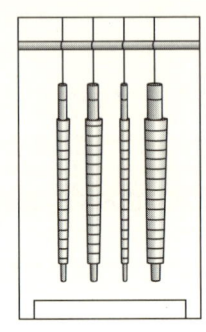

高熱を加え、カーボンシートに含まれている樹脂を硬化させる。

### (5)脱芯

マンドレルを引き抜く。

### (6)テープをはがす

脱芯後、テープをはがせばブランクスの出来上がり。

図 4-1-1 カーボンロッドの作り方。

45°〜90°方向の繊維を補助素材（以下、横材）として織り交ぜて成型する。特に、横材を如何にコントロールするかが、竿作りの肝となる。

　以下、今日に至るまでのカーボンの高弾性化、低樹脂化、さまざまな成型手法など、"夢の材料"と言われたカーボンの性能を申し分なく発揮するための技術革新を振り返ってみる。

### 🐟 「100%カーボンロッドを作ろう！」

　1970～1980年代前半のカーボンロッドは、カーボンの含有率が低かった。それは、縦材にカーボンが使われていても、補助素材としての横材がガラス繊維であったからだ。そのため、当時はカーボンの性能を活かしきれず、現在のカーボンロッドと比較して重く、張りのないものだった。

　現在のような軽く、張りのあるカーボンロッドの誕生のきっかけは1981年、株式会社がまかつ社長の藤井繁克氏（現会長）の「100％カーボンロッドを作ろう！」という発案だった。先にも述べたように、初期のカーボンロッドは、横材にガラス繊維を使用していた。100％カーボンロッドを作るには横材にもカーボンを使用しなければならない。当時の常識では、竿の横材に伸びが少なく、圧縮やせん断に弱いカーボン繊維を使用すると、少しの曲げで折れてしまうと考えられていた。また、縦材に使用していたカーボンシートは厚すぎて、横材にもこれを使おうとすると成型が困難だったのだ。100％カーボンロッドを作るということは、これまでの常識をくつがえし、かつ、新しいカーボン横材の開発が前提だったのだ。

　その後、材料メーカーと共同で0.02～0.05 mmの超薄型のカーボンシートが開発され、成型方法も確立した。それらをマンドレルの軸に対して90°方向に巻きつけることで、圧縮や潰しに強く、しかも軽いブランクスが出来上がったのだ。この技術が最初に投入されたのはアユ竿だったが、開発が難航し、試作品が完成したのは1983年2月のことだった。100％カーボンロッドの発案者である社長自ら極寒の川に入り、アユの代わりにウグイをオトリにして、引き感覚や強度などの実釣テストをしたのは開発陣の中では有名な話だ。それは「100％カーボンロッドを作ろう！」と開発に着手して以来、初めてカーボンロッド本来の性能が発揮された瞬間だった。

　実際には竿の継ぎ目などにわずかにガラスを入れているので、カーボン：ガラスが99.9：0.1という感じになる。

　現在では、多種多様な横材用カーボンシートが量産化され、その使い方によってさまざまな調子の竿ができるようになっている。世間にはあまり語られていないが、横材の進歩こそがカーボンロッドの進歩であり、これを如何に使いこなすかが竿作りにおいて重要な要因なのである（図4-1-2）。

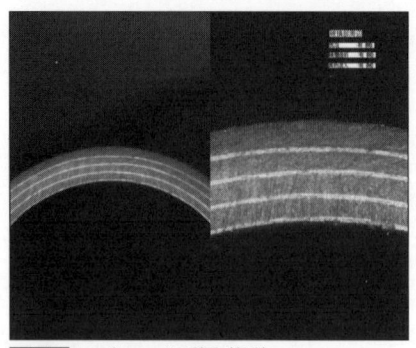

**図4-1-2** カーボンロッドの断面（部分）。写真右は一部をさらに拡大したもの。灰色の部分が縦材（0°方向）、白い部分が横材（90°方向）。横材の開発がカーボンロッドの進歩に貢献した。

## 🐟 1980年代後半〜近年……カーボンの超高弾性化、超低樹脂化

1980年代後半から、汎用カーボンとは明らかに異なる高性能カーボンが登場した。一般的にはカーボンの剛性（弾性率）はトン数（$10^3$ kg/mm$^2$）で表現され、トン数が高いほうが硬く張りのある竿を作ることができる。40トン以上のカーボンが高弾性カーボンの範疇（はんちゅう）だが、近年では60トンを超える超高弾性カーボンも登場している。

さらにカーボンをつなぎとめる接着剤の役割をする樹脂も進歩した。わずかな樹脂でカーボン繊維をつなぎとめた超低樹脂カーボンシートが登場した。これらに伴い、カーボンロッドは軽量化が進み、釣り竿メーカーの間で「何グラムで作れるか？」という軽量化競争が激化する。アユ竿においては、9mで200g以下の竿も登場した。メジナ用の竿も例外ではなく、200gを切るような軽量にもかかわらず、50cmを超えるような大型メジナを釣ることができる竿が登場した。メジナ竿の軽量化と抜群の操作性は、メジナ釣りに革新をもたらし、釣りの幅を大きく広げることになったのだ。

## 🐟 現在〜そしてこれから……竿の調子の細分化

カーボン材料と成型技術が円熟期を向かえ、過去にあったような革新的な軽量化や高強度化は望めなくなった。しかし、現在でも、カーボンロッドは釣り人の要求を満たすため、常に進歩し続けている。これからは、これまで培ってきた技術を応用し、どうやって釣り人の好みに合わせていくかが大切である。つまり、高性能カ

ーボンを使用しさえすれば"良い竿"だった時代は終わり、多様化する釣り人の要求に答えるような、ニーズ対応型の竿作りが基本となろう。メジナ竿においては、これが特に顕著である。釣り人からの問い合わせで「何トン（超高弾性）カーボンを使っているか？」という質問をしばしばいただくが、メジナ竿においてはカーボンの弾性率よりも重要なことがある。

　私のこれまでの経験から、メジナ竿の調子を決めるファクターを順位ごとに挙げると、
　1位……**テーパー**[6]の取り方（各継番の太さの設定）
　2位……肉厚と継番の長さの取り方
　3位……カーボンの弾性率（カーボンの性能）
となる。

　カーボンの性能に関しては品種に限りがあるが、テーパーの取り方や肉厚、長さなどの選択肢は無限にあり、カーボン繊維の進歩が一段落した後でも、さまざまな調子の竿が考えられる。

## メジナ竿の進歩と多様化

　最近では、竿の軽さ、強さのほかに、粘り、感度というものがメジナ竿に要求されている。その背景には、昔ほど魚が釣れなくなっているという現実があるようだ。食い渋るメジナを如何に繊細な仕掛けで釣るかが優先されるため、細い釣り糸をいたわるような粘りと、わずかなメジナのアタリを察知できる感度が必要となる。

　私の会社では、粘りに特化したメジナ専用竿（商品名：アテンダー）を開発し、細い釣り糸が使用でき、竿で溜めているだけで魚が浮いてくるような調子を作り上げた。一方、感度に関しては、多少複雑で、アタリを察知する感度と、魚とやり取りをするときの感度は別に考えなければならない。小さなアタリを察知するには、張りがあって感度が高いほうが良い。ただし、メジナを掛けた時に、高感度を追求し竿に張りがありすぎると、竿の反発力がダイレクトに釣り糸に伝わることで糸切れの原因となる。そのために、メジナ竿にはある程度の張りを持たせつつも、魚を掛けた後は少し張りを抑制してやらなければならない。釣り竿メーカー各社で、急テーパーの高感度**ソリッド穂先**[7]を採用する方法で、この問題をクリアした竿が登場している。

　さらにメジナ釣りにおいては、クチブト（メジナ）やオナガ（クロメジナ）に特

---

6）**テーパー**：根本から先端になるほど細くなっていく様。テーパーによって竿が曲がり、荷重が分散される。
7）**ソリッド穂先**：材質が詰まった穂先。しなやかな曲がりにより、魚の食い込みも良くなる。これに対して中空の穂先をチューブラー穂先とよぶ。しなやかさに欠けるが、小さな魚信を伝える感度が良いという特徴がある。

化した竿もある。メジナとクロメジナは近縁種であるが、引きの強さや口の形状が異なるために、それぞれ専門で狙うには性質の異なった竿の必要性が出てきたというわけだ。

今後もカーボンロッドは細分化が進み、多用なニーズに答えるようなスペシャリティロッドの開発が進むと予想される。それは、カーボンロッドの進歩と多様性とともに"深化"をもたらすことを意味する。

## 🐟 メジナ釣り名人のノウハウ

私は大学の工学系学部で「数値データがすべて！」というような教育を受けた。ところが、竿の開発の現場ではそれがまったく通用しないことに違和感を覚えた。釣り竿の開発は一般的な工業製品と比べて数値化できない部分が多く、それゆえに難しいのだ。そのため、いくら数値的に優れた竿を作っても、それだけでは釣り人の満足を得ることができないのだ。釣り竿は、あくまで人が使うものであり、人間の感覚的なデータの方が大切なのかもしれない。

数値で表すことができない部分を検証してくれるのが釣り名人のノウハウや感性である。私たちは実釣テストを行う選りすぐりの名人をフィールドテスターとよんでいる。彼らとの実釣テストにおいては、その研ぎ澄まされた感性により、実際使ってみた感触が検証される（図4-1-3）。数値の上では柔らかい竿であってもテストでは張りが気になったり、重たい竿であっても軽く感じられたりすることも珍しくない。科学技術の最先端を惜しげもなくつぎ込んだ釣り竿の開発でも、正解は机上の計算ではなく、最後は生身の人間に委ねられているのだ。

図4-1-3 開発前のカーボンロッドの実釣テスト。
開発されたカーボンロッドがフィールドテストで試され、数値データ化できない部分が評価される。

# 4-2 リールの使命
## メジナと世界最高峰のLBリール

**榧木高男**　広島大学産学・地域連携センター。大学の対外的三つの柱のうち、社会貢献を担当。現職前は旧ダイワ精工（株）で中国広東省の工場総経理。中国では釣りは金持ちのステイタスだった。釣り好き、ゴルフ好き。

### リールに求められる快適性

　すべてのフィッシングタックルは魚を釣ることを目的として作られている。リールもなんら例外ではない。だが、目的を果たせば、つまり結果として魚が釣れればいいというものではない。釣りは高尚な趣味であり、磯で最も人気のメジナ相手には上質な釣りが求められる。その上質な釣りの主役がリールである。少しマニアックであるが、メジナ釣りに特化し、世界最高ともいえる技術が集約されたメジナ用のリールの世界を紹介したい。

　リールに何らかの不自由を感じるようでは、心ゆくまで釣りを満喫することなどできない。それにストレスがたまり、楽しいはずの釣りが苦痛になってしまうだろう。それでは、上質な釣りを保証するためのリールの使命とは何であろうか？　それは、メジナを手中におさめる過程において"快適さ"が伴わなければ上質な釣りを展開することはできないということだ。

　"快適さ"とは具体的にどんなことを言うのか？　まず、一日の快適性だ。つまり釣り場で一日、トラブルなく釣りを楽しめるかどうかということである。それにはリールの軽さ、滑らかな糸の巻取り、意のままにあやつれる操作性、魚が掛かったときの信頼性などが要求される。もちろんライントラブルなどあってはならない。要するに、いっさいの不安を感じずに釣りに集中させてくれること、それが一日の快適性である。

　しかし、一日だけの快適性では釣り人は満足しないであろう。快適性は持続しなければならない。何日釣行しても性能が変わらない耐久性が要求されるのである。これは、いざという時の大物とのやり取りにおいてもモノをいう。あらゆる操作における快適性能が持続すること、それがリールの命だ。リールの進歩の過程を振り

返ってみても、すべて、この"快適性の追求"が原点となっている。

## 🐟 メジナに特化したLBリール

　メジナの力強い引きで釣り糸を切られないために、釣り竿は柔軟性を持ち、ショックを吸収する。しかし、大型のメジナではそうはいかない。強い引きによって釣り竿が限界まで曲がってしまうか、もしくは、竿の弾力性が十分発揮できない角度まで引き込まれると、後はラインブレイク（糸切れ）という結末が待っている。通常、リールにはこのような最悪な状況を回避するため、糸を送り出す機能が備わっている。

　一つはドラグ機能で、釣り糸を巻いている**スプール**[1]だけが、釣り糸が切れない程度の張りを保ちながら回転して糸を繰り出す。しかも、使用している糸の太さやメジナの引きによって回転が始まる負荷が微調整できる。もう一つは、**リールの逆転機能**[2]である。ストッパーつまみを切り替えるとハンドルとローターが逆転し、滑らかに糸が送り出される（図4-2-1）。

　いずれも大物に対処できる機能であるが、メジナ釣りに求められる快適性にはまだまだほど遠いものだった。ドラグによる逆転は、ラインブレイクをある程度は防げるものの、メジナの素早い動きに対してはあまりにも鈍く、竿が限界までしなってしまう前に対処できるほどではない。そのため釣り人はメジナの動きに対して後手に回ることになる。

　一方、逆転機構はドラグより滑らかな糸の送り出しが可能であるものの、糸の出や逆転速度を自由にコントロールするしくみがなかった。そのため、ハンドルやロ

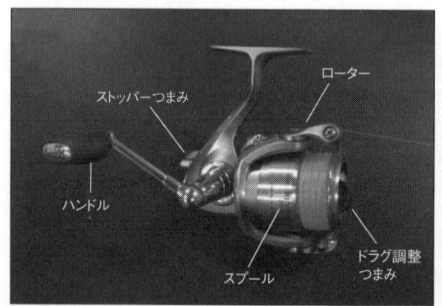

図4-2-1　リール（スピニングリール）の基本パーツの名称。

図4-2-2　逆転をコントロールするために改造されたリール。著者の一人、松田稔氏が所有。写真ではわかりにくいが、人差し指でローターの回転がコントロールできるように、脚が短く改造されている。有限会社フィシング・ブレーン提供。

1) **スプール**：糸が巻かれている部品。糸を巻き込むのがローターであり、ハンドルと連動した動きをする。
2) **リールの逆転機能**：通常、リールの後方にあるストッパーつまみがオンの状態にあり、逆転しないようになっているため、リールは糸を巻き取る方向にしか動かない。これをオフに切り替えることでハンドルやローターの逆転が可能になる。ドラグ機能より滑らかに糸を送り出すことが可能である。

ーターに手や指をあてがい、コントロールすることを余儀なくされた（図4-2-2）。だが、操作を誤り、必要以上の糸が送り出されてしまうとメジナが根に張り付いてしまう。メジナの強烈な引きによって生じた逆転時に、急いで指をあてがい、骨折してしまうという悲劇まであったのだ。しかも、逆転の切り替えのためには、リールの後方にあるストッパーつまみを操作

**図4-2-3** 最初のLBリール。
ダイワ精工（現、グローブライド）より1975年に発売された初のLBリール、スポーツライン500 LB。レバーブレーキもあるが、ドラグ機能も残されている。著者の一人、鵜澤政則氏が所有のもの。有限会社フィシング・ブレーン提供。

しなければならない。このつかの間の時間でさえ、動きの速いメジナに対しては致命的となる。釣り人から「掛けるまでのチヌ、掛けてからのグレ！」と称されるように、速く、そして、強烈なメジナの動きに対し、通常のリールでは限界があったのだ。

幾多の苦難の後、ついに画期的なメジナ用リールが1975年に登場した。レバーブレーキ付きのリール（以下、LBリール）で、逆転機構に加えてそれをコントロールする機能を装備したのである。ボディに付属したレバーアームが、テコの原理で直接ローターにブレーキをかけるとこで、逆転がコントロールできる構造になっている（図4-2-3）。人差し指一つでスムーズに糸を送り出し、必要なら瞬時に糸の出を止めることができるLBリールは、徳島を発祥とする阿波釣法の使い手たちに一大センセーションを巻き起こした。しかし、これはメジナ用リールの驚くべき進歩の始まりにすぎなかった。

## 🐟 もっと軽く、もっと使いやすく

リールの快適性の追求で、もう一つ重要な課題があった。それは重さである。重さに対する改善策として、樹脂製ボディを採用した後継機種が続いた。しかも、これらには浅溝ロングノーズスプールとよばれるスプールが採用された。これで、スプールに巻いている糸の出が良くなり、仕掛けの飛距離が格段にアップした（図4-2-4）。

だが、快適性への追求はまだ端緒についたばかりだった。当時のLBリールの逆転オン・オフの選択はストッパーつまみに委ねられていた。ストッパーつまみはリ

ールの後方に位置しており、釣り人はリールを持った手の小指を伸ばして操作していた（図4-2-4参照）。つまり、大物が掛かる度に小指を酷使していたのである。どう考えても快適とはいえない。幾多の研究と試行錯誤を重ねた結果、クイックオン・オフレバーを搭載した機種が完成した。クイックオン・オフレバーとは、指先でレバーを引けば逆転機構がオン、押し出すとオフとなり、ラインを出す、止めるといった操作までが、レバー一つで瞬時に対応することが可能なしくみである。

さらに軽量かつ高剛性ボディへの挑戦として、アルミニウムボディの機種が登場した。このアルミニウムボディの機種には、巻き取り時の**糸ヨレ**[3]を軽減する"ツイストバスター機構"が導入され、リールの宿命と考えられていた糸ヨレによるトラブルを激減させたのである。快適性への追求が見事に結実した格好の例であろう（図4-2-5）。

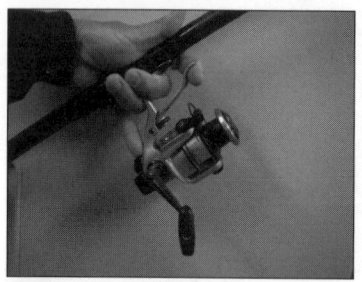

**図4-2-4** LBリールの後継機種。
スポーツライン500 LBの後継機種として1987年に発売されたウイスカートーナメントSS750 LB。樹脂製ボディに浅溝ロングノーズスプールが採用されていた。ただし、小指でストッパーつまみを操作しないと逆転フリー機能が得られなかった。著者の一人、海野徹也氏が所有のもの。

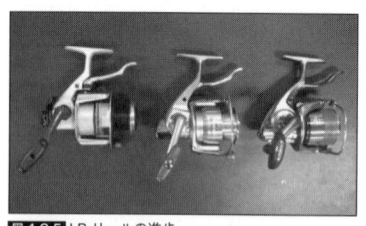

**図4-2-5** LBリールの進歩。
左：ウイスカートーナメントSS750 LB。中：トーナメントZ 2500 LBAはクイックオン・オフレバーの採用により、ストッパーつまみを廃止（1998年）。右：06トーナメントISO Z競技はローター、ボディ、ボディカバー、ハンドルなど主要部品をマグネシウム化した。

### 🐟 さらなる進歩

こうして、快適性の追求は着々と実績をあげてきた。初代のLBリールと比較すれば、隔世の感があり長足の進歩である。だが、貪欲な開発者はフィールドでさらに問題点を見つけていた。当時のLBリールでは逆転機構の初速が上がらず、滑らかとはいえなかった。メジナが根に入る前に滑らかな逆転機構を作動させて竿を立て、主導権を握るという、LBリールの本当の力が発揮できなかったのである。主な理由はローターの自重であり、少しの重さが逆転機構への足かせになる。

そこに「マグネシウムのローターなら軽いぞ！」という声が頭の中に響いた。ただし、快適性能の追求は簡単な仕事ではない。それがいいとわかっていてもマイナス要素も必ずある。マグネシウムがその典型だった。確かに軽かったが、海水との

---

3) **糸ヨレ**：直線性に優れる釣り糸をリールスプールに巻き込むことで生じる巻き癖。巻き癖が生じた糸は、リールから送り出す時にトラブルをおこしやすい。

相性が極端に悪く、実用化までには辛酸をなめさせられた。乾燥状態では何も問題ないが、海水に濡れるとイオンが循環を始め、金属との間に電流が流れる。すると電気腐食という現象が起こり、とたんにマグネシウムは腐食してしまうのである。それは過酷な磯というフィールドで使われるLBリールにとって許されるものではない。しかし、結局は電気腐食の原因を徹底的に排除するという努力の積み重ねがこの難問を解決した。

まず、回転速度に直接影響するローターのマグネシウム化に成功した。これで一つのハードルを越え、その後、ボディ、ボディカバー、ハンドルといった主要パーツをマグネシウム化した機種も登場した（図4-2-5）。

現在ではマグネシウムに代わり、カーボン繊維が混入されている新素材のZAION（ザイオン）が使われるようになった。ザイオンは剛性が極めて高く、歪みが非常に少ない。加工に技術力が要求されるが、金型から出てきたときのパーツの精度は信じられないほど高い。つまりバラツキが少ないのである。この材料で作られたリールは、軽くて剛性が高く、耐海水性能に優れ、変形しにくい。これはまさにメジナのために生れてきたリールであり、世界最高峰の技術が結集したLBリールといっても過言ではない。

## 🐟 おわりに

私は長年リールの開発にたずさわってきた。ほとんどの問題点はフィールドで浮き彫りになる。釣り場に立ち、釣り人の声に耳を傾けなければ、リールがめざす使命も見えてこなかった。メジナ用のリールは、快適で上質な釣りを保証するため、常に最先端、最高峰の技術が注がれている。メジナが、そしてメジナ釣りの追求が、世界最高峰のリールを作る原動力になっているのだ。

## 🐟 参考図書

「七人のタックル&ギア・私の想い出タックルズ」フィッシング・ブレーン、磯釣りスペシャル、2009年7月号、内外出版

# 4-3 最強の釣り糸のために
## もとめたのは結節強度

**黒田昭仁** 株式会社サンライン 製造部。趣味は釣りで、磯のメジナ、アユの友釣りが得意。世界最強の釣り糸を作り続けるのが仕事で、夢は次世代の素材で釣り糸を作ること。

### 釣り糸の歴史

　釣りが始まった旧石器時代から、釣り人はさまざまな素材で釣り糸を作ってきただろう。おそらく、植物の繊維、動物の皮や腱、毛髪といった、糸になりそうなものはすべて利用されてきたにちがいない。しかし、動植物から作られた釣り糸は有機物を多く含むため、年月とともに分解されてしまう。そのため、釣り針と違って、釣り糸の歴史をふり返るのは難しいが、まず、近世の釣り糸の歴史を、日本を中心にふり返ってみよう。

　日本での釣り糸の歴史で特筆すべきは、テグス（天蚕糸）の登場であろう。テグスは蚕の絹糸腺から取った半透明の分泌物を伸ばして乾燥させたもので、江戸時代から長年にわたり珍重されてきた。昭和になると、植物繊維のセルロースを酸で処理したレーヨンを素材とした人造テグスが開発された。天然素材を加工することで繊維として生まれ変わる、いわゆる再生繊維の登場である。絹のテグスと再生繊維である人工テグスは戦前の日本産業の発展の象徴であり、同時に、"釣り糸日本"の象徴でもあった。ところが、日本がレーヨンの生産で世界1位となったころ、釣り糸の歴史を大きく変える出来事があった。それはナイロンの登場である。

### ナイロンの誕生

　ナイロンは、アメリカの化学会社デュポン社のウォーレス・カローザス博士によって1935年に発明された。素材の化学変化を利用し、繊維として再生した完全人工合成繊維であり、当時、"水と空気と石炭から作られた、クモの糸のように細く、鋼のように強い繊維"と脚光を浴びた。

　ちなみにナイロンはデュポン社の登録商標名で、英語では Nylon とつづるが、

その語源については諸説ある。ニューヨークとロンドンを結ぶ（N. Y. -LONDON）という意味をこめたという説、ニヒル（nihil）であったナイロンの生みの親カローザス博士のニックネーム"ニル（nyl）"と"デュポン（dupON）"の合成語ではないかという説、"Now You Look Out, Nippon（日本よ、さあ見よ）"の略記説などである。当時、日本の絹は世界市場を支配していたが、デュポン社が開発した完全合成繊維ナイロンは"肌触りは絹そっくりで、耐久性は2、3倍"といわれる夢の繊維であった。ナイロンの出現で日本の優位をひっくり返すことができるという思惑があったことは確かである。

ナイロンの出現によって、テグス時代は昭和20年代（1950年前後）で終止符を打った。ナイロンは強度においてテグスより優れており、しかも、ある程度の長さにするために結びでつないだテグスに対して、結び目のない一本物（モノフィラメント）のナイロン糸は画期的であった。

日本で最初のナイロンの釣り糸が試作されたのは1947年（昭和22年）である。今日、ナイロンの種類は多様化し、使用される原料モノマーによって「ナイロン6」「ナイロン66」「ナイロン12」「ナイロン11」「ナイロン610」そのほか、さまざまである。釣り糸として主に使用されているのは「ナイロン6」「ナイロン6・66共重合」である。釣り糸は最初から現在の強度を持ち合わせていたわけでなく、長年の研究による原料の改良と紡糸技術の向上によって、現在の強度に至っている。

## 🐟 釣り糸の強度を比べる

メジナに違和感なく釣りエサを食べさせるためには、抵抗が少なく自然な動きが演出できる細い釣り糸が良い。また、細い釣り糸であればメジナに見破られなくなる。しかし、釣り糸が細くなればなる程、釣り人は不安になるであろう。メジナの引きの強さは釣り魚の中でもトップクラスで、せっかく針掛かりしたメジナを糸切れで逃してしまうことも多い。よって、メジナを狙う釣り人にとって、釣り糸の強さ（強度）は関心の的である。

ところで、ある程度の品質であれば、見た目で太い釣り糸は、細い釣り糸より強いことは当然かもしれない。しかし、メーカーが違ったり、製造工程が違ったり、さらには微妙な太さの違いがある釣り糸の強度を正確に比べるためには、基準化した数値で比較する必要がある。そこで、釣り糸の強度の測り方について説明しよう。

釣り糸の強度を正確に比較するには、断面積当りの**強力**[1]を求めればよい。しか

---

1) **強力**：「糸にどれだけの重さを加えると切れるか」を示す単位。

## 第 4 章　メジナ釣具の進歩

**表 4-3-1** 直径の異なる釣り糸の強度比較

|   | 直径 (mm) | 破断強力 (g) | 太さ (d) | 単位太さ当り強度 (g/d) |
|---|---|---|---|---|
| A | 0.165 mm | 2,500 g | 220 d | 11.4 g/d |
| B | 0.180 mm | 2,700 g | 260 d | 10.4 g/d |

しながら、強力が測定できても、細い釣り糸の断面積を正確に求めるのは実用上難しい。そこで、一般的には断面積ではなく、"単位長さ当りの質量"を使って太さを表すことが多い。釣り糸の場合、一般にはd（デニール）が用いられ、1dは長さ9,000m当りの繊維の質量をgの単位で表した数字であり、9,000mで1gなら1d、2gなら2dとなる。一方、釣り糸の強力は、破断するときに加えた荷重を破断強力（g）で表す。よって、釣り糸の強度は、破断強力gを太さ（d単位）で基準化した値となる。

例として、直径0.165 mmの釣り糸Aと直径0.180 mmの釣り糸Bの強度を比べてみよう（**表 4-3-1**）。釣り糸Aは破断強力が2,500 gで、釣り糸Bは破断強力が2,700 gである。Aの9,000 m当りの重さは220 gなので220 d、Bは260 dである。したがって、強力（g）を太さ（d）で基準化すると、釣り糸Aは11.4 g/d、Bは10.4 g/dとなる。つまり、釣り糸AとBを同じ太さで比較すれば、Aのほうが強い糸ということになる。

さて、**表 4-3-1**で例にあげた二つの釣り糸は、それぞれ直径が0.165 mmと0.180 mmで、社団法人日本釣用品工業会の標準規格にしたがった号数表示では、それぞれ1号と1.2号とよばれるものだ。ただし、直径と号数は目安であり、絶対的ではない。私たちは、直径と号数を限りなく厳密化し、釣り糸の製造をおこなっている。さらに、モノフィラメントの釣り糸でも、部位によって直径にムラが生じれば、直径の細い部分に力が集中し、強度が低下する。釣り糸の強度だけでなく、糸の直径を均質化した製品を送り出すことが大切である（**図 4-3-1**）。

### 🐟 世界最強への挑戦

ここまで、釣り糸の強度について解説してきたが、これはあくまで釣り糸の直線強度である。もちろん、直線強度も釣り糸に求められる課題ではあるが、実際の釣りでは、釣り糸は釣り針や**ヨリモドシ**[2]に結ばれる。モノフィラメントの釣り糸といえども、釣り糸には必ず結び目が生じるものなのだ。そのため、私たちは"結ばずに使用する釣り糸はない"というコンセプトのもと、ユーザーに求められる"よ

---

2) **ヨリモドシ**：回転する機能を備えた糸と糸を連結する小さな連結器。釣り糸に生じた糸ヨレ（ねじれ）を軽減できる。

り細く、より強く"をテーマに、直線強度とともに結び目強度（結節強度）を重視した開発を行った。

その結果、1984年（昭和59年）にパワード（商品名）を発売した。ナイロン糸は吸水によって強度が低下してしまうという弱点があったが、世界で初めて耐水樹脂加工を施し、吸水による直線強力の低下を抑制することにも成功した。さらに、業界に先駆けて標準直径とともに、実測した結節強力を商品に表示した（例えば、1号で標準直径0.165 mm、結節強力2.3 kg）。

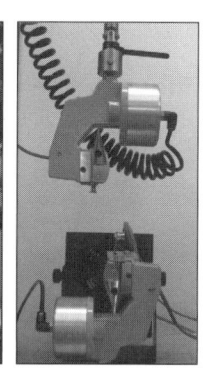

図4-3-1 釣り糸の徹底管理。
糸の引っ張り強度と伸びを測定する引張試験機（上）と、走行中の糸径を測定管理する糸径測定器（下）。

この結節強力は当時としては驚異的なもので、一躍、ナイロン糸の最高峰に登りつめたといっても過言ではなかったであろう（図4-3-2）。その当時の世評では、商品名"パワード"は知っているが、それを作っている会社"サンライン"は知らないと言う釣り人が多かった。

図4-3-2 現在のナイロン糸。
（左）1989年に結節強力を表示し発売したナイロンハリス「パワード」の後継。（右）松田スペシャルブラックストリームマークXは世界最強を誇るナイロン道糸。本書でも釣り名人として登場する松田稔氏が監修を手掛けた。

## 第4章　メジナ釣具の進歩

　最後に逸話を披露させていただきたい。私が若い頃、はるばるアメリカから来客があった。それは、ナイロンを開発したデュポン社の幹部で、我が社の買収を打診したと聞く。私たちの技術力と釣り糸に対するコンセプトが世界に認められた証であったと確信している。

# 4-4 釣り針の進歩
## この世にメジナがいるかぎり

**麻田尚弘** 株式会社がまかつ　釣鉤企画課。仕事の内容は主に釣り針の企画開発と品質検査。4歳から釣りを覚え、学生時代にはメジナ釣りに熱中し、がまかつに入社。アユ、クロダイ釣りは全日本優勝経験もある。日夜、釣り針のことを考え、魚に見破られない針を作ることが目標。

### 最古の釣針

　世界最古の釣り針はいつ・どこで作られたのだろう。約2万年前、ヨーロッパにいたクロマニヨン人が作った骨角製のものがそれであるという説（毎日新聞釣友会、1986）や、ウクライナ地方で出土した1万年以上前の骨角製の釣り針が最古であるという説（直良、1991）などいろいろある。いずれにせよ後期旧石器時代で、石器文化が衰え、骨角器文化が栄えたころの話である。中石器時代になり北欧を中心にして釣漁が盛んになると、骨角製の釣り針の形として"レ""J""U"型がみられるようになる。さらには、釣り糸を結ぶ部位に穴を開けた釣り針なども登場した。その後、釣魚漁の発展とともに、釣り針も世界に広がっていった。

　青銅器時代になると、これまでの骨角製から青銅製の釣り針が主流となり、材質面で大きな変化を遂げた。同時に、この頃になると、狩猟のための釣りだけでなく、遊漁化がみられるようになる。この青銅製の釣り針の時代は紀元前3000年頃までに終止符をうち、続いて鉄製の釣り針が出現した。鉄器時代の到来である。ここに至って、現代の釣り針の基礎が築かれたのである。

　このように、釣り針の歴史をふりかえると、現在の鉄製釣り針の基礎は何千年も前に築かれていたことがわかる。さらに、形状からみても、1万年以上もの間"J"が基本であったことは明らかである。要するに、釣り針の基本的な材質や形状は、古代から科学万能の現代まで、ほぼ不変であるということだ。そもそもその役割は、魚に釣り針を飲み込ませ、口の中のどこかにフッキング（針掛かり）させる単純なものであるかもしれない。しかし、食糧確保が前提である古代人にとって、効率良く魚を釣ることは死活問題だったであろう。釣り針開発にたずさわる者として、現在まで受け継がれている基本形状をみいだした古代人の知恵に敬意を表したい。

## 🐟 メジナ専用針の出現

　我が国における鉄製の釣り針の歴史をふり返ってみよう。市販品については、昭和30年代前半まで、職人による手曲げ成形の後、**浸炭焼き入れ加工**[1]を施した製品が主体であった。ところが、1963年（昭和38年）に、素材に高炭素鋼を使い、自動熱処理装置にて厳密な温度管理のもと、当時では類を見ない高強度、高品質の釣り針が（株）がまかつより誕生した（現がまかつ会長藤井繁克氏の考案による）。高炭素鋼とは炭素含有率0.7～0.8％以上の鉄鋼で、強度と硬さだけではなく**靱性**[2]にも優れている。釣り針の性能の劇的な向上と安定供給の実現（図4-4-1）により、レジャーとしての釣りが国民へ普及していくことになる。

　高品質の釣り針の量産体制が整うと、次は、狙う魚によって釣り針の種類が選ばれるようになった。ただし当初は、メジナ専用の釣り針として市販されたものはなかった。海産魚用の釣り針の商品名称としては、カイズ（小型のクロダイ）・丸セイゴ（小型のスズキ）・チヌ（クロダイ）といったものが主流だった。当時、瀬渡し船もなく、磯釣りは殆ど普及していなかったのが要因かもしれない。また、江戸時代が発祥とされるチヌ釣りに対して、メジナ釣りの歴史は浅く、大正時代後半（1920年代）の発祥と言われている。チヌが主役であった当時は、メジナを狙う時にも、チヌ針が用いられていたと考えられる。

　ところが、昭和40年代（1970年前後）になると、四国地方の徳島、高知、愛媛県でメジナ釣りが大ブームとなる。その後、九州地方でも盛んに行われるようになり始め、メジナ釣り人口がうなぎ上りに増加した。そして瞬く間に、メジナ釣りが全国規模に成長し、多くのメジナ釣り師たちが誕生したのだ。

　このメジナ釣りの流行をきっかけに、

線材を直伸　　　　鉤の曲げ加工
所定の長さに切断 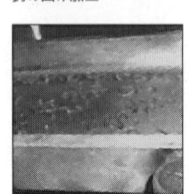　　焼入れ入口 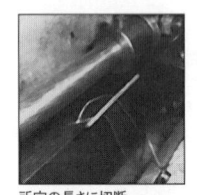
鉤先を尖らせる 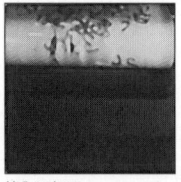　　　焼入れ出口

**図4-4-1** 釣り針の製造工程。

1）浸炭焼き入れ加工：鋼に炭素を添加し、さらに焼入れを行う加工法。表面が固く、内部が粘り強くなる。
2）靱性：粘り強さ。

メジナ針の形状や性能面が深く探求され始めた。そもそもメジナブームが始まった頃は、どこの釣り場に行っても簡単にメジナを釣ることができただろう。汎用のチヌ針でも釣れ、針のサイズ（大きさ）や軸の太さ（重さ）は気にする必要もなかったのだ。しかし、多くの釣り人が毎日のように釣り場に出かけるようになると、メジナは釣り針の付いているエサをあざ笑うかのように、大きな針や、強度を優先した太軸の針を回避するようになった。

### 「透明な針を作ろう！」

今日のメジナ釣りは、ますます難しい釣りになり、経験を積まないと良い釣果が得られなくなってきたのも確かだ。そのような状況では、特に、メジナとの最初の接点となる釣り針には、釣り人を納得させるコンセプトが要求され始めた。釣り針の進歩は留まることを知らず、釣れにくくなった、いわゆるスレたメジナに対応できる新製品が次々と開発された。メジナやクロメジナにも対応できる"グレメジナ"、エサとなるオキアミが刺しやすい形状を考えた"オキアミ専用"、メジナの習性や口の形状に配慮した"口太グレ"、同じくクロメジナ専用に作られた"尾長専用"（いずれも商品名）など、数々のメジナ針が発売された。

その中でも、これまでの常識を超えた着色釣り針も登場した。きっかけは、平成4年（1992年）に、磯釣り界の巨匠、**松田稔氏**[3]と私が和歌山串本へ釣行した時のことである。帰りに喫茶店に立ち寄り、いつものようにメジナ釣り談義をしていた。この時、松田氏より「透明な針を作ろう！」という提言を頂いたのだ。

凡人である私は、「透明な針などできるわけがない!?」と思ったが、この提言の意味は少し違っていた。エサであるオキアミと同色の釣り針を作り、オキアミに同化させることで、メジナに対して釣り針の存在を"透明化"させることであったのだ。これまでの釣り針の色は、素材の色や、着色しても黒や金色が主体であったので、エサを基準に針の色を着色するという概念は画期的な発想であった。

松田氏と私は幾度となく愛媛県中泊、高知県沖の島へ行き、オキアミとほとんど同色のオキアミピンク色の針を使って実釣テストを繰り返した。その絶大なる効果を確認し、商品化にも成功した。この初代オキアミカラーメジナ針（商品名：競技グレオキアミカラー仕様）が一世を風靡したことは、あの喫茶店での釣り談義とともに、今も記憶に鮮明に残っている。

---

3) 松田稔：「3-4 鬼才が語るグレ釣り」でその功績を知ることができる。

## 🐟 素材と機能の進歩

　さらに、メジナ針は素材面でも大きな進歩を遂げた。従来の高炭素鋼材に比べ、耐摩耗性で5倍以上、懐強度では40％アップを実現した超高強度素材である**スーパーハイス鋼**[4]を素材としたメジナ針（商品名：ヴィトム）が登場したのだ。このメジナ針は、鋭い針先の持続性能が向上したほか、細い軸でも十分な強度が保たれる。細軸によって実現した針の軽量化によって、オキアミと針付きのオキアミとの沈下速度の差が少なくなり、スレた良型メジナに対処できるようになった。また、粘りと強度を両立させた釣り針専用特殊素材が開発されるなど、多種類のメジナ針が発売され、メジナ釣師の要求に応えてきた。

　一方、機能面においては、釣りをしない人には想像できないような微細な配慮がメジナ針には施されている。例えば、針先部の超鋭利加工法や、針先部のみ着色コーティングをしていないメジナ針などが開発された（図4-4-2）。一方、耳部には糸との結び目のズレ防止と強度アップのための特別な加工（図4-4-3）を施している。このように、現在、刺さり易さと使い易さを両立したメジナ針が入手可能である。

図4-4-2 針先の鋭利加工と非着色加工 "スパットテーパー"（株がまかつ）。

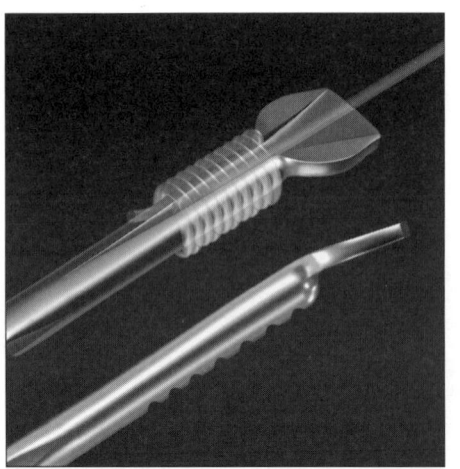

図4-4-3 結び目のズレ防止、強度アップのための "Vヘッド" 加工（株がまかつ）。

## 🐟 おわりに

　現在、素材面や機能面からすると、メジナ針は完全体に近い技術レベルになっているかもしれない。しかし私は、釣り人の要求に応えつつ、5000年後の人類に見られても恥ずかしくない釣り針を開発したい。メジナ針の進歩は、視覚的であれ、物質的であれ、真の意味で透明な針ができるまで、そしてこの世にメジナがいる限り続くであろう。

---

4）**スーパーハイス鋼**：超高速度鋼（Super High-speed Steel）のこと。精密な工具の材料によく用いられる。

## 4-5 メジナ釣りに最適な釣りエサを作る

### 集魚効果から環境まで

藤原 亮　マルキユー株式会社　企画部研究開発課。仕事は、クロダイ・メジナの釣れるエサ作り一筋で、日々、研究開発に励んでいる。得意な釣りはクロダイの紀州釣りで、毎日欠かさず握力トレーニング。メジナ釣りは寒グレシーズンになると南伊豆に出没。

　多くの釣りファンが磯魚を追い求めている。そのため、近年の磯釣り用具の進歩はめざましく、本章で紹介されてきたように、釣り糸は強くなり、竿やリールも軽量化と高性能化を両立している。しかし、磯魚の主役がメジナであるならば、釣りエサは釣り人とメジナを結ぶための名脇役である。さまざまな状況に対応できるような釣りエサの開発はもとより、メジナの好む成分まで研究されている。ここではメジナ向け釣りエサを製造している側の視点に立ち、メジナの釣りエサの歴史から、現代の釣りエサに求められる機能性や開発の現状について話題を提供したい。

### 釣りエサ開発の三つの革新

　本格的なメジナ釣りがいつ頃から始まったのか定かではないが、私の知る限りでは1960年代頃のメジナ釣りのエサは、イワシのミンチを撒き、付けエサにイワシの切り身を使っていた。その後、琵琶湖産のエビや三陸産ツノナシオキアミ（通称アミエビ）が使用された。ところが1970年代に第1の革新的な釣りエサが現れた。通称オキアミとよばれている**ナンキョクオキアミ**[1]である。

　オキアミが利用されるようになった理由は諸説ある。当時国家プロジェクトとして、大手水産会社がクジラの胃から大量に出てきたオキアミの食用利用を模索していたという。そのオキアミを釣りに用いたところ驚異的な効果があり、瞬く間に広まったというのが有力な説である。結局、オキアミは食用としては広く利用されなかったものの、釣りエサや養殖魚のエサとして普及している。現在、日本、韓国、ポーランド、ノルウェーなどが南極海でオキアミを漁獲している。1990年代のピーク時は、日本に入ってきたオキアミは輸入を含めると約5万トンに達し、80％近くは釣りエサや養殖用として消費されていた。

　安価で大量に入手できるオキアミが登場すると、メジナ釣りは全国に広まった。

---

1) **ナンキョクオキアミ**：その利用については「2-6　ナンキョクオキアミ」で詳しく紹介されている。

**図 4-5-1** メジナ用釣りエサの二つの革命。
(左) メジナ専用配合エサ「グレパワー」。(右) 付けエサ用加工オキアミ「くわせオキアミ・スーパーハード」。いずれもマルキユー株式会社

そして、メジナ釣りのエサに第2の革新が起こった。1986年に、オキアミと混合するメジナ専用の配合エサが市販されたのだ (図4-5-1左)。配合エサの発売にともない"釣法"も多様化し、全国規模のメジナ釣り大会への関心も高まった。配合エサは、ゲームフィシングとしてのメジナ釣りを盛り上げた立役者と言ってもよかろう。

一方、釣り針に付ける付けエサにも新しい技術が投入された。1995年、特殊加工を施したオキアミが市販され、さらに釣り人のニーズに答えるべく多くの改良を経て、付けエサとしての機能性が大いに高まった (図4-5-1右)。これが第3の革新である。以下、配合エサと加工オキアミという二つ革新的釣りエサについて詳しく紹介しよう。

## 配合エサの機能性

配合エサが発売された当初、オキアミに混ぜることに抵抗を持った釣り人も多かったかもしれない。しかし、その効果はすぐに認知されるようになったのではないかと思う。以下、配合エサの代表的な機能と効果を紹介したい。

まず、寄せエサの操作性の向上である。オキアミだけを寄せエサとして使用していた頃は、これを足下に撒くだけだったので、集魚効果が及ぶ範囲は限られていた。それが、冷凍オキアミから出るドリップ（水分やエキスなど）を配合エサに吸着させることにより、寄せエサの物性が大きく変わり、まとまりが良くなった。これで、メジナが潜む場所が釣り座から遠い場合や強風時にも、寄せエサを飛ばすことが可能となった。現在では、遠投性を重視した商品も市販されており、集めたい場所に

メジナを寄せ集めることができるようになっている。また、冷凍オキアミは解けると多量の水分とエキスが染み出し、変色が起こる。配合エサがこれを吸収することで、オキアミの変色防止と鮮度維持に役立っている。

次に、配合エサによる集魚効果の増大である。この集魚効果は、メジナに対する視覚的な効果と、化学物質（集魚成分）による誘引効果に大別できる。

図4-5-2 操作性と集魚効果に優れた現在の配合エサ。
（左）配合エサ「遠投ふかせTR」。（右）配合エサ「遠投ふかせTR」の拡大。

まず、視覚的な効果については、海面に寄せエサが着水した後に、メジナに視認されやすいような拡散の仕方をする方が良い。そこで、比重の異なるオキアミ、押し麦、海藻、コラーゲン、ペレットなどを配合し、かつ、これらの粒径に変化を与えることで"寄せエサのカーテン"を演出する方法が検討された。その結果、メジナが視認できる時間を延長し、多くのメジナを集魚できるような配合エサが開発されるに至った（図4-5-2）。

もう一方の集魚成分による誘引効果であるが、これまでさまざまな生物や素材（魚粉、海藻、香辛料、アミノ酸など）に含まれる集魚成分が研究されており、配合エサの成分としても使われている。これらの成分とオキアミ由来の集魚成分との相乗効果も期待できる。また、メジナの生息状況にも対応できる製品も開発されている。例えば、養殖魚のエサには魚粉や魚肉ミンチが使われているので、養殖場に近い釣り場では魚粉系の配合エサが効果を発揮するだろう。厳寒期のメジナは海藻を好むので、それらを多く含んだ配合エサの有効性が期待される。

新しい集魚成分の開発も進んでいる。例えばコイにおいて、ある種の性ホルモンが摂餌行動を促進する**フェロモン**[2]として働く可能性が示されており（Moore and Lower, 2008）、摂食行動を誘発する成分としての応用がなされている。もともとは、養殖魚に効率良くエサを食べさせるためにイギリスのシーファス社が研究していたものだが、その応用として、同社とマルキユー株式会社が釣りエサ用に共同開発を進めたのである。このような新規の集魚成分は、特に、メジナの摂餌活性が低い厳寒期に効果を発揮することが期待される。今後、フェロモンの研究が進めば、熱望されているメジナしか寄らない配合エサも夢ではない。

---

2）**フェロモン**：動物の体内で生産され、体外に放出されて同種他個体に特定の行動を引き起こす活性物質の総称。昆虫で特に研究が進んでおり、オスがメスを見つける手がかりになることがよく知られている。極めて低い濃度で効果を発揮する。

## 加工オキアミの機能性

先に紹介したように、メジナ用の付けエサとしてイワシの切り身、琵琶湖産のエビが古くから使用されていた。その後、オキアミが出現し、付けエサの主流になった。しかし、万能エサと称されるオキアミにも欠点がある。冷凍オキアミは解凍と同時に自分が持っている消化酵素の働きで劣化する。そのためオキアミが黒変したり、身がやわらかくなる。これらの欠点を補うため、新鮮なオキアミを解凍する際に、身質改善、身質安定、摂餌性向上を目的とした解凍液を用いて特殊加工する方法が開発された。この処理によって酵素の活性を停止させ、黒変を抑え、しっかりとした身質を維持できるようになった。

実際、通常の解凍オキアミに比べ、加工オキアミの"身のしっかり度"は1.5倍前後まで良くなったのだ（図4-5-3）。身質をしっかりさせることで、仕掛けを投入する際にも釣り針からエサが脱落することなく、安心して使用できる。また、メジナ釣りにはエサ取りとよばれる小型のメジナ、スズメダイ、サバ、ネンブツダイなどがつきものである。オキアミの身質向上により、エサ取りを回避し、メジナに付け

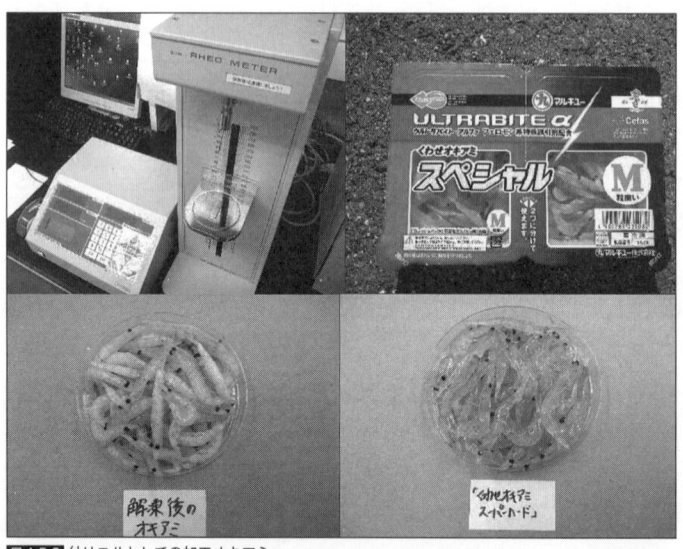

図 4-5-3 付けエサとしての加工オキアミ。
（左上）物体の硬さや粘度などを計るレオメータ。（左下）解凍した通常の冷凍オキアミ。（右上）加工オキアミ「くわせオキアミスペシャル・ウルトラバイトα」（マルキュー）のパッケージ。（右下）解凍した加工オキアミ「くわせオキアミスペシャル・ウルトラバイトα」。いずれもマルキユー株式会社。

エサを届けられる確率が格段に上がった。

　さらに、加工エサはメジナに対する誘引性も向上させる必要があった。針や糸の付いた付けエサは、不自然な動きをするためメジナに警戒される。また、オキアミを寄せエサと付けエサに併用していると、付けエサは寄せエサのなかにまぎれ、メジナが食い付く確率は低くなる。そこで、加工エサに集魚成分を強化したり（図4-5-3）、比重にバリエーションを持たせたり、視覚的に目立つように着色したものもある。釣り針を回避することを学習したメジナが増えている今日では、もはや普通の解凍オキアミの付けエサでは通用しないこともある。今後は、これまで以上の付加価値を付けたオキアミや、オキアミ以上の誘引性を持ちながら、物性面でも申し分ないような新規の付けエサが開発されるであろう。

## メジナは何を好むのか？

　ヒトは舌で味を感じ、鼻で匂いを感じる。魚と比べるとどうか。解剖学的に、ヒトは舌の味蕾とよばれる感覚器で味を感じるが、魚も同じである。また、魚はヒトと同じような"鼻"は持たないが、"鼻の穴"に相当する鼻腔があり、その奥にある嗅上皮に匂いを感じる細胞が集中している嗅房がある。メジナの味蕾と嗅房は「5-1　メジナの眼」で見ることができる。

　ところで、魚では匂いの刺激となる物質がヒトとは違っている。魚は、水に溶けた物質を匂いとしても味としてもとらえるため、釣りエサに対する魚の行動が味覚による反応なのか、嗅覚による反応なのかを見分けることは難しい。

　釣りをしていて、「こんなエサで釣れるの？」と感じた経験を持つ人もいるだろう。魚とヒトが異なる味覚・嗅覚を持っているのだから、当然かも知れない。ともあれ魚類に対する摂餌刺激物質としてはアミノ酸、核酸、脂質、ペプチドなどいくつか研究されている。ここでは、これらの中でも最も刺激効果が高いアミノ酸について話を進める。

　特殊な例を除き、魚やヒトのタンパク質は20種類のアミノ酸が結合して作られている。また、タンパク質の一部になっていない、いわゆる遊離のアミノ酸もある。刺激のもととなるアミノ酸の種類によって、魚の反応の大きさが異なることが知られている。

　表4-5-1は、マダイ、ブリ、イサキ、アイゴの**味覚器**[3]に対して刺激効果が高いアミノ酸を示している。それぞれの魚種で、いくつかのアミノ酸が反応を引き起こす

---

3）**味覚器**：味刺激を受け取る構造で、口の中や周囲に多い。ここから感覚神経が脳へと味情報を運ぶ。この研究では、味情報を運ぶ感覚神経の反応の大きさを調べている。

表 4-5-1 魚類の味覚器に対するアミノ酸の刺激効果

| | マダイ | ブリ | イサキ | アイゴ |
|---|---|---|---|---|
| アラニン | ○ | | ○ | ○ |
| グリシン | ○ | ○ | ○ | ○ |
| バリン | ○ | ○ | | |
| スレオニン | | ○ | | ○ |
| セリン | | | | ○ |
| ヒスチジン | | | | |
| ロイシン | | | | |
| イソロイシン | | | | |
| プロリン | | | ○ | |
| メチオニン | | ○ | | |
| アスパラギン酸 | | | | |
| フェニルアラニン | | | | |
| グルタミン酸 | ○ | | | ○ |
| リジン | ○ | | | |
| チロシン | | | ○ | |
| アルギニン | ○ | | | |
| シスチン | | | | |
| トリプトファン | | | ○ | |
| グルタミン | | | | |
| アスパラギン | | | | |

が、どのアミノ酸に強く反応するかは魚の種類によってまちまちである。つまり、どのようなものを常食しているかに応じて、魚種によって味覚もそれぞれ違っていると言えるだろう。

メジナを対象にしたこのような実験データがないのが残念だが、メジナ同様、海藻を好んで摂食しているアイゴの実験データは参考になりそうだ。アイゴの味覚器に対して刺激効果の高いアミノ酸は、海藻にも多く含まれているものである。好んで食べるエサに多く含まれるアミノ酸に強く反応して、環境からエサを効率的に探し出せるような仕組みがあるのかもしれない（原田、1994）。

一方、いろいろな場所で釣獲された40尾以上のメジナやクロメジナの胃内容物を調べると、多くの場合でオキアミや配合エサが出てくる。つまり、メジナは釣り人の撒いたエサに集まってくるだけでなく、確かにこれらを食べていることが確認された。メジナはもともと海藻をたくさん食べているが[4]、オキアミや配合エサに対する嗜好性も高いのである。

## 環境への配慮

配合エサは現代のメジナ釣りに必要不可欠なものとなった。しかし、近年、海洋環境への関心が高まる中、配合エサの環境への影響が取り沙汰されるようなった。

---

4)「5-4 最新技術でみたメジナの食べ物」を参照。

特に、クロダイの**かかり釣り**[5]などは、大量の撒きエサを海に撒くが、周囲の水質は大丈夫だろうかという話題も出始めた。それまでは実験水槽を使ったデータしかなく、現場でのデータがなかった。

折しも、2000年に伊豆諸島の三宅島の火山が噴火して、全島民が避難するという出来事があった。そして2004

図4-5-4 三宅島における水質調査。

年に避難指示が解除になり、島民がもどってくるまで、図らずも4年間人的な影響を受けないという状況ができた。そこで東京海洋大学と共同で、島民がもどり釣りが再開された後で、堤防周辺の水質がどう変化するかを調査した（図4-5-4）。

環境基準が設けられているpH（水素イオン指数）、DO（溶存酸素量）、COD（化学的酸素要求量）、総窒素、総リンを継続的に測定した（表4-5-2）。また潜水により海底の視覚的な調査も行った。その結果、2009年12月現在までの期間で、測定項目はすべて環境基準値以下であり、海洋レジャー（配合エサ）による水質環境の悪化の兆候はみられていない。

伊豆赤沢港では、メジナ用配合エサとクロダイ用配合エサの固まりを海底に沈め、経過を観察する実験を行った。翌日の状況を観察したが、配合エサの固まりは消失し、エビ、カニ、ヤドカリなどの小動物が集まっている様子がみられた（図4-5-5）。配合エサが分解される過程や、成分の溶出によって環境に負荷を与えていることは

表4-5-2 三宅島の堤防周辺の水質

|  | 2005/4/27 | 2007/5/24 | 2007/5/29 | 2008/5/26 | 2009/4/9 |
|---|---|---|---|---|---|
| pH | 8.22 | 7.85 | 8.15 | 8.10 | 8.04 |
| DO(mg/l) | 11.5 | 9.60 | 10.70 | 9.90 | 11.09 |
| 海水温(℃) | 21.4 | 21.30 | 18.47 | 21.15 | 17.78 |
| 塩分濃度(%) | 3.6 | 3.5 | 3.6 | 3.6 | 3.9 |
| COD$_{(OH)}$(mgO/l) | 1.81 | 1.38 | 1.26 | 1.12 | 1.07 |
| 総窒素(mgN/l) | 0.05 | 0.14 | 0.09 | 0.16 | 0.18 |
| 総リン(mgP/l) | 0.011 | 0.011 | 0.013 | 0.010 | 0.018 |

pH（水素イオン指数）：酸性、アルカリ性の程度を示す数値。pH＝7が中性で、これより大きければアルカリ性、小さければ酸性。海水のpHは8程度。
DO（Dissolved Oxygen、溶存酸素量）：水中に溶けている酸素の量のこと。これが低すぎると水生動物は生存できない。
COD（Chemical Oxygen Demand、化学的酸素要求量）：水中の被酸化性物質（多くは有機物）を酸化するために必要な酸素量。水質指標の一つで、一般に水質が悪いほどこの値が高くなる。
総窒素、総リン：どちらも栄養状態の指標で、富栄養化すると数値が高くなり、赤潮の原因となる。

5）かかり釣り：カキ筏や真珠筏に固定した船から釣る方法。

図4-5-5 伊豆赤沢港における配合エサの経時変化。
固まり状の配合エサを海底に設置した直後（左）と翌日の状況（右）。

否定できないが、小動物などに食べられることによって、短期間のうちにエサ本体はその場から取り除かれていることが確認された。

## 🐟 おわりに

　釣りエサは、魚と釣り人の最初の接点として、とても重要な要素である。魚のこと、釣りエサのこと、まだまだわからないことばかりだが、一つずつ理解しながら、今よりもさらに進んだ釣りエサ作りをめざしたい。そして、釣れるエサ作りに邁進しつつ、魚が育ち、釣りができる環境を永遠に残すことも、釣りエサメーカーの課題である。

　釣りとは人と魚の終わりのないゲームである。釣りは人間の持っている狩猟本能をくすぐる。すべてを忘れ釣りに集中し、自然を満喫する。釣りは癒しのレジャーである。釣りをしたことがない方も、この本をきっかけにしてぜひチャレンジしていただきたい。

## 🐟 もっと知りたいひとに

「魚類生理学」1991年、板沢靖男・羽生功編、恒星社厚生閣

「魚介類の摂餌刺激物質－水産学シリーズ101－」1994年、原田勝彦編、恒星社厚生閣

「魚類の化学感覚と摂餌促進物質－水産学シリーズ37－」1981年、日本水産学会編、恒星社厚生閣

「魚との知恵比べ、魚の感覚と行動の科学」2004年、川村軍蔵、成山堂書店

# 4-6 釣りが高じて釣具メーカーへ
## メジナは縁むすびの神様

**斉藤高志** 株式会社ヤマリア　技術開発部所属。幼い頃から釣りが好きで、大学卒業後は迷いもなくヤマリアに入社。技術開発部一筋で、学生時代に培った経験を活かし、エギ開発と新規素材の構築を担当している。

　私はメジナ釣りをこよなく愛し、大学の卒業研究でもメジナを研究対象にしたほどである。それゆえ、充実した大学生活を過ごすことができた。そんな私が就職したのは、イカ釣り用の餌木を主力商品としている釣具メーカーであった。釣り好きの私にとって、やはり充実した毎日である。本稿ではこの釣具メーカーでの研究成果を紹介させていただきながら、釣具開発の面白さを皆さまに伝えたい。

### メジナ研究からイカ研究に

　釣り好きな私は日本大学生物資源科学部に進学し、予定通り磯釣りの象徴とも言えるメジナの研究にたずさわることができた。「メジナとクロメジナはいつ頃、種が分かれたのか？　メジナには海域に固有の**個体群**[1]はあるのか？　はたまたメジナとクロメジナの雑種が自然界にいるか？……」、そんなことを考えながらメジナ研究に没頭していた。大学院の修士課程を終えるまでに得た成果では、3編の学術論文を発表することができた[2]。研究のためにメジナを採集する時には釣りという趣味は役に立ったと思う。

　そんな私の就職先は株式会社ヤマリアという釣り具メーカーである。釣り具メーカーといっても、メジナにはほとんど無縁な会社で、イカ釣り用の疑似餌である餌木（以下、エギ）を主力商品としている。そこで開発部に配属することになった私は、開発部の仕事もしながらイカ類をメインに研究も行っている。単独部隊として商品開発のために基礎研究もこなす特殊なポジションにいる。成果がともなえば研究も楽しいし、商品が実用化されればやり甲斐のある仕事である。それに、イカ類の研究では、母校である日本大学生物資源科学部の皆さまにご指導をいただき、慣れ親しんだ日本大学下田臨海実験所で実験を行っている。メジナがとりもってくれた縁に感謝している。

---

1) **個体群**：ある特定の空間（海域）に生活している同種の個体の集まりのこと、いわゆる「群れ」を作っているかどうかは問わない。本稿では専門用語の使用は避けたが、遺伝的集団をさす。メジナには海域に固有の個体群があるのかは、「6-1　メジナを次代に残すために」で論議されている。
2) これらの成果は Itoi ら（2007a, b）、Saito ら（2008）で発表した。

## エギ開発

　本書の主役であるメジナとは離れてしまうが、メジナ釣り愛好者の中には、エギを使ってのイカ釣り（エギングという）をする人も多いと聞く。そこで、私が行ったイカ研究の成果を紹介させていただく。味の良さから、"イカの王様"とよばれているアオリイカを釣るためのエギ開発の話である。

　私が開発に携わったエギの外見は、従来のものとさほど変わらないのだが、表面に特殊な布を使用している（図4-6-1）。この布には、赤外線を放出する特殊粒子が練り混まれており、そこから発せられる赤外線がアオリイカに対してエギの存在をアピールするというしくみである。

　アオリイカが赤外線感受性を持つかどうかは未知だが、この布の効果を検証するため、日本大学下田臨海実験所で実験を行った。飼育しているアオリイカ（図4-6-2）のエサであるマアジに、この特殊布と通常布を被せるように取り付けて、どちらがどれだけ被食されるかを観察したのである。

　その結果、特殊布を取り付けたマアジは、通常布を取り付けたマアジの3倍も多く被食された。しかも、実釣試験（図4-6-3）でも、2倍以上のアオリイカの反応が認

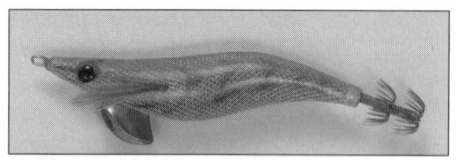

図4-6-1　著者が開発にたずさわったエギ王 Q LIVE（株式会社ヤマリア）。

図4-6-2　飼育実験中のアオリイカ。

図4-6-3　エギ王 Q LIVE による実釣試験。

められたのだ。お陰でこのエギは発売以来、好評をいただいている。

## 🐟 メジナへの発想

　私はメジナ釣りが好きである。メジナ研究にもたずさわった。そこで、想像力たくましい話を一つ披露させていただく。それは、赤外線を放射する特殊粒子のメジナ釣りへの応用である。前述の赤外線を放射するエギを使ってアオリイカを狙っていると、普通のエギを使用している時よりも**外道**[3]の**青物**[4]や**根魚**[5]がよく反応すると聞く。中には、3 kgのヒラメまで釣った人もいる。

　一方、メジナの生息している海域は浅海から水深数十メートルに及び、夜間にも摂餌することを考えると、メジナはヒトに見える可視光以外の光、例えば赤外線を利用しているかもしれない。そこでこの特殊粒子を、メジナ釣りで使う寄せエサに混ぜてみるのはどうだろうか。しかも粒子を混ぜるだけではむやみに拡散してしまうので、マイクロカプセル化するなどの工夫をすれば、寄せエサとしての効果は期待できるのではなかろうか。この粒子が自然に分解するかどうかの検証など、乗り越えるべき課題もあるが、特に夜釣りでは可視光がほとんどない状況なので、このような寄せエサを使った人だけ一人勝ちなんてこともあるかもしれない。

## 🐟 おわりに

　釣り具開発において、未知な新規素材は沢山あるのではなかろうか。今後、私は有効性のありそうな新規素材を発掘して、それが本当に有効か否かを、メジナ研究で培った実績を糧に検証していきたい。そして、釣り人があっと驚くような道具を開発し、釣り業界を盛り上げてみたい。これは、メジナが私に与えた任務のように思える。

---

3) **外道**：目的と違う魚。
4) **青物**：背中の色が青い魚で、マアジ、サバ、ブリ、ヒラマサなど。青魚ともいう。
5) **根魚**：岩礁の間などに棲み、あまりほかに移動しない魚。メバル、カサゴ、ハタなど。

# 第5章

## メジナの体の
## しくみと生態
### 〜釣魚学あれこれ〜

## 5-1

# メジナの眼
## どれだけ見える？

**海野徹也** 広島大学大学院生物圏科学研究科。「2-5 巨大クロメジナの正体」で自己紹介済み。

　メジナはいろいろな感覚を使って、仲間を覚えたり、エサ場を見つけたり、敵から逃げたりしている。そのなかでも、視覚、すなわち眼から得られる感覚がとても重要であることは想像できる。それに、メジナを狙う釣り人にとって、メジナの眼がどれくらい良くて、釣り具がどれくらい見えているかは関心の的だろう。眼を理解すればメジナの生態がもっと良くわかるだろう。そんな願いをこめてメジナの眼に迫りたい。

### 眼のしくみ

　メジナ釣りでは、メジナが寄せエサに反応し、水面下で乱舞することがある。そんな時、エサの匂いに反応するのがメジナの嗅覚で、エサの味見をするのが味覚ということになる[1]（図5-1-1）。それに、側線の感覚器でエサが流れてくる方向もわか

図5-1-1 メジナの鼻と舌の電子顕微鏡像。
左：メジナの鼻の奥には嗅房があり、規則正しく並んだ20枚以上の嗅板がある。嗅板の表面をさらに拡大すると、匂い物質を感知する繊毛が確認できる。右：メジナの舌の表面には味を感じとる味蕾が散在する。囲み写真は味蕾の拡大像。

---

1) メジナの嗅覚や味覚については釣りエサの開発という観点から「4-5 メジナ釣りに最適なエサを作る」で解説されている。

るだろう。しかし、メジナが寄せエサに乱舞しても釣れないことがある。観察するとメジナが付けエサに近づいてきても、そっぽを向くことだってある。そんな時、メジナの眼は細かなエサの形を見分けたり、釣り針や釣り糸を見破っているのでは？　と考えるのは私だけではないだろう。メジナの眼はどんなしくみになっているのだろう。

　眼というのは光の情報を受け取る感覚器で、受けとった情報は神経をへて視覚を作りだす。だから、メジナの"眼"は正確には"視覚器"とよぶべきかもしれないが、ここでは簡単に"眼"という表現を使う。

　メジナの眼を理解してもらうため、私たちの眼と比べてみよう (図 5-1-2)。ヒトの眼には角膜、虹彩、水晶体（レンズ）、網膜などがある。角膜で光を集め、虹彩で光の量を調節している。さらに、水晶体でピントを合わせ、像を網膜上に映しだす。そして、網膜で受け取った光の情報が視神経をへて脳に伝えられる。

　メジナの眼の構造もヒトの眼とだいたい同じである。ただし、水晶体の形は違っている。私たちの水晶体は扁平（平べったい）なのに対して、メジナの水晶体はほぼ球形である。これはメジナと私たちの眼のピント調節の違いが関係している。ヒトの眼では、水晶体は位置を変えず、湾曲度（厚さ）を変えてピント合わせを行っている。一方、メジナの眼では、水晶体の形は変わらず、その代わりに位置が動く。これは、一眼レフカメラのレンズが動いて、写真を撮る対象にピントを合わせるのと似ている。

　それに角膜にも違いがある。私たちの角膜は光を集めることやピント調節に関わ

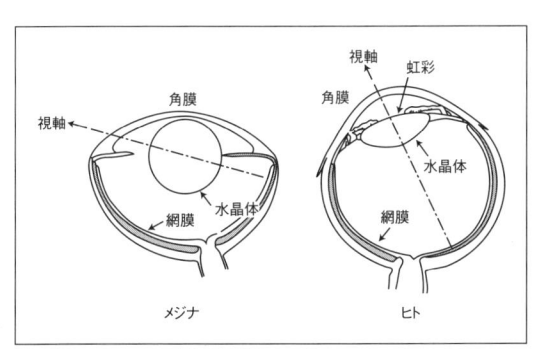

**図 5-1-2** メジナとヒトの視覚器の比較。
メジナの眼には角膜、水晶体（レンズ）、網膜などがあるが、ヒトの眼で光の量を調節している虹彩はない。また、メジナの水晶体はほぼ球形であり、ヒトの水晶体は平べったいため、ピント調節の方法に違いが生じる。

っている。水中に棲んでいるメジナの角膜にはそうした機能はなくて[2]、主に眼を保護する役目を担っている。

メジナをはじめ、魚では、せいぜい日没や夜明けといった緩やかな光量の変化を経験しているだけで、急に周囲の明るさが変わるような環境には生きていない。むしろ、情報の元になる光りを水中で効率よく集めるのに適した構造なのかもしれない。また、ピント調節も水晶体が動くだけだが、その方が高速で泳ぎながらターゲットにピント調整するには適しているのかもしれない。

## 二つの視細胞の使い分け

メジナの網膜について少し詳しく説明してみよう。網膜は複雑な構造をしているが、光の情報を受けとる役割を持っているのが視細胞である。この視細胞には錐体と桿体とよばれるものがある（図5-1-3）。ただ、メジナが特別というわけでなく、私たちもメジナと同じように錐体と桿体という二つの視細胞を持っている。私たちを例に、錐体と桿体の違いを説明してみる。

だれでも読書を楽しむのは明るいところである。それに、視力検査は明るい部屋で行う。理由は、明るいところで物を見分ける力に優れた錐体を働かせるためである（錐体視という）。ところが、暗いところでは本の文字が読めなくなる。釣り人だって、夜は釣り針に糸を結ぶのは難しいだろう。この理由は、暗いところでは、小さな文字や物を見分ける力が劣る桿体が使われているからである（桿体視という）。昼間に細かい物がよく見えて、夜になると見えにくくなるのは、"暗いから"ではなく、正確には、"明るい時には錐体が、暗い時には桿体が使われているから"ということになる。

メジナも、錐体視をしている昼間の方が、小さな物を見分ける能力、すなわち視力が良くなる。逆に、桿体視をしている闇夜では、細かい物は見分けることはできない。夜間のメジナが、少々太い釣り糸や大きな釣り針を使っても食い付いてくるのは、彼らが桿体を使っているから

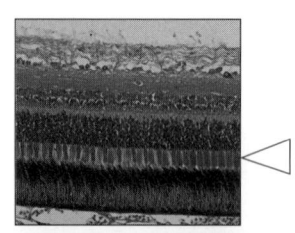

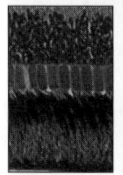

**図5-1-3** 上：メジナの網膜の断面（矢印が錐体）。
写真の上方から光が入ってくる。左下：昼間の網膜では、光が入ってくる面の近くに錐体が配列されている。右下：夜間の網膜では錐体に代わり桿体が前面に配列されている。魚の網膜では明るさに応じて錐体と桿体の位置が入れかわる。

---

[2] 陸上に棲む動物の角膜は、その屈折率が空気と大きく異なるので、光を集める機能を持つ。一方、水中では、水の屈折率と角膜の屈折率がほぼ同じなので、角膜では光を集める機能が得られない。

ではなかろうか。

　さらに、錐体視と桿体視の違いは視力に影響するだけではない。桿体視では色を見分ける能力、すなわち色覚も失われてしまう。私たちでも、色鮮やかな花の色が、暗いところでは薄れて見えてしまう。これまた、暗いからではなく、桿体視をしていることが原因である。実際にメジナが色覚を持っているかどうかは「5-2　分子からみたメジナの眼」、「5-5　メジナの"こころ"をよむ」で解説されている。そちらを参考にしていただきたいが、夜間のメジナ釣りでは、釣り具の色はあまり気にしなくてもよかろう。

　それでは視力や色覚に劣る桿体は、何の役に立っているのだろう。それは、光に対する感度に秘密がある。桿体の光に対する感度は錐体の100倍といわれており（宗宮ら、1991）、闇夜でも、少ない光情報を効率よく捉えることができる。真っ暗な夜に、水中を照らすような光はメジナに違和感を与えてしまうかもしれない。でも、少しだけ発光するような物体ならメジナを魅了する可能性もあるのだ。

### 🐟 メジナの錐体

　さて、メジナには錐体と桿体という二つの視細胞があって、視力に関係するのは昼間に使われている錐体であることはわかっていただけたと思う。そこで、以後は錐体の話をしてみよう。メジナの錐体にはいくつかの種類があって、それらが幾何学的に並んだモザイク様の配列をしている（図5-1-4）。この錐体モザイクのパターンは、魚の生活のしかたを反映しているという。例えば、アユの場合のように、錐体が単純に並んだだけのパターンは群れを成す魚に多く、メジナのように複雑な幾何学的パターンを持つ魚は、比較的高い視覚機能を備えるという（植松・神原、

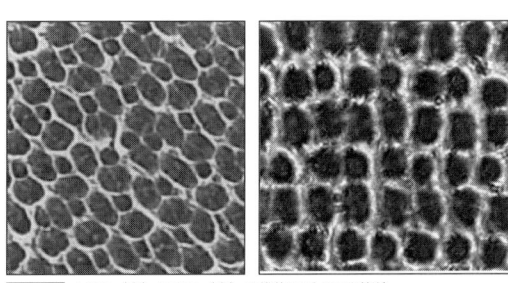

図5-1-4　メジナ（左）とアユ（右）の錐体モザイクの比較。
メジナの錐体モザイク配列については「5-2　分子からみたメジナの眼」を参照にしてほしい。

2002)。

釣り人なら経験していると思うが、メジナは底の見えそうな浅いところで釣れたり、やや暗い水深30 mで釣れたりもする。また、朝マズメや夕マズメといった薄暗い時間帯にも活発にエサを食べ、よく釣れる。これは、メジナの錐体視は明るい場所からやや薄暗い環境まで広く対応していることを表しているだろう。メジナの視覚は、彼らの生息環境や摂餌生態を反映しているのである。

## 🐟 よく見える方向は？

次に、メジナの眼は、どの方向がよく見えるしくみになっているのかを解説しよう。私たちが本を読む時、狙いを定めた文字ははっきりと読めるかもしれない。でも、周囲の文字までは読めない。小さな文字を見分けるには、視野に文字を収めるだけでなく、文字と水晶体と網膜の中心が一直線に結ばれ、しかもピントを合わせる必要がある。

ここで"網膜の中心"と書いたが、私たちの網膜の中心とは、網膜の中でも錐体の密度がもっとも高くなっている部分（黄斑部）である。ピント調節された対象物の像は、そのあたりに投影されるしくみになっている。なぜ、錐体の密度が高いところが中心なのかといえば、それはデジタルカメラの画素数を想像してもらえればいい。画素数が多いカメラほど、より詳細な画像が得られるように、視細胞の密度が高いとより細かな物まで見分けられる。つまり、最大の視力が得られるのである。

一方、メジナをはじめ、魚の眼のピント調節は、水晶体の位置が動くことで行われることは先に説明した。さらに、その動く方向は、網膜の中心と水晶体を結んだ直線に沿っている。これを視軸とよぶ。ヒトの場合と同様、網膜の中心というのは、錐体の密度が最も高い部分である。したがって、視軸の方向で最大視力が発揮できるしくみになっている。

この視軸の方向は魚によって異なる。視軸が前方に向いている魚はマハタ、カサゴ、シマイサキ、ウマヅラハギ、クサフグ、ブリ、スズキ、サバなどである。視軸が上方の魚はマアジ、ニギス、アオメエソ、カツオなどである。また、視軸が下方の魚にはマダイ、クロダイ、チダイ、ニザダイなどがいる（Tamura, 1957；田村, 1977）。視軸の方向は、魚が常食としているエサを探しやすい方向であると考えられている（表5-1-1）。

メジナの視軸については、前方か、やや上方との説がある（Tamura, 1957）。一

## 5-1 メジナの眼

表5-1-1 さまざまな魚の視軸方向と視力

| 魚種 | 視軸の方向 | 視力 |
|---|---|---|
| チカメキントキ | 上方 | 0.17 |
| ニギス | 上方 | 0.11 |
| アオメエソ | 上方 | 0.06 |
| マアジ | やや上方 | 0.15 |
| テンジクダイ | やや上方 | 0.07 |
| ◎ メジナ | 前方もしくはやや上方 | 0.13 |
| サバ | 前方 | 0.13 |
| クサフグ | 前方 | 0.07 |
| ブリ | 前方 | 0.11 |
| スズキ | 前方 | 0.11 |
| マハタ | 前方 | 0.24 |
| カサゴ | 前方 | 0.15 |
| シマイサキ | 前方 | 0.10 |
| ウマヅラハギ | 前方 | 0.16 |
| マダイ | やや下方 | 0.16 |
| クロダイ | やや下方 | 0.14 |
| ヘダイ | やや下方 | 0.16 |
| チダイ | やや下方 | 0.15 |
| ニザダイ | やや下方 | 0.12 |
| ヒイラギ | やや下方 | 0.09 |

Tamura (1957) より引用

方、クロメジナの幼魚ではやや下向きであるという説もある（川村、2004）。そこで、釣りの対象になるくらいの大きさのメジナとクロメジナの網膜の錐体の分布を調べてみた。その結果、メジナもクロメジナも、錐体の密度が最も高い部分は、網膜の後方か、後方やや下であった（図5-1-5）。よって、メジナやクロメジナの視軸は、ほぼ前方からやや上方をカバーしていると考えられる。

メジナは、岩陰に潜みつつ、サラシから供給される表層付近のエサを待ち伏せていることが多い。また、寄せエサを撒くと岩陰から急浮上してくることもある。そうかと思えば、下向きに体勢を変えて、岩礁に張り付いた海藻も食べる（口絵カラー写真

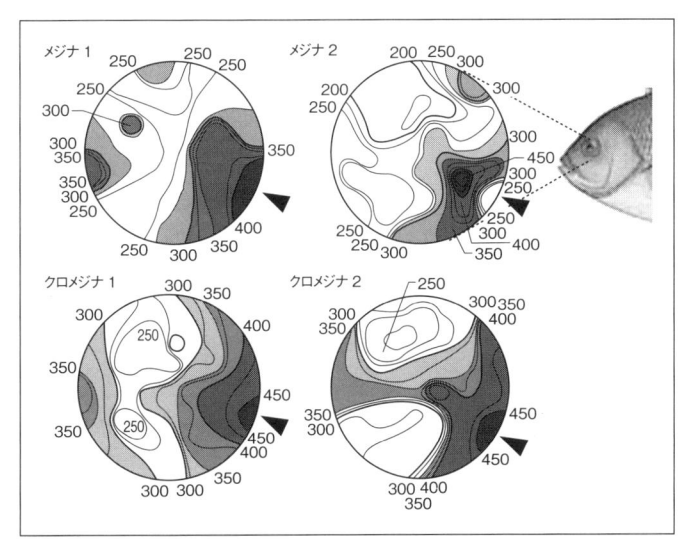

図5-1-5 メジナとクロメジナの網膜の錐体密度分布（単位は 0.1 mm$^2$ 当たり）。メジナもクロメジナも錐体の密度が最も高い部分は、網膜の後方か、後方やや下であった。株式会社サンラインとの共同研究による。

参照)。メジナが上方向から下方向まで、広い範囲のエサを見つけ出すには、視軸の向きは極端に上や下ではなく、前方近くに向いているのがよいのではないだろうか。

## 🐟 メジナの視力

　私たちは視力検査によって視力が調べられる。ところが、魚に同じような検査を行うわけにはいかない。そのため魚の視力は錐体の密度によって理論的に求められている[3]。余談であるが、ヒトでも錐体の密度から理論的な視力が求められる。その結果は視力2.0～3.0となる。実際にはそれほどの視力の人が少ないのは、ピント調節機能が十分ではない人が多いからだ。

　肝心のメジナ類の視力を、視細胞の密度をもとに求めてみると、メジナで0.13、クロメジナで0.14となった。この結果は過去の研究で得られているメジナの視力＝0.13（Tamura、1957）とクロメジナ幼魚の視力＝0.13（川村、2004）とほぼ一致した。

　ところで、視細胞の密度をデジタルカメラの画素数に例えてみたが、いくら画素数の多いデジタルカメラでも、レンズが汚れていたり、ピント調節がうまくできなければ、綺麗な画像は得られない。メジナにおいても、視細胞の密度から理論的に求められた視力は0.13と推定されたが、水晶体（レンズ）の透明度が低かったり、ピント調節がうまくできないと、その視力も発揮できないことになる。

　メジナの水晶体の透明度は調べられてはいない。ただし、スズキ、マハタ、ニザダイの場合、これらの魚の水晶体は視力1.0近くを確保できる透明度であるという（宗宮・羽生、1991）。新鮮なメジナの眼から水晶体を取り出し、生理食塩水の中に入れてみると、その透明度は上述した魚と同じくらいだろうということが予想できる（図5-1-6)。

　メジナのピント調節については、マハタ、スズキ、マダイ、キチヌ、チダイ、カサゴ、シマイサキ、マアジと同様、眼前5～10 cmの近距離から無限遠まで遠近調節が可能であるという（Tamura、1957；田村、1977）。よって、水晶体の透明度やピント調節からすると、メジナの眼は、視細胞の密度から求めた視力0.13を発揮するのに十分な性能を持っていると言えよう。

　理論的であれ、メジナの視力が0.13ということを知った読者はこれをどう思うであろう。私たちの平均的な視力は1.0くらいなので、「そんなに視力が悪いのか！」

---

[3] 魚類の視力は、網膜の構造上"刺激される二つの錐体の間に刺激されない錐体が最低一つなければ2点間のすき間を認識できない"という解剖学的な制約に基づいて算出される（Tamura、1957）。

**図 5-1-6** メジナの水晶体。
生理食塩水を満たしたシャーレに新鮮なメジナの水晶体を入れ、新聞の上に置いた。

と感じた人がほとんどではなかろうか。ただし、魚の中でメジナだけ視力が悪いわけでもない。表 5-1-1 に、いろいろな魚の視力を示したが（Tamura, 1957）、メジナの視力はマダイ、クロダイ、ニザダイといった釣魚と同じくらいである。

## メジナの視力と釣り

それではメジナの視力 0.13 というのは、どれくらい見えるということなのだろうか。そもそも視力は "1.0" とか "2.0" という数値で表される。その 1.0 とか 2.0 という数字は何を意味するのかを説明しよう。

遠方に二つの点があったとしよう。二つの点の間隔が広ければ、当然ながら二つの点があるということがわかる。ところが、二つの点を近づけていくと、二つの点があることがわからなくなり、一つの点に見えてくる。二つの点を 2 点と認めることができる最小の間隔と、眼が作る角度の逆数を視力という。例えば、7.5 mm の間隔のあいた 2 点を、5 m の距離で識別できるとき、視力 = 1 となる[4]。逆に、視力がわかれば、ある間隔で離れた 2 点を 2 点として識別できる距離がわかることになる。

メジナの視力が 0.13 であれば、1 cm 間隔の二つの点を、約 4.4 m の距離から 2 点と認めることができる。十分に明るく、しかも海水の透明度が高ければ、メジナは 1 cm 程度の物体を 4.4 m 離れたところからでも見つけられるということになる。メジナ釣りにおいて 1 cm 程度の釣りエサを使っているなら、メジナの前方 4.4 m

---

4) 普通、私たちが受ける視力検査では、二つの点の代わりに、ランドルト環という "C" 型の図形が用いられる。"C" の隙間の広さが二つの点の間隔に対応している。

以内に釣りエサを落としてやれば、彼らが釣りエサの存在に気付くことになる。また、メジナに 5 m の距離から釣りエサに気付いてもらおうとすれば、釣りエサのサイズを最低 1.1 cm にすれば良いことになる。

## 🐟 釣り人として

この理屈でいけば、メジナ釣りで使われている標準的な釣り糸の太さ（2 号）に相当する小さな物体（0.2 mm 程度）なら、メジナは 10 cm の距離から視認できることになりそうだ。だから、メジナが付けエサの直前で釣り糸に気づいて、そっぽを向くこともあるのかもしれない。

しかし、疑問もある。透明な釣り糸を見破ることができるのだろうか？ ここで推定した釣り糸が見える距離は、釣り糸が黒色で背景が白色といったように、物体と背景のコントラストが最大の状況を想定したものだからだ。見えなくても釣り糸は発見できるかもしれない。細い釣り糸でも水の抵抗を受けるため、水の流れに乱れが生じる。それをほかの感覚器で感じ取っている可能性もあるからだ。

それに、そもそもメジナは釣り糸を"危険なもの"と思っているのだろうか？ 釣り糸だけでなく、付けエサにも問題はあろう。釣り針や釣り糸が付いた付けエサは沈下するスピードが速い。流れの中で糸のテンションが加われば回転もする。流れがなければ、針の重みで不動化もする。それゆえ、いつも食べているエサの動きに比べれば"なんか変だ"と感じるかもしれない。

メジナが付けエサを簡単に食べない理由は、釣り糸が見えている以外にも、不自然なエサの動きとか、さらには視覚以外の感覚や学習[5]など、さまざまなことが関係しているのではないだろうか。それぞれの要因が果たす割合は状況によっても違うだろうし、1 尾 1 尾のメジナによっても違うかもしれない（**図 5-1-7**）。だからメジナ釣りが難しく、奥が深いのかもしれない。

## 🐟 おわりに

視覚の機能には、本稿で取り上げたような形を見分ける形態視覚のほかに、動いている物体に対する運動視覚というものもある。メジナの運動視覚についてはまったく未知である。魚は淡水から海水まで、また、海水でも浅海から光が届きにくい深海にまで生息域を広げている。2 万 5 千種にも達する魚たちは、さまざまな生息環境に適応した視覚機能を持っているであろう。こうした多種多様な魚たちの視覚

---

[5] 側線感覚については「1-2 子メジナの変貌」、学習については後の「5-5 メジナの"こころ"をよむ」で詳しく解説されている。

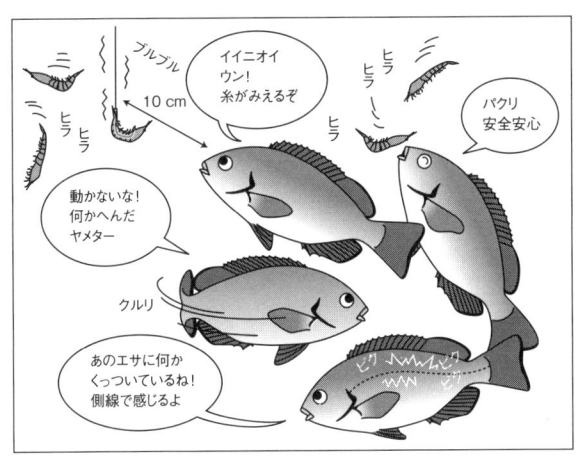

図 5-1-7 メジナたちが釣り針や釣り糸のついた付けエサを回避する要因。

が解明されることで、メジナの視覚機能への理解がさらに深まるだろう。私たちが想像できないような優れた能力が備わっているかもしれないのだ。魚の視覚や釣りに興味を持った若者が研究に加わり、たくさんの謎を解き明かしてくれることを期待する。

### もっと知りたいひとに

魚の視覚、そのほか、感覚や運動など、さまざまな生理機能についてより詳しく知りたいひとに
「魚類生理学の基礎」2002 年、会田勝美編、恒星社厚生閣

# 5-2 分子からみたメジナの眼
## 色はわかる？

**国吉久人** 広島大学大学院生物圏科学研究科。専門は水族生化学。ベラ科魚類の性転換とクラゲの変態について、生化学的研究を進めている。趣味は研究対象魚のベラ釣りだが、そんな時に不思議とメジナが外道で釣れる。

「メジナは、色を見分けることができるのか？」この質問の答えを求める科学的なアプローチはいろいろある。例えば、行動学、神経生理学、生化学、組織学などなど。分子生物学も有力なアプローチの一つである。"分子"という言葉は、化学用語で物質を構成する最小単位のことなので、"物質"と言い換えてもらってもかまわない。生命現象を、さまざまな生体物質の性質や化学反応に置き換えて理解する学問が分子生物学である。では、分子生物学的なアプローチとは、どういうことだろうか？　ごく単純に言えば、"色を見分ける物質"を発見することである。まずは、ここがスタートになる。

### 色を見分ける動物の眼

メジナが色を見分けられるかどうかを調べる前に、そもそも、色を見分けられる動物では、実際どうなっているのかについて説明しよう。

ヒトをはじめ、色を見分けられる動物は数多く知られている。ここでは、メジナと同じ魚類ということで、メダカの例を紹介しよう。メダカは、さまざまな研究から色を見分けることがわかっていて、そのしくみについても詳しく調べられているからだ。

メダカは、眼によって外の世界を見ている。眼の奥には網膜があり、ここで外界からの光を感じて、その情報を脳に送り、視覚として捉える。網膜には、光を感じる細胞が一面ズラリと並んでいる。この光を感じる細胞は視細胞とよばれている。メダカの視細胞には、大きく分けて、桿体と錐体の2種類がある。桿体は、棒状の形の細胞で、光に対する感度が非常に高く、薄暗いところで物を見るときに働く。一方、錐体は円錐状の形の細胞で、明るいところでの色の識別に関わっている[1]。

さらに、色覚に関係するメダカの錐体は形の違いから4種類に分類される。これ

---

1) これらの説明については、「5-1　メジナの眼」に詳しく紹介されているので、そちらを参考にしてほしい。

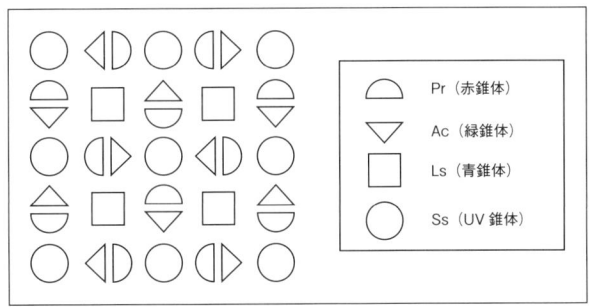

**図 5-2-1** メダカ網膜の錐体のスクエアモザイク配列。形状の異なる 4 種類の錐体を模式化したもの。

ら 4 種類の錐体は、それぞれ、Pr（複錐体の主体）、Ac（複錐体の副体）、Ls（長単錐体）、Ss（短単錐体）という名前が付いていて、網膜上で規則正しくシート状に配列している（図 5-2-1）。この配列パターンは"スクエアモザイク配列"とよばれている。

　これら視細胞一つ一つに、色を見分ける物質すなわち視物質が含まれている。視物質の正体はオプシンとよばれるタンパク質の一種に、レチナールという化学物質がくっついたものである。レチナールというのは聞き慣れない物質かもしれないが、実は、ビタミン A が少しだけ変化した物質である。「ビタミン A が欠乏すると目が見えにくくなる！」というのは、視物質を作っているレチナールが不足するためである。視物質は、特定の色の光を浴びると形が変化して、細胞の中に信号を送る性質を持っている。

　メダカでは、視物質は 5 種類ある。一つは桿体に、残りの 4 種類は錐体に存在する。本項は色に関する話題なので、ここから先は、色の識別に関わる錐体に絞って話を進めていく。錐体に存在する 4 種類の視物質は、それぞれ異なる色の光に反応する。具体的には、赤色、緑色、青色、そしてヒトには見えない紫外線（略して UV とよばれる）の 4 色である。

　ところで、色を見分けるための錐体が 4 種類、そして、色に反応する視物質も 4 種類（赤・緑・青・UV）、と書いたが、この 4 対 4 の数の一致は、実は大変興味深い関係にある。これまでの研究から、それぞれの色に反応する視物質は、それぞれ異なる種類の錐体に含まれていることが明らかにされているのだ。具体的に言えば、Pr は赤、Ac は緑、Ls は青、Ss は UV に対応するように分業化されているのだ。

だから、それぞれ赤錐体、緑錐体、青錐体、UV 錐体とよんでもよいだろう。そして、それぞれの種類の錐体は、対応する色の検出器になっていることもわかってきている。すなわち、ある錐体に対応する色の光が当たると、その錐体から信号が発せられるのだ[2]。

さらに、個々の錐体から発信された信号は、複雑な回路を構成している神経細胞のネットワークに送られ、そこでそれぞれの色の光の強弱が処理されて、最終的に色の違いとして認識される。錐体から出力された信号の情報処理のしくみについては、今なお解明されていない部分が多く、現在も研究が進行中の分野である。

以上、メダカを例に、色を見分けるための眼のしくみを簡単に紹介した。要は"メダカの眼の網膜には、赤・緑・青・UV のどれかの色に反応して信号を発信する色検出器のような錐体が4種類存在し、規則正しい配列で一面ズラリと並んでいる"ことである。このことが、色を識別する能力の基盤となっている。魚も含めて、色を見分けられる動物はほかにもたくさん知られているが、多少の相違点があるにしても、メダカとよく似たしくみを持っていることがわかってきている (図5-2-2)。

### 🐟 メジナが色を見分けるためには

もしメジナが色を見分けられるのなら、メジナとメダカ、同じ魚類なので、やは

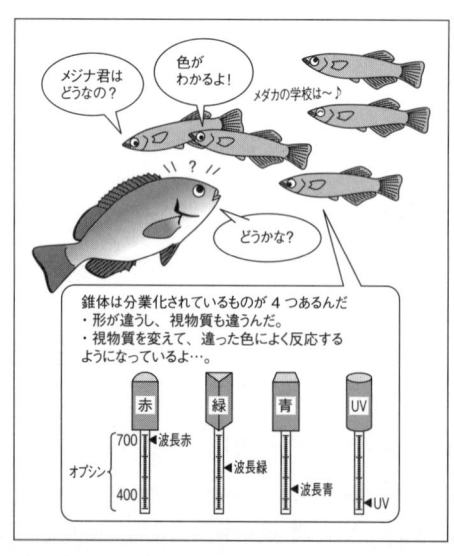

図 5-2-2 メジナが色を見分けられる必要条件。個々の錐体は、異なる色に反応する視物質を1種類だけ含んでいること。

---
2) ここでは、わかりやすいように"信号が発せられる"と説明したが、正確にはこの表現は適切でない。実際には、錐体は光を受けていない状況で信号を発していて、対応する色の光を受けると信号を止める。つまり、色を感じると"スイッチ・オフ"という情報を発信する。

りメダカとよく似たしくみを持っていると考えるのが自然である。ここから先は、"メジナは色を見分けられる！"という仮定に立って、話を進めていく。

メダカでは、網膜上に一面に並んでいる4種類の錐体が、それぞれ特定の色を受け取る検出器として働いていた。そして、個々の錐体からの信号が、神経のネットワークで統合・解析されて、色を識別していた。同じしくみをメジナが持っているのであれば、メジナの網膜でも、個々の錐体が色の検出器としての機能を持っていなければならない。そのためには、最低でも次の条件を満たす必要がある。

（1）異なる色に反応する視物質を、複数種類持っている。
（2）個々の錐体は、特定の色に反応する視物質を1種類だけ含んでいる。

では、順番に調べていこう。

## （1）異なる色に反応する視物質を、複数種類持っているか？

ここで、"複数種類持っている"ということは大事なことである。もし、1種類しかないのなら、その動物は一つの色しか見えていないことになる。そうすると、濃い薄いはあるにしても、すべてが同じ色に見えているのだから、色を識別したことにはならない。そういう理由で、異なる色に反応する視物質が、最低でも2種類は必要になるのだ。

メダカでは、赤・緑・青・UVのそれぞれに反応する4種類の視物質が存在していた。ほかのいろいろな魚でも研究が進んでいるが、多くの魚が、赤・緑・青・UVの4色に反応する視物質を持つことがわかってきている。すると、メジナもやはり、この4色に対する4種類の視物質を持つことが予想される。

それなら、まず、メジナの視物質を探そう。

先に述べたが、視物質の正体は、オプシンとよばれるタンパク質に、レチナールがくっついたものである。4つの色それぞれに反応する視物質は、レチナールは共通しているが、オプシンの部分がお互い異なった化学構造をしている。そこで、赤・緑・青・UVに反応する視物質のオプシン部分を、それぞれ、赤オプシン・緑オプシン・青オプシン・UVオプシンとよんで、互いに区別することにする。

ところで、タンパク質とは、20種類のアミノ酸が、一列に並んでつながった物質の総称である。タンパク質にはたくさんの種類があり、それぞれが独自の働きを持っている。長さもさまざまで、アミノ酸数個の短いものから、千個以上のアミノ酸が並んだ長いタンパク質もある。また、アミノ酸の並び方も、20種類がランダ

ムに並んでいるわけではなく、あたかも20種類の文字からなる文章のように、タンパク質ごとに決まった順番で並んでいる（このアミノ酸の順番をアミノ酸配列とよぶ）。つまり、赤オプシンには赤オプシンのアミノ酸配列が、緑オプシンには緑オプシンのアミノ酸配列が決まっている。逆に言えば、アミノ酸配列を読めばそのタンパク質の正体を知ることができるのだ。

さて、メジナの視物質にもどろう。はたして、メジナにも4種類の視物質があるのか？ それを知るためには、実際に、メジナの赤オプシン、緑オプシン、青オプシン、UVオプシンを探せばいい。メダカをはじめ、多くの動物で、4種のオプシンのアミノ酸配列がわかっているので、メジナの網膜に存在するすべてのタンパク質の中から、それぞれの色のオプシンのアミノ酸配列を持ったタンパク質を探すことになる。そんなことができるのか？ 遺伝子工学的な実験法を用いればできる。今、主流になっている分子生物学の分野では常法である。そして現在では、メジナでも、赤・緑・青・UVに対応する4種類すべてのオプシンが見つかっている（Miyazakiら、2005）。ということは、"メジナは異なる色に反応する視物質を、複数種類持っている"と考えても良さそうだ。

### (2) 個々の錐体は、特定の色に反応する視物質を1種類だけ含んでいるか？

メジナが視物質を4種類持つことがわかってきたので、今度はそれぞれの視物質が、1種類ずつ別々の錐体に含まれているかどうかを調べる段階である。

さて、一つの錐体が1種類の視物質だけを含む、というのはどういうことだろうか？ もしも、一つの錐体が4種類すべての視物質を含んでいると、どうなるだろうか？ この錐体は、どの色の光にも反応することになる。ということは、色の検出器としての働きができていないということになる。それぞれの色の光の強弱を比較することよって、色の識別が可能となるので、色ごとに検出器を作っていないとまずいのだ。ということで、一つの錐体に、視物質が1種類だけ存在する方が、都合が良い。そうすれば、視物質が4種類あるのだから4種類の色の検出器を用意することができる。

では、それぞれの視物質がどの錐体に含まれているのか？ 調べる方法はいくつかある。その一つがISH法（*in situ* hybridization法[3]の略）という方法だ。これも分子生物学の常法である。この方法を使えば、あるタンパク質がどの細胞で作られているのか、を知ることができる。例えば、メジナの錐体に対して赤オプシ

---

3) *in situ* hybridization（インサイチュ・ハイブリダイゼーション）法：タンパク質の設計図は、遺伝子配列の形でDNA上に書き込まれている。遺伝子配列はコピーされて、「メッセンジャーRNA」という物質に変換され、そのメッセンジャーRNAの遺伝子配列に基づいて、対応するタンパク質が作られる。つまり、あるタンパク質が存在する細胞には、必ず、そのタンパク質の遺伝子配列を持ったメッセンジャーRNAが存在する。*in situ* hybridization法とは、任意の遺伝子配列を持ったメッセンジャーRNA

ンのISH法を行うと、赤オプシンを作っている錐体だけが着色される。それぞれの色のオプシンについて、別々にISH法を行い、どの色のオプシンがどの種類の錐体に存在するのかを調べていくのだ。

ちなみに、メジナの錐体の種類は、メダカやほかの魚と同様、やはり形の違いから、Pr（複錐体の主体）、Ac（複錐体の副体）、Ls（長単錐体）、Ss（短単錐体）の4種類に分類できる。また、それぞれの錐体の配列パターンは、メダカのスクエアモザイク配列とよく似ている。

さて、ISH法はどうなったか？　実験の結果（図5-2-3）、メジナの赤オプシンと緑オプシンはPrかAcのどちらか（もしくは両方？）に、青オプシンはLsに、UVオプシンはSsに存在していた。赤と緑の結果については、まだはっきりしない部分がある。というのは、PrとAcの二つの錐体はぴったりくっついているため、一つの錐体が赤と緑の両方のオプシンを含むのか、それぞれの錐体が赤か緑かどちらか一方だけを含むのかが、顕微鏡でも区別ができないのだ。

この結果を、メダカの場合と比較してみよう。前に述べたが、メダカでは、Prは赤、Acは緑、Lsは青、SsはUVの視物質を含んでいた。メジナでは、赤と緑の錐体が区別できないでいるが、メジナとメダカとで一致していると考えても矛盾

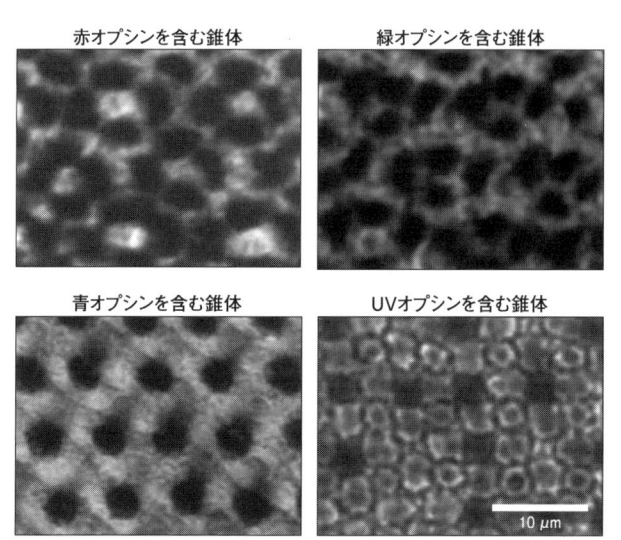

**図5-2-3** ISH法による各オプシンの存在する錐体の染色。
それぞれのオプシンが存在する錐体が紺色に染色されている。写真提供は広島大学大学院の海野徹也氏で、撮影は笠原茂佳氏。株式会社サンラインとの共同研究による。

のみを認識して結合する色素物質を、組織標本に加えることにより、そのメッセンジャーRNAが存在する細胞、すなわち、そのメッセンジャーRNAから作られるタンパク質が存在する細胞を染色する方法である。

はない。錐体の配列パターンも、メジナとメダカでよく似ていることを考え合わせると、メジナも、メダカと同様の色の識別システムを持っているのかもしれない。

### 🐟 まとめ

　メジナの錐体は、4種類の視物質を持っている。そして、それぞれの錐体は、視物質を1種類だけ含んでいるようだ。ということは、メジナは、四つの色に対する検出器を持っていると考えて良さそうである。色がわかるメダカと比較して、これだけ多くの共通点が見つかっているのだから、メジナが色を見分けられると考えるのは自然な流れと思われる。

　しかしながら、今まで述べてきたことは、状況証拠の一つである。色の検出器があるからといって、本当に色がわかるかどうかについては、今後、研究を積み重ねていく必要がある。次の「5-5　メジナの"こころ"をよむ」では、学習行動を使いメジナの色覚が検討されている。メジナは少なくとも、赤と黒、青と黒を見分けることができるという結果が得られている。しかし、どのような色をどの程度の精度で見分けられるのかは不明である。そもそも、錐体に1種類の視物質があっても、本当に色の検出器として働いているかどうかは、まだ確かめられていないのだ。実は、まだまだ調べなければいけないことがたくさんあって、現在もなお、研究は進行中なのだ。

### 🐟 おわりに

　結局、メジナは、どれくらい色を見分けることができるのか？
　科学的な立場から、この質問に完璧に答えられるのは、まだまだ先のことだろう。案外、釣りをする人、漁をする人、潜って魚を観察する人は、既に答えをご存じなのかもしれないが……。

### 🐟 もっと知りたいひとに

「生命科学 改訂第3版」2009年、東京大学生命科学教科書編集委員会編、羊土社
「魚類生理学の基礎」2002年、会田勝美編、恒星社厚生閣
「小型魚類研究の新展開－脊椎動物の発生・遺伝・進化の理解をめざして」2000年、武田洋幸・成瀬清・岡本仁・堀寛編、共立出版

# 5-3 食べ方までわかるメジナの歯
## 歯医者いらず、釣り人泣かせ

**神田 優**　NPO法人黒潮実感センター。専門は魚類生態学。趣味の釣りが高じ、魚の生態をもっと知りたいとダイビングを始めた。潜水時間は6,000時間を優に超える。高知県西南端の島、柏島をフィールドに「持続可能な里海づくり」に挑戦中。

　歯というと口の中であごに生えているものを思い浮かべるだろう。しかし、魚にはいろんな所に"歯"がある。あごから生える顎歯のほか、喉には咽頭歯があり、口の中の上側には口蓋歯というものがある。なんと舌の上にも歯がありこれは舌骨歯とよばれている。魚の歯を観察すれば、どんなものを、どんなふうにして食べているのかわかるのだ。それと、釣り人のために「クロメジナは歯で釣り糸を切ってしまうのか？」といった疑問にも答えてみたい。メジナたちの歯をじっくり見てみよう。

### 🐟 歯を見ればわかる

　磯釣りをされる方にはポピュラーな魚、メジナ。私の郷里、高知ではもっぱらグレ、**柏島**[1]周辺ではタカウオとよばれている。国内にはメジナ、クロメジナ、**オキナメジナ**[2]の3種類が生息している。

　ところでこのメジナたちが何を食べているかご存じだろうか。釣り人の多くは「オキアミ！」と答えるかもしれないが、オキアミは南極に生息しているものを冷凍して運んできて、釣りエサとして使っているわけで、日本の海には生息していない[3]。では、食べ物をどうやって調べるか？　「5-4　最新技術でみたメジナの食べ物」で紹介されているように、消化管の中を調べたり、最新技術で明らかにするという手もある。それにもう一つ、歯を見ればわかるのだ。

### 🐟 なぜメジナの歯なのか

　私は、高知市の**桂浜**[4]に近い長浜というところで生まれ、幼少期をそこで過ごした。家の前は水平線が丸く見える太平洋だ。そして、子供の頃から大の海好き、釣り好き、潜り好きだった。それが高じて魚の研究者への道を選んだほどだ。釣りた

---

1) 柏島：高知県の西南端にある周囲3.9 km、人口500人ほどの小さな島。著者が所属するNPO法人黒潮実感センターがある。
2) オキナメジナ：別名ウシグレともよばれ、正面から見ると上唇が分厚く牛のような面構えをしている。
3) オキアミ：ナンキョクオキアミについて、詳しくは「2-6　ナンキョクオキアミ」を参考。
4) 桂浜：坂本龍馬像があることで有名。

い魚がどこで、何を、どのようにして食べているのか、直接自分の目で確かめたくて独学でスキューバ・ダイビングを始めた。

それ以来、もうかれこれ6,000時間以上海の中に潜っている計算になる。長時間ずっと魚の行動を見続けていられるスキューバの魅力は計り知れない。口の動きやヒレの動き、慣れてくると魚の"心理"のようなものまで見えてくるから不思議だ。

そうして私は、高知大学農学部栽培漁業学科に進んだ。卒業論文を指導していただいた山岡耕作先生は、アフリカの**タンガニイカ湖**[5]で藻食性魚類の顎歯の形態とその機能性を研究されていた。タンガニイカ湖には250種以上の魚類が生息しており、その6割がシクリッド類（カワスズメ科）である（堀、1993）。

タンガニイカ湖でカワスズメ科の魚たちは爆発的とも言える**適応放散**[6]をとげた。その中でペトロクロミス属の魚は、三尖頭とよばれる先が3つ股になった歯ブラシのような顎歯をたくさん持っている。この歯を岩肌に押し当て、糸状の藻類の上に付着している珪藻類を、すき取るように食べることが知られていた（Yamaoka、1982、1983）。それでは、海の魚でこんな魚はいないか？　ということで白羽の矢が当たったのがメジナたちなのである。メジナたちの顎歯、すなわちあごの歯の世界を覗いてみよう。

## 🐟 メジナの歯はどんな形？

映画ジョーズで有名になったホホジロザメのあごの歯は、三角形で先が鋭く、獲物を切り裂くイメージが強い。サメの歯の形については知っている人も多いだろうが、魚の歯をまじまじと見る人は少ないだろう。

そこでメジナ類のあごの歯について紹介しよう。日本のメジナ属の歯は**三尖頭歯**といって、畑で使う三つ鍬のように先が三つに分かれている（図5-3-1）。その鍬の股の部分に藻を挟むようにしてエサをとる。3種は、歯の先が三つに分かれている点

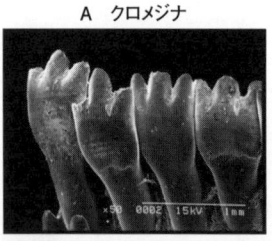

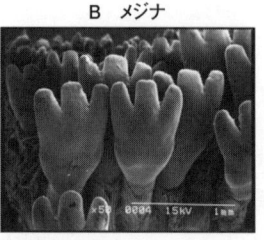

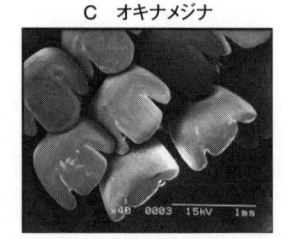

| A　クロメジナ | B　メジナ | C　オキナメジナ |

**図5-3-1** 歯冠部の電子顕微鏡写真（写真中の横線の長さは1mm）。

---

5) **タンガニイカ湖**：アフリカの大地溝帯とよばれる大地の裂け目に水が溜まってできた湖で、その歴史は古く500万年以上と言われている。南北650km（東京〜大阪間）、東西平均50kmで、その面積は淡水湖としては世界第5位、最大深度1,435mはロシアのバイカル湖に次ぐ第2位である。
6) **適応放散**：ある生物が、さまざまな異なる環境に適した形や機能を獲得していきながら、多数の系統にわかれていくこと。

は同じだが、よく見ると微妙に違っている。歯の先端部を歯冠部、柄の部分を歯軸部とよぶが、クロメジナの歯軸は短くがっしりとした形をしているのに対し、メジナ、オキナメジナは歯軸部が長くしなやかな作りになっている (図5-3-2)。どこかで見かけたような形ではないだろうか？　そう、"孫の手"にそっくりだ。さらにオキナメジナは歯先の三つの突起のうちの真ん中が幅広くなっている (図5-3-1)。このように歯を1本見るだけでその魚がどの種なのかを区別できる (Kanda and Yamaoka、1995)。

　しかし上に述べたのは成魚の特徴である。では稚魚の頃はどうなのだろうか？3種を比較したところ、稚魚の頃の歯は3種でほとんど違いがなく、すべてクロメジナ型であった (図5-3-2,D)。

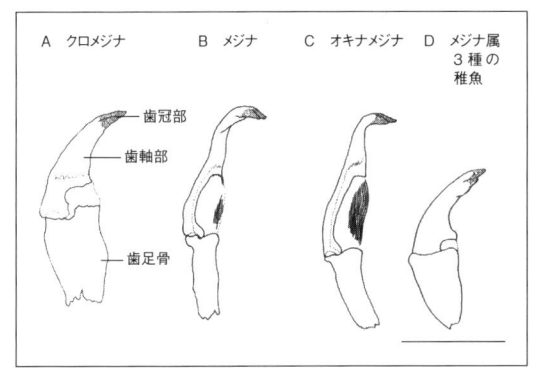

**図5-3-2** 顎歯の側面図（横線の長さは1mm）。

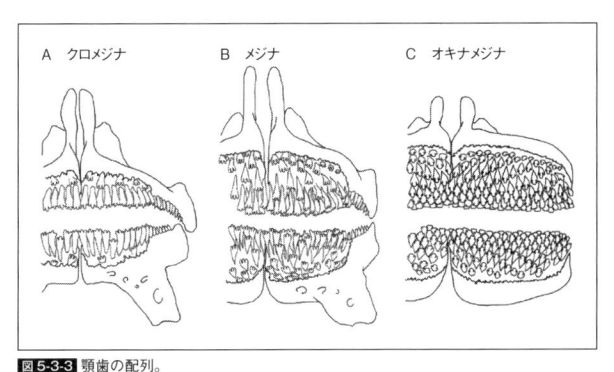

**図5-3-3** 顎歯の配列。
上唇と下唇を除去したところ。クロメジナの機能歯は1列、メジナは2列、オキナメジナは3～4列。機能歯の奥にある小さな歯は、次に生え替わる交換歯を示す。

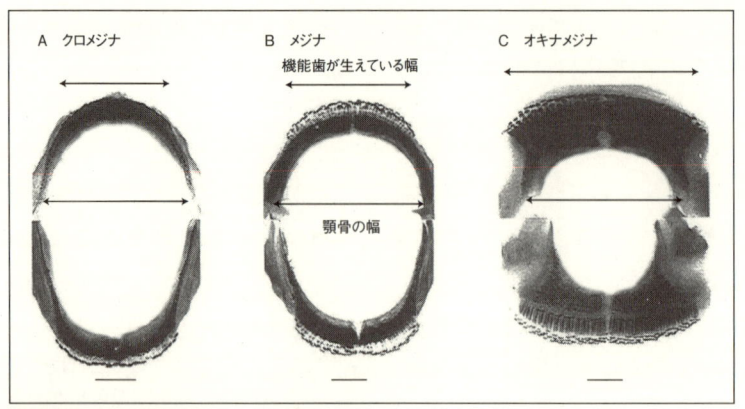

## 第5章 メジナの体のしくみと生態

A　クロメジナ　　B　メジナ　　C　オキナメジナ
機能歯が生えている幅
顎骨の幅

図5-3-4　顎骨の幅と機能歯が生えている幅の比較（写真の下の横線はそれぞれ5mm）。

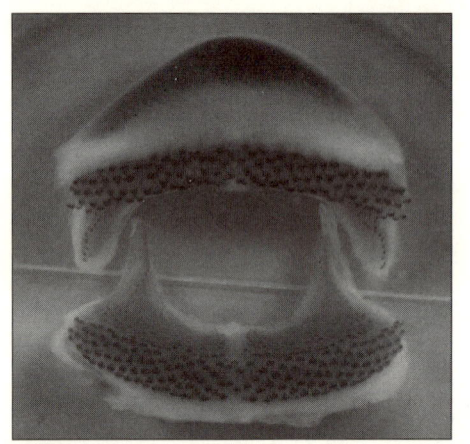

図5-3-5　オキナメジナの上顎と下顎。
整然と列状に並んだ顎歯が見え、顎骨の幅より機能歯が生えている幅が広いのがわかる。

　次に歯の並びについてみてみよう。実際にエサを食べるときに用いられる顎歯を機能歯とよぶ。新たに生えてくるものを交換歯とよぶ。3種の機能歯を比べると、クロメジナは1列に並んでいるのに対して、メジナは2列、オキナメジナは3〜4列と帯状に並んで生えている（図5-3-3）。

　あごの横幅に対して顎歯が付いている部分の割合にも大きな違いがみられる。それぞれを上あご・下あごに分けて表すと、クロメジナ（69.5％・77.1％）、メジナ（79.4％・88.5％）、オキナメジナ（134.2％・171.5％）となる（図5-3-4）。つまりクロメジナはあごの幅よりも歯が付いている部分が狭く、オキナメジナはあごの幅より歯が付いている部分が広くなっており、歯がはみ出しているような格好になっている（図5-3-5）。また、あごのカーブを見てもわかるように、クロメジナでは先端がややとがったカーブを描くのに対し、オキナメジナは直線的である。メジナはクロメジナよりわずかに緩くカーブしている。

### 🐟 カンパチの話し

　上記のようなあごの歯や口の構造とエサの取り方には関連がある。ここで余談を一つ。メジナ類の摂食行動を観察するため、水中ビデオを持って海に潜った。しかし警戒心の強いメジナたちはなかなかエサを食ってくれない。群れの何個体かが偵察隊となり、代わりばんこに岩影から出てきてはこちらの動きを監視している。メジナたちはいつ、どこで、何を食っているのか、何としても近寄って観察したいと思い、朝も昼も夕もずっと潜りっぱなしで観察を試みた。そうこうしているうちに数日が過ぎると、だんだん「こいつは特に危害を加えるやつではないな!?」ということがわかったらしく、少しずつ慣れてきて摂食行動を観察できるようになってきた（口絵カラー写真「海藻を食べるメジナ」はその時の映像）。

　メジナに限らず魚には人間の発する"気"というのがわかるんじゃないかと思うことがある。何気なく潜って見ているときには手が届くほどの所まで寄れる。しかし、魚を捕りたいとか、写真を撮りたいとかという欲があると、魚は途端に距離を置く。だから私は、海の中では平常心を保つように心がけている。「こちらは何も危害を加えたりしないよぉ……」と微笑みかけるぐらいの気持ちでいると、魚は自然に寄ってくる。

　さらに余談だが、昔ダイビングガイドをしている頃のエピソードを紹介しよう。ガイドしているときに誰かが私の太もものあたりをさわる気配がした。振り向くとお客さんはもっと後にいる。おかしいなと思ってみていると、カンパチが私の体に自分の身体をすり寄せてきていた。

　カンパチは非常に好奇心が強いので、その性質を利用して私は水中で呼び寄せることができる。それで呼んでいるとあまりに私にまとわりついてきたので、ダメ元で目の前に来たカンパチを押さえてみた。カンパチもビックリしただろうが私もビックリ！　まさかつかめるなんて。それで急いで左手でカンパチの眼を押さえ、右手で尾ヒレを握った。そして、お客さんに「はい、カンパチ！」と見せたところ、皆びっくり仰天！　あまり長いこと持っているとかわいそうなので離してやった。魚を手づかみで捕まえるのは得意だが、後にも先にも天然のカンパチを手づかみにするなんてことは、もう二度とないだろう。

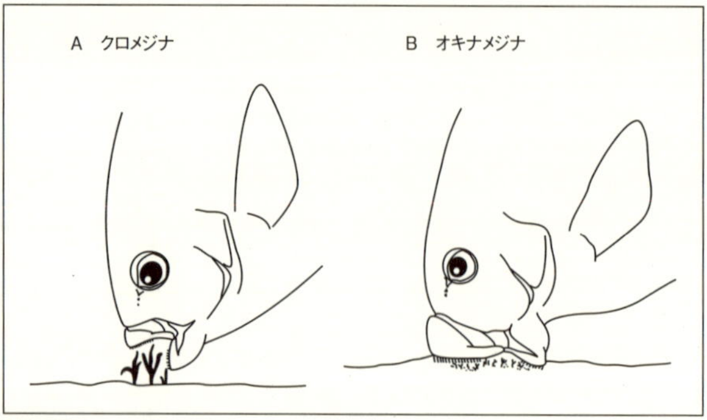

第5章　メジナの体のしくみと生態

　　　　A　クロメジナ　　　　　　B　オキナメジナ

**図 5-3-6**　クロメジナとオキナメジナの摂食行動。

### 🐟 つみ取り型とすき取り型

　話が脱線しすぎたので元にもどそう。あごの歯や口の構造とエサの取り方には関連がある。メジナ類の摂食行動を水中観察で調べてみた。クロメジナは口をあまり大きく開かずに、岩の上に付いている葉状の藻類を口先でつまみ、頭を少し横に振るようにしてつみ取るように食べる（**図5-3-6,A**）。これに対し、オキナメジナは口を大きく開き、岩の上に歯列を強く押し当てて、糸状の藻類をすき取るようにして食べる（**図5-3-6,B**）。メジナはその中間型だ。

　ここで先に述べた3種のあごの特徴を思い出して欲しい。クロメジナのあごは、とがり気味で、あごの幅に対して機能歯が生えている部分が狭いという特徴があった。このような形態は、クロメジナが口先のピンポイントで藻類をついばむのに適している。一方、オキナメジナのあごは直線的で、あごの幅からはみ出るほどに機能歯が広く生えている。このことはオキナメジナがより広い面積に口を当てて、一度に多くの藻類をすき取るのに適していることを示している。

### 🐟 次々と生え替わる顎歯

　あごの歯は、長期間使用していると次第にすり減ったり、欠けたりしてエサをとる効率が悪くなる。メジナ類では、そうなる前に次から次へと新しい歯が生えてきて、古い歯は抜け落ち新しい歯と交換される。メジナ類のあごの断面図を見てみると、下あごでは、機能歯（現在使われている顎歯）の下、唇で覆われている窪みの中で、次々と新しい歯が作られていることがわかった（上あごでは機能歯の上側）（**図5-3-7**）。クロメジナではこの窪みが小さく、交換歯の数が一つか二つと少ないのに

## 5-3 食べ方までわかるメジナの歯

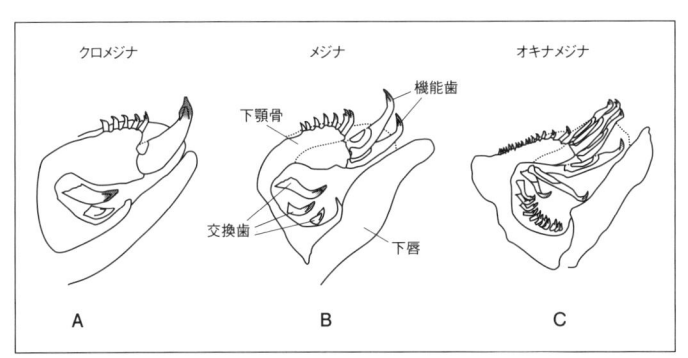

**図 5-3-7** 下あごの断面図。
あごの窪みの中で作られた交換歯はエスカレーター式に上部に移動する。

対し（図5-3-7,A）、オキナメジナでは大きな窪みの中に十数個もの発達段階の異なる交換歯が準備されている（図5-3-7,C）。メジナはその中間程度である（図5-3-7,B）。

　下あごの場合、交換歯は顎骨（あごの骨）の窪みの中の最も下側で作られ、それが成長するに従いエスカレーター式に順々にあごの上の方に運ばれる。そして歯足骨（顎歯と顎骨を結合する骨）が顎骨に固定されることにより機能歯となる。オキナメジナが多くの交換歯を有しているのは、岩の上に顎歯を押し当ててすき取るようにして藻類を食べるため、歯先の摩滅が激しく、それを補うための適応だと考えられる。

　ところで、顎歯の交換様式は魚の種類によってさまざまであるものの、ほとんどの魚類は、一生の間に何度も歯が生え替わる。つまり魚の世界は歯医者いらずというわけだ。虫歯の度にいやいや歯医者さんに行き、あの「キ〜ン」という音と、ズキンズキンと痛む怖さを味わうことを強いられる我々人間からすると、魚をうらやましく思うのは私ばかりではあるまい。

### 🐟 釣り糸と歯の関係

　これまで顎歯の形状と歯列の並び、エサの食べ方について述べてきたが、ここで話題をメジナ釣りに向けてみよう。メジナたちの強い引きで釣り糸を切られることがよくある。そうしたケースはクロメジナに多い。ただし、クロメジナの遊泳力が関係しているのか？　それとも彼らの歯が関係しているのか歴然としない。そこで、クロメジナの歯を検証してみよう。

　図5-3-1と図5-3-3を参考に歯の並びをもう一度よく見ていただきたい。クロメジナ

の場合、歯（機能歯）は1列に並んでいるのに対して、メジナは2列、オキナメジナは3～4列と帯状に並んでいる。だから、クロメジナでは釣り糸に対して上顎骨歯と下顎骨歯（上あごの歯と下あごの歯）がそれぞれ1点で交わり、力がそこに集中するため切り口はニッパーや爪切りで切られたようになる。一方、オキナメジナでは上顎歯と下顎歯が3～4列の歯列を形成しているため、ハリスには1点ではなく面状に力が分散して加わるため、切れにくいのではないだろうか？　大げさに言えば歯ブラシと歯ブラシで釣り糸をはさんでいるような姿を想像してもらいたい。

またクロメジナでは弾性のないがっしりした顎歯を持つのに対して、メジナやオキナメジナでは弾性のあるしなやかな顎歯を持っている点も関係しているように思われる。今度メジナを釣ったときには顎歯に指をあて、顎歯の固着具合を確かめてはいかがだろう。

### 🐟 消化管

冒頭で、メジナが何を食べているかという問いに対して、顎歯の形状とエサの食べ方という観点から述べてきたが、最後にエサを消化吸収する器官である消化管、特に腸管について述べたい。

一般的に、栄養価の高い肉を食べる肉食性動物は、栄養の吸収が速いため腸は短くてもよい。一方、植物の固い線維を消化しなければいけない草食性の動物は、栄養を吸収するのに時間がかかるため、腸管を長くして通過に時間をかけている。

メジナ科3種で腸管の長さを調べたところ、クロメジナは体長の1.8倍、メジナは1.9倍であったが、オキナメジナは5倍もあった。このことからも、クロメジナ

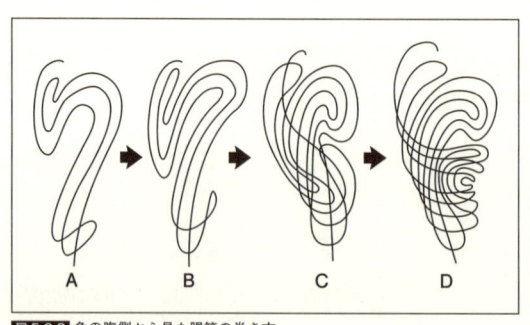

図5-3-8 魚の腹側から見た腸管の巻き方。
Aはクロメジナ・メジナの成魚およびオキナメジナの幼魚の巻き方、B、Cはオキナメジナの成長にともなう巻き方の変化、Dはオキナメジナの成魚の巻き方。クロメジナとメジナでは幼魚期ですでに最終形となる。

やメジナがやや雑食性の強い藻食性であるのに対し、オキナメジナは藻食性により特化していることがわかる。

　腸管が長くなると、限られた腹腔（腹の中の空間）内にいかに収めるかが問題となる。腸管の巻き方は種ごとに決まっており、独特のパターンがある。メジナとクロメジナでは図5-3-8のAのようなパターンを示すのに対し、オキナメジナは成長に伴い腸管の長さが増し、図5-3-8のB〜Cに進み最終的にDのような複雑なパターンとなる。しかし、幼魚の段階で比べると3種とも同じAのパターンである。このことは、オキナメジナは、成長に伴いやや雑食性から藻食性に特化していくことを示している。

　ところで、オキナメジナはあまりにも腸管が長く複雑に巻くことから、生殖腺（卵巣）が腸管に巻き込まれるような形で腹腔内に収まっている。このような形態はほかの魚類では報告例がない（Kanda and Yamaoka、1997）。

## おわりに

　これまでメジナ科3種の摂食に関わる口や歯の形、それに行動を比較してきたが、それぞれのカタチ（形態）には意味があることがおわかりいただけたであろうか？

　海に潜って魚を観察していると実に多くの発見がある。魚たちの行動がカタチと関連づけられた時「なるほどこれらの魚たちは実にうまくデザインされているんだな」と感心する。ダイバーや研究者の中には、珍しい魚を発見するのが楽しいという方も多いが、私は、どこにでもいるありふれた魚たちに、さまざまな見方で接することによって、「こんなにおもしろいことがあるんだ！」という発見をするのが好きだ。

　メジナの歯から始まったこれらの研究であるが、"たかが歯、されど歯"である。読者の皆さまに、これから魚の歯に少しでも興味を持っていただければ幸いである。

# 5-4 最新技術でみたメジナの食べ物
## 本当に海藻を利用している？

**高井則之**　日本大学生物資源科学部。専門は生態学と資源生物学。魚の生活史や水圏生態系の仕組みを研究している。フィールド調査でいろんな魚が捕れると胸がはずむ。そして滝に出くわすと更に胸がはずむ。

　メジナやクロメジナが海藻を食べるということは釣り人やダイバーの常識である。アオノリ類を釣りエサに用いた"海苔メジナ釣法"という独特の釣り方だってある。しかし、メジナたちは活動や成長のためのエネルギーを本当に海藻から摂取しているのだろうか？　メジナ釣りで最もよく使われるエサは小型甲殻類オキアミである。私たちの主食が海藻ではないように、メジナたちの主食も海藻ではないのかもしれない。ここでは、最新の技術を駆使してメジナたちと海藻の関係に迫ってみよう。

### メジナは珍魚？

　海藻は私たちにもなじみの深い食材であり、海苔という食材を例にとっても、お寿司、お餅、お吸い物、ラーメン、ざるそば、スパゲティと実にさまざまな料理の具材として使われている。メジナたちもさぞかし美味しく味わっていることであろうと想像してしまう。

　では、メジナたちの胃の中から海藻はどのくらい出てくるのであろうか。九州北部のメジナの胃内容物を調べた研究によれば、体長20 mmまでのメジナでは小型動物しか見つからなかったものの、それより大きいメジナでは海藻・珪藻といった藻類が多く見つかったという（三郎丸・塚原、1984）。特に体長50〜140 mmのメジナでは、胃内容物全体の重さに対する藻類の重さの比率が74〜98％に達していた。私たちが伊豆半島の下田市沿岸で捕った、体長40〜150 mmのメジナとクロメジナの胃内容物を調べた時も同様であり、やはり海藻が75〜100％を占めていた。このような胃内容物調査の結果から、メジナたちが海藻をたくさん食べていることはわかるが、食べられた海藻がメジナの活動や成長のエネルギー源になっているのか疑問である。

仮にエネルギー源になっているとしよう。それならば、「メジナは海藻をどうやって消化しているのであろうか？」そんな疑問に答えてくれるような論文がオーストラリアの研究者によって発表されている（Clements and Choat、1997）。この論文のテーマは、藻食性魚類の消化吸収に関するものである。

　一般に、海藻を食べる藻食性動物の消化には二つのタイプがある。自分で消化酵素を**産生**[1]するクロアワビのようなタイプと、一部の藻食性魚類のように消化管内に共生する微生物の**嫌気発酵**[2]に依存するタイプである（丹羽ら、2009；Mountfortら、2002）。Clements and Choat（1997）は後者を対象とし、海藻食で知られるメジナ属3種とイスズミ属4種について消化管内における**低級脂肪酸**[3]の濃度を測定した。

　低級脂肪酸は嫌気発酵の産物であるため、もし消化管内の低級脂肪酸の濃度が高ければ、メジナ属（以下総称してメジナとよぶ）やイスズミ属（以下総称してイスズミとよぶ）は微生物の助けを借りて海藻を消化していることになる。逆に、低級脂肪酸濃度が低ければ嫌気発酵があまり起きていないことになり、自前の消化酵素で海藻を消化していると考えられる。

　実際の測定結果はどうだったかというと、二つの属の間で大きく異なっており、低級脂肪酸濃度がイスズミで高く、メジナで低い値になっていたのである。この結果から、メジナは、海藻を消化するとき共生微生物による嫌気発酵にあまり依存しておらず、自分たちで消化酵素を産生している可能性が示された。

　しかしながら、この研究論文の著者も言及しているが、藻食性の海水魚が自分で海藻消化酵素を産生しているということはほとんど知られていない。もしかしたら一例も報告されていないのではなかろうか。メジナたちが海藻を消化する酵素を産生しているとすれば、メジナは"極めて珍しい海水魚"ということになる。

## 海藻は"本当のエサ"なのか？

　そもそもメジナは、海藻のみを食べる魚ではなく、甲殻類などの小動物も捕食する雑食者である。冒頭では海苔メジナ釣法について触れたが、この釣法でメジナに挑む釣り人は少数派であり、主流は何と言っても小型甲殻類をエサに用いる釣り方である。オキアミの寄せエサを撒いてメジナを集め、オキアミの付けエサに食いつかせるという釣り方が現在の主流であろう。メジナは目の前に甲殻類が漂っていれば積極的に食いつく魚なのである。

---
1) **産生**：細胞で物質が作られること。
2) **嫌気発酵**：微生物が、酸素のない条件で有機化合物を分解してエネルギーを得る方法。
3) **低級脂肪酸**：鎖式一価カルボン酸を脂肪酸といい、炭素鎖が長いものを高級脂肪酸、短いものを低級脂肪酸という。

メジナが高カロリーな甲殻類を消化吸収できるのであれば、わざわざ海藻をエネルギー源にしなくても、甲殻類だけを食べていれば良いのではなかろうか？　極端な話、海藻を大量にのみ込んだ場合でも、海藻に付着している小動物だけを消化吸収し、海藻は未消化のまま排出してしまえば良い。メジナが海藻を食べる生態学的な理由は、その表面に付着している小動物を効率的にかき集めることにあるのではないか……？　と考えることもできるのだ。

では、その真偽をどうやって調べたら良いのであろうか？　何しろ、メジナの消化管の中から出てくる食べ物はほとんど海藻なのである。胃内容物の観察だけでは「海藻ばかり食べている！」としか言いようがない。そこで、消化吸収されて活動や成長のエネルギー源になっている"本当のエサ"を調べるための手段が必要になってくる。そのような"本当のエサ"を調べるための手法として脚光を浴びている新技術が、安定同位体比を分析する方法である。メジナ自身（筋肉）とメジナのエサと考えられている生物の安定同位体比を照合することで、どれが"本当のエサ"なのかを調べる方法である。

## 🐟 安定同位体比とは

安定同位体比について、少し専門的な解説をしよう。同位体とは、"同じ原子番号を持つ原子・原子核でも質量数が異なるもの"と定義される。同じ原子番号の同位体同士では陽子の数が等しく中性子の数が異なっていて、放射性崩壊を起こして原子番号を変えていく放射性同位体と、放射性崩壊を起こさず自然界に一定の割合で存在する安定同位体が存在する。

私たちが"本当のエサ"を調べるために用いているのは、炭素安定同位体比の$\delta^{13}C$と窒素安定同位体比の$\delta^{15}N$である。この$\delta^{13}C$と$\delta^{15}N$は、植物が光合成によって作り出した有機物が食物網の中をどのように輸送されるか調べるために活用されているのだ。

表記法についても説明しよう。安定同位体比"$\delta^{13}C$""$\delta^{15}N$"は、それぞれ同位体$^{13}C$・$^{12}C$と同位体$^{15}N$・$^{14}N$の比率である。しかし、$^{13}C/^{12}C$、$^{15}N/^{14}N$という単純な形では表記されない。自然界の物質に含まれる$^{13}C$や$^{15}N$の量は、分母となる$^{12}C$や$^{14}N$の量に比べて極めて少ないため、安定同位体比をそのような形で表すと小数点下の桁数が多い"扱いづらい数値"になってしまうからである。決まりとして、$\delta^{13}C$と$\delta^{15}N$は、次式のように**国際標準物質**[4]からの相対**千分率**[5]で表される。

---

4）**国際標準物質**：国際的に認められている基準となる物質。$\delta^{13}C$と$\delta^{15}N$のどちらにも世界共通の標準物質が定められており、全ての分析値はその物質の値からどれくらい離れているかによって決定される。
5）**千分率**：1000分の1を1とする単位（‰）。百分率（％）は100分の1を1とする単位。

$$\delta^{13}\mathrm{C}、\delta^{15}\mathrm{N} = \{(R_{試料}/R_{標準}) - 1\} \times 1000 \quad (‰単位、R = {}^{13}\mathrm{C}/{}^{12}\mathrm{C}、{}^{15}\mathrm{N}/{}^{14}\mathrm{N})$$

$R_{試料}$ と $R_{標準}$ は、それぞれ分析試料と国際標準物質の $R$ 値 ($R = {}^{13}\mathrm{C}/{}^{12}\mathrm{C}$、あるいは $R = {}^{15}\mathrm{N}/{}^{14}\mathrm{N}$) である。$\delta^{13}\mathrm{C}$ の場合、**PDB**[6] という国際標準物質は大部分の海洋生物より高い R 値を示す。言い換えると、大部分の海洋生物の R 値は PDB の R 値より低い。そのため、海洋生物の一般的な $\delta^{13}\mathrm{C}$ 値は負の値になる。

植物プランクトンや海藻のような一次生産者が同化して取り込んだ $^{13}\mathrm{C}$ と $^{15}\mathrm{N}$ は、食物連鎖網の中を高次**栄養段階**[7] に輸送されていく過程で**生物濃縮**[8] を起こす。しかし、一栄養段階当たりの濃縮の度合いは $^{13}\mathrm{C}$ と $^{15}\mathrm{N}$ の間で異なっており、$\delta^{13}\mathrm{C}$ では一栄養段階当たり平均 0.4‰ しか値が増加しないのに対し、$\delta^{15}\mathrm{N}$ では一栄養段階当たり平均 3.4‰ も値が増加していく (DeNiro and Epstein, 1978; Minagawa and Wada, 1984; Post, 2002)。濃縮の度合いの小さい $^{13}\mathrm{C}$ の場合、$\delta^{13}\mathrm{C}$ 値は高次栄養段階の肉食動物でも、食物連鎖のスタート地点にある植物とあまり変わらない値に落ち着く。したがって、対象動物の $\delta^{13}\mathrm{C}$ を測定し、その値に近い $\delta^{13}\mathrm{C}$ 値の

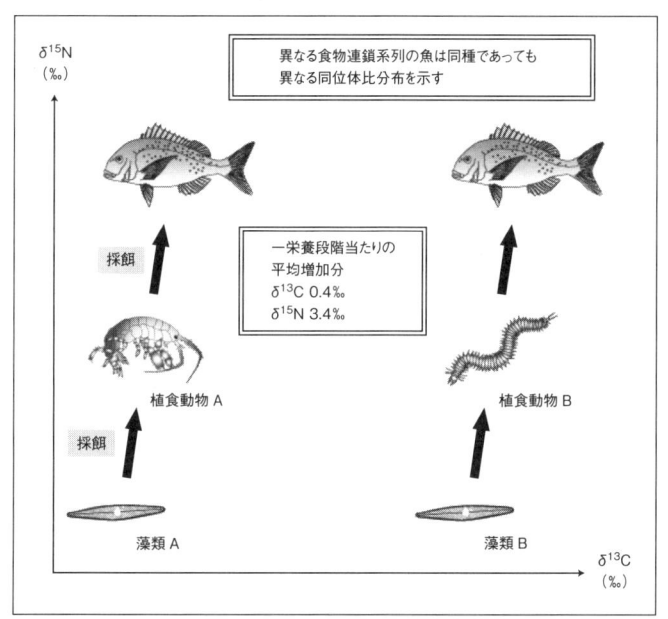

図 5-4-1 安定同位体比を用いた食物連鎖と栄養段階の推定法。
$\delta^{13}\mathrm{C}$ と $\delta^{15}\mathrm{N}$ をそれぞれ横軸と縦軸にして散布図をかく。

6) **PDB**: PeeDee Belemnite の略。アメリカ・サウスカロライナ州ピーディー層産箭石 (やいし) 化石のこと。
7) **栄養段階**: 生態系における生物の役割の類型的分類。無機化合物から有機物を合成する生産者 (一次生産者)、一次生産者を捕食する一次消費者、それを捕食する二次消費者といった消費者、および死体や排出物を分解する分解者のような段階。
8) **生物濃縮**: 生物において、ある物質が周囲の環境よりも高濃度になること。食物連鎖で上位の生物ほど高濃度の蓄積が起こる。

植物の種類を調べることにより、対象動物がどの植物の食物連鎖系列に属しているか推定することができる。

これに対して、濃縮の度合いの大きい $^{15}N$ では、植物と肉食動物の $\delta^{15}N$ 値に著しい差が生じる。$\delta^{15}N$ 値は一栄養段階ずつ段差的に大きく増加していくのである。そこで、対象動物と植物の $\delta^{15}N$ 値の差を求め、その差を一栄養段階当たりの平均増加分（3.4‰）で割ることにより、対象動物の栄養段階を数値化することができる。

最終的には、$\delta^{13}C$ と $\delta^{15}N$ をそれぞれ横軸と縦軸にして、ここに魚、餌生物、さらに"餌生物のエサ"などの $\delta^{13}C$ と $\delta^{15}N$ の値をプロットしていくことにより、食物網の構造を模式化することができるのである（図5-4-1）。

### "本当のエサ"に迫る

それでは、メジナやその周囲のエサの安定同位体比はどうなっているのであろう。表5-4-1に、下田市田の浦湾のメジナとクロメジナの筋肉、胃から見つかった海藻、およびエサになりそうな小動物の安定同位体比を示した。メジナは2002年5月～2003年3月にかけて、クロメジナは2002年5月～2003年8月にかけて、それぞれ3回にわたって採集された小型個体である。

まず、メジナとクロメジナの筋肉の $\delta^{13}C$ は2種とも同じ平均値、−16.2‰であった。また、$\delta^{15}N$ の平均値はメジナで11.2‰、クロメジナで11.0‰となり、種間差はわずか0.2‰であった。この結果から、田の浦湾のメジナとクロメジナは、食

**表5-4-1** 下田市田の浦湾（伊豆半島）で採集されたメジナ属2種と餌候補生物の炭素・窒素安定同位体比

| 種類 | 分析部位* | 試料数 | $\delta^{13}C$ | $\delta^{15}N$ |
|---|---|---|---|---|
| メジナ（標準体長 62-178 mm） | 筋肉組織 | 30 | −16.2‰ (±0.8‰) | 11.2‰ (±0.4‰) |
| | 胃内から検出された海藻片 | 5 | −17.8‰ (±1.1‰) | 7.1‰ (±0.6‰) |
| クロメジナ（標準体長 64-173 mm） | 筋肉組織 | 14 | −16.2‰ (±0.7‰) | 11.0‰ (±0.5‰) |
| | 胃内から検出された海藻片 | 8 | −17.3‰ (±1.3‰) | 7.0‰ (±0.4‰) |
| イソスジエビ | 全組織こみ | 3 | −11.3‰ (±0.4‰) | 9.6‰ (±0.3‰) |
| ハヤシロウソクエビ | 全組織こみ | 1 (9) | −14.9‰ | 8.3‰ |
| メナガオサガニ | 全組織こみ | 1 (22) | −14.8‰ | 6.3‰ |
| ヒラテコブシ | 全組織こみ | 1 (2) | −16.9‰ | 1.5‰ |
| ユビナガホンヤドカリ | 全組織こみ | 1 | −13.9‰ | 4.4‰ |
| *Cerapus* sp.（ドロクダムシ科ホソツツムシ属） | 全組織こみ | 1 (258) | −15.4‰ | 4.3‰ |
| *Cerapus* sp.（ドロクダムシ科ホソツツムシ属） | 全組織こみ | 1 (96) | −14.4‰ | 4.6‰ |

メジナ、クロメジナ、イソスジエビ、ユビナガホンヤドカリは個体ごとに分析した。それ以外の動物は、複数個体を込みにした形で分析した（込みにした個体の数は試料数欄の括弧内に示す）。海藻片は、メジナとクロメジナの複数個体の胃内から検出された物を込みにした形で分析した。メジナ属筋肉、海藻片、およびイソスジエビの安定同位対比は、平均値（‰、±標準偏差）で示す。
\* 動物には全て脱脂処理を施した。また、イソスジエビ以外の甲殻類には酸処理を施し、体内に混入した炭酸カルシウムを除去した。

物網の中で同じ食物連鎖系列の同じ栄養段階に位置していることが示された。

次に彼らの"本当のエサ"の安定同位体比はどうであろうか。過去の研究論文に基づき、一栄養段階当たりの平均増加分を$δ^{13}C$で0.4‰、$δ^{15}N$で3.4‰とすると、この値をメジナとクロメジナの分析値から差し引いた値が、"本当のエサ"の安定同位体比ということになる。計算によって得られた"本当のエサ"の安定同位体比は、$δ^{13}C$が−16.6‰、$δ^{15}N$が7.6〜7.8‰であった。

推定された"本当のエサ"の値とメジナ自身（筋肉）の分析値の関係を視覚的に表すと図5-4-2のグラフのようになる。メジナたちの胃から出てきた海藻片の分析値や、生息場所（田の浦湾）の甲殻類の分析値と比較してみよう。

まず、胃内の海藻片の平均値は、メジナでは$δ^{13}C$が−17.8‰、$δ^{15}N$が7.1‰、クロメジナでは$δ^{13}C$が−17.3‰、$δ^{15}N$が7.0‰となり、両種の間で差はほとんどなかった。注目すべきは、海藻片の安定同位体比のグラフ中の位置が、推定された"本当のエサ"の位置と非常に近かった点である。この結果は、海藻片がメジナたちに消化吸収されて、活動や成長のためのエネルギー源になっている可能性を示し

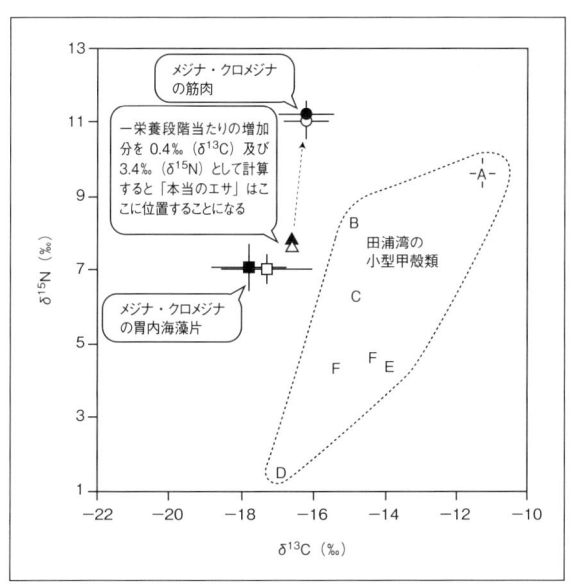

**図5-4-2** 下田市田の浦湾のメジナとクロメジナの「本当のエサ」の推定。
メジナの筋肉（●）と胃内海藻片（■）、クロメジナの筋肉（○）と胃内海藻片（□）。筋肉の分析値から計算された本当のエサの推定値（メジナ▲、クロメジナ△）。田の浦湾の小型甲殻類（イソスジエビ（A）、ハヤシロウソクエビ（B）、メナガオサガニ（C）、ヒラテコブシ（D）、ユビナガホンヤドカリ（E）ドロクダムシ科の一種（F））の分析値。

ている。

　これに対して、甲殻類であるイソスジエビ（記号A）やハヤシロウソクエビ（記号B）の安定同位体比は、グラフの右上の領域に位置している。このような餌生物がメジナに捕食されて、海藻と共に主要なエネルギー源になっていれば、その分だけ"本当のエサ"の位置は右上に大きく移行するはずである。しかし、実際にはそのようになっていない。

　これら結果は、メジナたちの主食が海藻であり、小動物は補助的な食べ物に過ぎないことを意味している。釣り人は、メジナたちにとっての補助的な食べ物を利用して釣りを楽しんでいることになろうか。

### おわりに

　さて、そうなると新たな疑問がわいてくる。安定同位体比が物語るように海藻が"本当のエサ"であるならば、海藻はどのようにして消化吸収されているのであろう？　Clements and Choat（1997）が示唆しているように、メジナは海藻を消化する酵素を自分で作れる極めて珍しい魚なのであろうか？　それとも、私たちが知らない方法で海藻を消化吸収しているのであろうか？　そもそも安定同位体比のデータはこれで十分なのか？　解釈に間違いはないのか？　疑問が次から次へとわいてきて尽きることがない。メジナの藻食性は釣り人の常識であるが、「なぜ海藻を食べるのか？」という疑問に対する答えは案外難しく、謎に満ちている。研究は端緒についたばかりである。

### もっと知りたいひとに

「安定同位体スコープで覗く海洋生物の生態―アサリからクジラまで－水産学シリーズ159－」2008年、富永修・髙井則之編、恒星社厚生閣

# 5-5 メジナの"こころ"をよむ
## なぜ釣れなくなるのか？

**吉田将之** 広島大学大学院生物圏科学研究科。専門は行動神経科学と生物心理学。動物の「こころ」が生まれるしくみについて、生物学や脳科学からアプローチする。いろんな動物を飼うのが楽しい。

　魚を理解するにはいろいろな方法があるが、ここでは"脳"や"心理"をキーワードにして考えてみたい。メジナを使ったこの分野の研究は少ないが、ほかの魚と比べながら、釣り場でのメジナの"こころ"をあぶりだしてみたい。メジナとの知恵比べに興味のある人も、これまでとは違った視点からメジナ釣りを楽しむことができるかもしれない。

### 魚の頭の良さ

　"頭の良さ"とは何で決まるのだろうか。ヒトでいう知能指数（いわゆるIQ）だろうか。しかし魚の知能指数を正確に測ることができないので比べようがない。では脳の大きさか。全長20 cmくらいのメジナの脳の大きさ（重さ）は0.3 g程度だから、ヒトの脳（約1,400 g）の約5千分の1である。しかし脳が大きいほど賢いとすると、クジラやゾウは私たちよりも賢いということになってしまう（実際そうかもしれないが）。それでは困るというので、体重当たりの脳の重さという考え方を採用し、さらに**脳化係数**[1]の計算式に当てはめて考えることにした。すると、めでたくヒトが最も**脳化**[2]していると結論された。

　図5-5-1のグラフは、ほ乳類であるヒト、ゾウ、ネズミと硬骨魚類のサバ、そしてメジナの、脳化係数を示している。ほ乳類と魚類とではだいぶ差があって、ほ乳類は魚類よりも体の大きさのわりに脳が大きいといえる。それでは、メジナやサバがどうかを

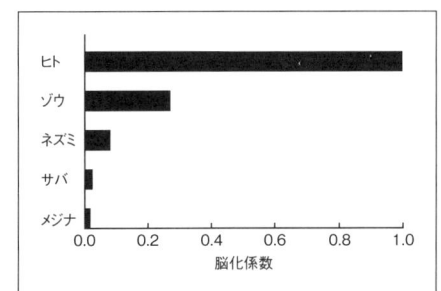

図5-5-1 脳化係数の比較。
ヒトの脳化係数を1とした。

---

1) **脳化係数**：動物の体重と脳の重さとの関係を表す数値、ここでは、（脳の重さ÷体の重さ$^{0.7}$）によって得られた数値を脳化係数とした（計算式の細部には異論もある）。
2) **脳化**：体の大きさの割に大きな脳を持っていることを、より「脳化している」という。

比べてほしい。サバの方がメジナよりもわずかに脳化係数が大きい。どうだろう。これは私たちが経験的に知っている魚の賢さを反映しているだろうか。

## メジナの生活と脳の形

メジナの脳は頭の中に図 5-5-2,A のように納まっていて、図 5-5-2,B のような形をしている。ヒトの脳とはだいぶ形が違うが、よく観察すると、大脳（終脳）、中脳、間脳、小脳、延髄など基本的な作りはほとんど同じである。ただし、人間の大脳新皮質（表面の皺々の部分）は、メジナをはじめ魚にはない。

比較のために、メジナとは、まったく異なる生活をしているサバの脳を図 5-5-2,C に示す。脳の形というのは、その魚の生活のしかたをよく反映している。例えば、**味覚**[3]がよく発達したコイやナマズなどは、その感覚情報を処理する延髄の一部がとても大きい。サバは、高速で泳ぎながらいち早くエサを発見するため、視覚がとても発達している。そのため、視覚の情報を処理する視蓋とよばれる部分が大きい。

メジナはといえば、ヒトの大脳に相当する終脳とよばれる部分がとても大きい。アフリカのシクリッド・フィッシュを使った研究（Shumway、2008）によれば、分類学的に近い関係にある魚においても、岩場でエサをとる魚は、砂地でエサをとる魚よりも空間認知能力が優れていた。空間認知能力とは、場所や方向についての情報をとらえて、それを学習する能力のことである。そして、岩場でエサをとる魚の方が、ヒトの脳の**海馬**[4]に相当する部分、すなわち終脳の一部が大きかった。つまり、この部分が大きい魚種は空間についての学習能力が高いであろうことが想像

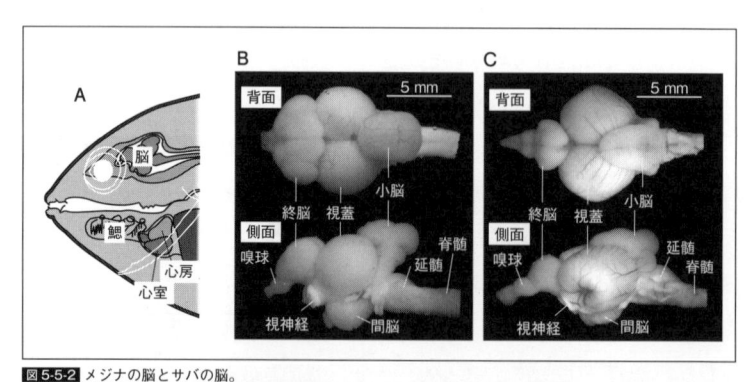

図 5-5-2 メジナの脳とサバの脳。
(A) メジナ（全長約 15 cm）の頭部の縦断面。(B) メジナ（全長約 15 cm）の脳の写真。(C) サバ（全長約 20 cm）の脳の写真。メジナは終脳が、サバは視蓋が大きい。写真は左側が前方。

---

3) 味覚：水中に溶けた物質に対する感覚。嗅覚が比較的遠くからやってきた物質に対する感覚であるのに対し、味覚は体に接触したりごく近くにあるものに含まれる物質に対する感覚。コイやナマズの髭（ひげ）には多数の味蕾（みらい）がある。ナマズではさらに、体表にあるたくさんの味蕾を使って体中で味を感じることができる。メジナの味蕾は口絵でみることができる。
4) 海馬（かいば）：大脳の一部で、記憶や空間学習に重要な部分。

できる。磯に棲むメジナは、かなり優れた空間認知能力を持つものと想像される。

ところで、新しいことを覚えたり、いろいろな技術を習得するには、脳の可塑性が必要である。脳の可塑性とは、新しい神経回路ができたり、神経細胞（ニューロン）どうしのつながりが変化することである。ひょっとすると魚では、この可塑性がほ乳類よりも優れているかもしれない。ヒトの脳を構成するニューロンは、成長するとほとんど増えないが[5]、魚の脳では一生新しいニューロンが作られ続けるのだ！（Zupancら、2005；Adolfら、2006）。

### 🐟 魚の学習って？

魚だって学習する。これはもう間違いのない事実だ。ナメクジだって、ミミズだって学習するのだ。魚が学習するのは当然である。

"学習"というと、机に向って教科書を読む、そしてだんだん眠くなる……というイメージがあるが、経験によってその後の行動や考え方が変化することすべてに学習が関係している。

学習にもいろいろあって、私たちが普段経験する学習のしかたに連合学習がある。連合学習とは、時間的あるいは空間的に接近して起きることがらについての学習のことである。これには、梅干しを食べたことがある人は、次に梅干しを見るだけでつばが出るというタイプの学習（古典的条件付けという）と、自動販売機のボタンを押すと缶ジュースが出てくるという関係の学習（道具的条件付けという）が含まれる。どちらにしても、経験によって、ある原因とその次にくる結果とを結びつけることができるようになる。もちろん魚も、この両方のタイプの学習をこなすことができる。

メジナの学習能力を利用して、彼らには色が見えているのか、という疑問に答える実験をした。次にその実験を紹介しよう。

### 🐟 メジナの色覚と学習

釣り人にとって、メジナに色がわかるかどうかは大問題である。なぜなら、釣り糸やエサの色をどうするかは悩みの種だからだ。

本書の「5-2　分子からみたメジナの眼」に詳しく書いてあるように、メジナは色を見るための道具立て（眼のつくりや分子の構成）は持っているようだ。しかし、道具を持っているからといって色が見えるとは言いきれない。絵の具とキャンバス

---

[5] 最近、大人の人間の脳でも新しいニューロンができることがわかったが、魚と比べたらその規模はずっと小さい。

を持っていても、立派な絵が描けるとはかぎらない。

この問題に決着をつけるのは学習行動実験である。色がわからなければうまく解けないような課題を、メジナに与えるのである。ここで紹介するのは、釣り糸メーカーの株式会社サンラインの黒田昭仁氏・藤本隆俊氏らと共同で行った研究である（吉田ら、2005；**図 5-5-3, A 参照**）。

1. 20 cm ぐらいのメジナを 1 尾ずつ水槽で飼いならしておく。
2. 赤い玉と白い玉、あるいは青い玉と白い玉をペアにして、同時にメジナ水槽の中にゆっくりと入れる。
3. もし、色付きの玉をつつけば、報酬としてオキアミを与える（つまり道具的条件付け）。1 分待ってもつつかなければ、玉を水からあげる。これを毎日数回ずつくりかえす。

このトレーニングを始めて 1 カ月ぐらいで、8 割以上の確率で色玉をつつくようになる（正答率 80% 以上）。

さて、これでメジナが赤や青の色がわかるのだと結論できるだろうか。いやまだまだ。もしかしたら、色なんか全然わからないのに、玉の明度（色玉の方が明度が低い）で判断しているのかもしれない。これを確認するために、学習実験は次の段階に進む（**同じく図 5-5-3, B 参照**）。

4. 赤玉と青玉に加えて、いろいろな明度の灰色玉を用意する。真っ黒を明度 0、真っ白を明度 100 とする。
5. メジナが明度を手がかりにして正解を選んでいるとすれば、色玉ではなく黒玉や濃い灰玉を選ぶだろう。同程度の明度の淡い灰玉と色玉を同時に見せたら、どちらを選んでよいかわからなくなるはずである。

結果として、メジナが明度情報ではなく、色情報にたよって課題に対処していることが確認された。いろいろな濃さの灰玉と一緒に見せても、メジナは以前の学習実験で正解であることを学んだ色玉を選んだのである。メジナは、赤や青を"色"として見ていると言ってよい。ではほかにどのような色が見えるのか、緑と黄色を区別できるのか、という新たな疑問も湧いてくる。この実験には時間と手間がかかるが、ぜひとも挑戦したいと考えている。

さて、ここに書いた学習実験を読んで、読者の皆さんはどう考えるだろうか。やはり「メジナは頭が良いのだなあ！」と思うか。それとも、「こんな単純な学習に 1 カ月もかかるとは、メジナは賢くないな！」と思うだろうか。

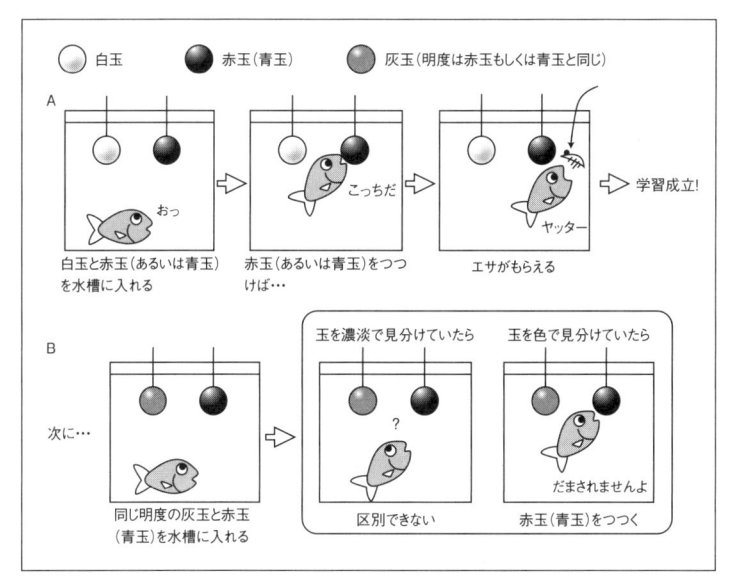

**図 5-5-3** メジナが色を見分けることができるかどうかを調べるための学習実験。
(A) まず、赤玉（もしくは青玉）と白玉を見分けてつつく訓練をする。(B) 次に、赤玉（もしくは青玉）と同じ明度の灰玉を同時に見せる。メジナが玉を濃淡で見分けていたら赤玉（青玉）と灰玉を区別できない。しかし、色で見分けていたら、報酬がもらえる赤玉（青玉）を選ぶことができる。

　メジナの肩を持つわけではないが"派手な色の玉をつつくとエサが落ちてくる"という状況は、メジナにとって非日常的である。決して簡単な課題ではない。特に難しいのは、玉が入れられる場所とエサ（報酬）が落ちてくる場所とが一致せず、わずかながら離れているという点である。"冷蔵庫のドアを開けたらテレビの上にお菓子が現れる"という仕掛けよりも、"冷蔵庫を開けたら中に食べ物が入っていた"という方が簡単に学習できる。もし、"玉をつつくと中からオキアミが飛び出してくる"という課題であれば、もっと簡単に学習するだろう。そんな仕掛けを作って実験するのも面白そうだ。

## 🐟 メジナがスレる

　一度、釣り針に掛かった魚は当分（あるいは二度と）釣られないとか、簡単に釣られる魚は何度でも釣られるとか、いろいろな説がある。この問題についてはどの程度科学的に調べられているのだろうか。

　釣り針に掛かった魚がすべて釣り上げられるわけではないのだから、釣具の恐ろしさを学習する魚もいるだろう。この場合の学習は、特定の外見や味を持った物（釣

りエサ）と、釣り針による**侵害刺激**[6]との連合学習である。このような"生命にかかわる"ような学習は、たった一度の経験でも成立することが知られている。

　例えばコイでは、釣られた経験は長い間、影響し、1年ぐらいは再び釣られにくくなるという研究もある（Beukema, 1970）。一方、アメマスでは、キャッチ・アンド・リリースされた個体は、それまで釣られたことのない個体よりも再び釣られやすいという報告もある（Tsuboi and Morita, 2004）。タラの仲間も、一度、釣り針の付いたエサを口にすると、その後のエサへの反応が悪くなるが、その程度にはかなりの個体差がある。

　魚にも、1尾ずつりっぱな個性があって、一度、釣られた魚がその後釣られにくくなるかどうかは、魚の種類のみならず1尾ずつの個性によるところも大きそうである。驚くなかれ、針に掛かって必死にもがいている魚の存在は必ずしもほかの魚に恐怖を起こさせないようだ。そればかりか、エサへの食いつきを良くする場合もあるという（Fernö ら, 2006）。

　ともあれ、同じ種類の魚の中にも、釣られやすいものと釣られにくいものがいる一方、釣られた（釣られそうになった）経験はちゃんと学習されることは間違いなさそうである。とすると、釣った魚をリリースする習慣のないメジナ釣りの場合はどういうことが考えられるか。

　ある磯についている一群のメジナのうち、釣られやすい性質を持った個体がまず釣られる。針掛かりした後に、それから逃れることに成功した個体は、その後は釣られにくくなる。釣られやすい魚がひととおり釣られると、以前ほどには釣れないという状態になる。しかし、その磯についているメジナの数が少し減るので、ほかの海域から新しいメジナがはいってくる。そして新しくやってきた魚のうち、釣られやすい魚が釣られ、その分新しいメジナがやってきて………ということになる。こうしてだんだんその磯には釣られにくい魚と、釣りエサに対する恐怖学習をした魚ばかりになり、釣れないスパイラルにはまってしまう。いわゆる、ここのメジナはスレている、ということになろうか（図 5-5-4）。

　釣り場の評判が悪くなったり、シーズンが終わったりして時間がたつと、その磯のメジナが徐々に入れかわって、また釣れるようになる。ずっと釣れ続けている良いポイントは、近くに相当数のメジナがいて、メジナの入れ替わりが頻繁な磯なのかもしれない。

---

6）**侵害刺激**：動物の体に対して直接危害を与えるような刺激。人間の場合は"痛み"を伴う。魚に"痛み"があるかどうかは論争中。

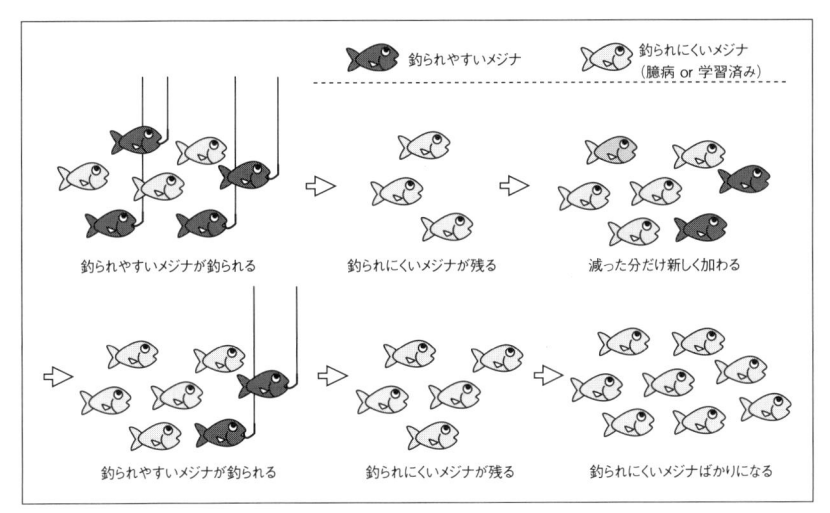

**図 5-5-4** ある磯のメジナが"スレ"ていく理由についての一つの仮説。

## 🐟 奇妙な物に対する魚の反応

　動物は、自分が遭遇した初めて見る物体に対して注意を向け、警戒行動と探索行動を示す。メジナなど、魚における注意の行動は、対象に対して**定位**[7]してヒレを立て、感覚を総動員してその物体を見極める。その間は呼吸がゆっくりになることも多い。これを何度か繰り返し、価値がない（つまり利用もできないし害を与えるものでもない）と判断すれば、その後はその物体を無視する。あるいは、徐々にその物体に対して積極的に振る舞うようになる。つまり、より接近して吟味し、さらにはつついたりくわえたりする。結果的にエサであると判断すれば深くくわえ込むことになるが、それを最終的にのみ込むかどうかは口の中の味覚器や触覚器からの情報によって決める。

　キンギョでの実験例を示そう。キンギョなんて、メジナと全然違うと思うかもしれないが、動物の基本的な心理や行動の成り立ちは、魚でもネズミでもヒトでも、驚くほど共通点が多い。

　私の研究室の卒論生だった中村純平君は、水槽に入れられた見知らぬ物体に対して、キンギョがどのように反応し、それが毎日どのように変わっていくかを調べた。

　水槽にキンギョが1尾ずつ飼われている。この水槽の中央に丸いウキを30分間だけ浮かべて、キンギョの行動を観察する。キンギョはまず、逃げるような行動を

---

7) **定位**：特定の方向や物体に向きあうように姿勢を定めること。

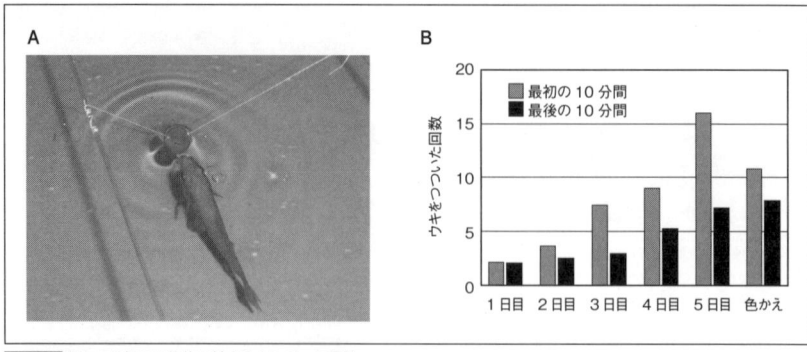

第5章　メジナの体のしくみと生態

**図 5-5-5** 新しい見知らぬ物体に対するキンギョの行動。
(A) 水槽に浮かべたウキをつついて探索している。(B) 毎日 30 分ずつウキを浮かべた時に、それをつついた回数。6 日目にウキの色を変えた。

示すが、まもなくウキに少し接近し、場合によってはしばらく定位する。さらに場合によってはウキをつつく (図 5-5-5,A)。これを毎日繰り返すと、ウキに対する行動がだんだん積極的になっていく。つまり、つつく行動がより多くみられるようになる (図 5-5-5,B)。これは、何度もウキを経験することによって警戒が薄れ、より積極的に探索するようになったと理解できる。

ところが、この実験をはじめて何日かすると、ウキを入れた直後は良く反応するが、30 分間の観察時間中にキンギョの反応がどんどん減っていく。ウキは何の報酬ももたらさないので、すぐに飽きてくるのかもしれない。

この実験結果をどのように解釈したらよいだろうか。新しい物体に対する警戒心は少しずつ薄れて、積極的に調べる行動をするようになる。しかし、"報酬がなければ、その物体を見た直後に高まった関心はすぐに薄れる" と考えられないだろうか。ウキが投入されれば、その近くにいるメジナはそれに注意し、警戒するだろう。しかし、それが何度も繰り返されると徐々に警戒対象からはずす。さらに、ウキの近くに寄せエサが撒かれると、ウキは報酬を予期させる刺激となる。仕掛けの入れ方や、寄せエサの撒き方がヘタクソだと、ウキと寄せエサ (報酬) とのあいだの連合学習が進みにくいということになる。

さて、さらに大きな問題となるのは、釣り針の付いたエサであろう。何度も食べて、安全であることがわかっている寄せエサの中に、一つだけ様子が違うエサがある。妙なので注意を向け、定位してその価値を判断する。新しいエサを開拓すべきか、それとも安全策をとって寄せエサを選ぶべきか。このちょっと妙な感じのエサ

は、もしかしたらいつものエサよりも栄養価が高いかもしれないが、一方で毒を持っているかもしれない。用心深いメジナは安全策をとるだろう。では、どうすれば針付きのエサに食いつくか。寄せエサと見分けがつかないようにするというのも一手だろうが、私だったら、特定の動きをするエサはおいしいということを積極的に学習させるワザを考えたい。

## おわりに

　動物の"こころ"が生じる生物学的なしくみについての研究は、生物心理学とか、バイオサイコロジーとよばれる。この分野の考え方をメジナにあてはめ、メジナの立場に立って生物学的に見る。そして釣りの現場で積み重ねられた経験について考えてみると、また新たな面白さがみつかるのではなかろうか。ここで紹介したいくつかの実験は単純だけれど、厳密かつ客観的に魚の行動を測るのは結構大変である。しかし、その大変さもまた、私のような魚や動物好きには大きな報酬となる。

## もっと知りたいひとに

いろいろな動物の学習に広く興味があるひとへ
「動物は何を考えているのか？学習と記憶の比較生物学」2009年、日本比較生理生化学会編、共立出版

魚類の脳や行動を深く知りたいひとへ
「魚類のニューロサイエンス－魚類神経科学研究の最前線」2002年、植松一眞・岡良隆・伊藤博信編、恒星社厚生閣

# 第6章

## メジナの
## 未来のために

# 6-1 メジナを次代に残すために
## 大切なのは多様性のリレー

**大原健一** 岐阜県河川環境研究所（現岐阜県農政部　水産課）。専門は魚類遺伝育種学。絶滅に瀕している希少種を保全し、復活させることが夢。趣味は釣りだけ。冬はメジナ、春はクロダイとイシダイ、夏はアユ、秋はアオリイカを狙い、全国を渡り歩いている。

ベテランの釣り人から、「○○地名のメジナは、体が丸っこくて色が青々している！」「このメジナは、色が黒いので**地付き**[1]だな！」という話を聞く。地付きのメジナについてはわからないが、「1-1　分類と分布」で紹介されているように、かなり形や色がちがうメジナがいる。体型や色の違いは棲んでいる海域や食べているエサで違うかもしれない。本稿では、別の角度からメジナの違いについて紹介したい。それは形や色といった目に見えるものではなく、遺伝的な違いである。では、日本に生息するメジナは海域によって遺伝的に違うのだろうか？　ここでは、私たち釣り人を楽しませてくれる日本各地のメジナの遺伝的な違い[2]について話を進めよう。

### 遺伝子からみた魚の地域性

日本各地でメジナ釣りをしているとめったにお目にかかれない魚も釣れて、嬉しくなる。日本列島は南北に長く、周囲には暖流と寒流が流れている。そのため、海域や季節によっていろいろな魚が釣れる。釣り人にとっては贅沢な環境だ。同じ種類の魚の場合はどうだろう？　例えば、長崎県の男女群島と山形県の飛島のメジナは遺伝的に同じだろうか？　違うのだろうか？

同じ魚でも海域により遺伝的に異なる場合には**"地域個体群"**[3]という概念があてはまる。淡水魚はこの地域個体群が見つかることが多い。なぜなら、隣あった川でも実際には山や尾根があり、海まで行かない限りつながることはなく、淡水魚の移動が制限されてしまい、遺伝的な交流が絶たれてしまうからだ。

海に下るアユはどうだろう。アユは川で産まれ海に下り、また川にもどってくる。しかし、琵琶湖周辺の川で産まれ、海の代わりに琵琶湖で育つアユがいる。二つのアユは同じアユでも数万年以上にわたって交流がなかったため、遺伝的に異なる地

---
1) **地付き**：越冬期にも沿岸にとどまる回遊範囲が狭いメジナのこと。
2) 専門的には遺伝的集団構造の違いを意味する。遺伝的集団構造を調べたりする分野の学問を集団遺伝学という。
3) **地域個体群**：同じ種でも地域によって遺伝的特性や生態的特性が異なる場合に用いられる生物集団の単位・概念。

域個体群となったのである（Nishida and Takahashi、1978）。さらに、二つのアユは産卵期やなわばり性が異なっている。低水温の時期（解禁当初など）に**友釣り**[4]で釣れやすいのは琵琶湖のアユであるように（谷口・池田、2009）、生態も違うのだ。遺伝的な特徴というと釣りとは無縁のように感じられるが、実は釣り人にとっても重要な情報も含まれている。

　海産魚ではどうだろう？　私たちから見ると、海には移動を制限するような高い山もなく、どこへでも自由に泳いでいけるように思える。しかし、最近になって地域個体群の存在が明らかになりつつある。例えば、世界中の温帯・熱帯域に生息し、釣魚としても人気の高いヒラマサは、日本沿岸と南半球のものとでは遺伝的に異なっている（Nugroho ら、2001）。夏の磯釣りで人気のあるイサキは、日本沿岸と中国大陸沿岸で遺伝的な違いが確認されている（Kumagai ら、2004）。"むつかけ"とよばれる伝統的な釣りで有名なムツゴロウは、九州の有明海と八代海のように比較的近い海域間でも、遺伝子の成り立ちが異なる（兼森ら、2006）。海産魚でも、遺伝子から見れば、地域によって違うことが明らかになりつつあるのだ。

## 🐟 DNA からみたメジナの遺伝的性質

　日本近海のメジナでは、地域個体群といえるようなものは見つかるのだろうか？　その答えを見つけるために日本各地からメジナを採集した。メジナの採集は、佐伯市（大分県）、宇和島市（愛媛県）、尾鷲市（三重県）、焼津市（静岡県）、周南市（山口県）、呉市（広島県）、小豆島（香川県）、長崎市（長崎県）、萩市（山口県）、小浜市（福井県）、男鹿半島（秋田県）の 11 カ所と、韓国の釜山とした（図6-1-1）。

　「これだけたくさんの海域でメジナ釣りをしたの？」と羨ましがる人もいる。しかし、一つの海域で 50 尾[5]以上というノルマを達成するには、大型のメジナを狙うわけにはいかない。多くの場合、俗に"木っ葉グレ"とよばれる小型のメジナを狙って釣るのだ。これがなかなか難しい。最大の敵はクロメジナ。メジナとクロメジナが生息している海域では、なぜかクロメジナばかりが釣れてしまう。これが大型であれば楽しいのであるが、小さなメジナとクロメジナ混成群の中から、メジナだけを釣り上げるのはなかなか大変な釣り（仕事？）であった。クロメジナを研究の対象にすれば良かったと思ったが、後の研究テーマにとっておこう。腕の問題もあり、苦戦したが、最後は釣り名人の協力をいただいてノルマを達成してきたのである。

---

4) **友釣り**：アユの釣り方の一つ。オトリアユの下に掛け針をつけて泳がせると、そこをなわばりとしているアユが接近し、掛け針に掛かることで釣り上げられる。魚のなわばり性を利用した世界に一つしかない釣りでもある。
5) 遺伝的差異を調べる場合、一つの海域で 50 尾以上の個体が必要となる。これはその程度の数でないと母集団の遺伝的特徴を的確に把握することができないためである。

# 第6章　メジナの未来のために

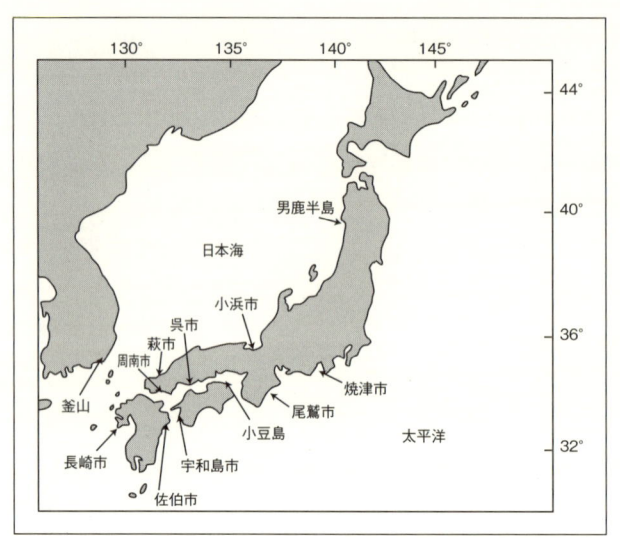

**図6-1-1** メジナの採集地点（Uminoら、2009を改変）。

　話を元にもどそう。まずは採集したメジナの遺伝子を調べるため、DNAを取り出した。DNAはヒレやウロコからも取り出すことができるので、小さなメジナはヒレの一部だけを採取した。これも余談であるが、ヨーロッパでは釣り上げた魚の大きさ自慢するため、乾燥したウロコを保管する習慣がある。60年以上前に釣り上げられたサケのウロコからDNAを取り出して現代の魚と比較した研究例もある（Nielsenら、2003）。

　さて、メジナの遺伝的特徴を把握するために用いたDNAは、**マイクロサテライトDNAとミトコンドリアDNA**[6]だった。マイクロサテライトDNAは、ヒトでは親子鑑定や犯罪捜査にも応用されており、個人の識別率はほぼ100％の方法である。私たちは微妙な遺伝的な違いを調べることができるマイクロサテライトDNAのマーカーをメジナで開発し（Oharaら、2003）、各調査地点のメジナの遺伝的特徴を調べてみた（Uminoら、2009）。

　すると、日本各地のメジナは調べた海域で同じような遺伝的特徴を持っていることがわかった。ヒラマサやムツゴロウで見られるような、海域による明確な遺伝的な違いを検出することはできなかった。つまり、"日本近海のメジナは概ね一つの地域個体群を構成する"と考えられた。

---

[6] **マイクロサテライトDNAとミトコンドリアDNA**：細胞の核にしまわれているDNAの配列の中には、特定の塩基が繰り返されている部分があり、これをマイクロサテライトDNAとよぶ。この繰り返しの数は個体によって異なることから、個人の特定や親子関係などを調べるための目印となる。ミトコンドリアDNAについては「2-2　メジナとクロメジナを見分ける業」を参照していただきたい。

## 🐟 メジナの遺伝的交流を促進する海流

　それでは、日本近海のメジナの遺伝的な交流を促すものは何であろう。それは遊泳力の弱い稚仔魚期にあると考えられている。「1-2　子メジナの変貌」で詳しく解説されているように、仔稚魚の時期は浮遊生活が1カ月近くも続くからだ。北海道にはメジナの成魚は生息していないものの、メジナ幼魚の採集記録がある（小林・五十嵐、1961）。これは、南の海で産まれた稚魚が、数百キロも流されてきたことを意味している。また、"もじゃこ"とよばれるブリやカンパチの幼魚と同じように、メジナの稚魚も流れ藻について遠くへと運ばれることもある。メジナの遺伝的な交流は、仔稚魚期の浮遊生活と潮流による拡散が大きく影響している。

　すべての稚魚が潮流によって遠くに流されるわけではない。メジナの稚魚は産卵場の近くでも成長しているだろう。その証拠に、磯にできるタイドプールには、春先から初夏にかけてメジナの稚魚や幼魚が多く観察できる。つまり、産卵場所の近くにとどまる個体がいる一方で、卵や稚魚の時期に遠くに流される個体もいる。そして、そのような現象がいろいろな海域で連続的に起きて、遺伝子が交ざり合うことになる。

　メジナ釣りで最もやっかいなエサ取りと化した木っ葉グレだが、「どこで生まれて、ここまでたどり着いたのだろう？」などと思いを巡らせれば、磯の上での気分転換になるかもしれない。大物によって釣り糸が切られ、ウキだけが漂うようなことがあっても、「ウキが1カ月も漂うと、どこにたどりつくのだろうか？」と思えば腹も立たない。私のメジナ釣りではこんなことがよく起こるので、気分転換のため、時々、研究者になることを心がけている。

## 🐟 わずかな違いから推定するメジナの地域性

　ここまで"日本近海のメジナは概ね一つの個体群を構成する"要因について説明してきたが、あくまで"概ね一つの個体群として"の話しである。

　実は、高感度のマイクロサテライトDNAは、わずかな遺伝的な違いも検出したのだ。瀬戸内海の周南市、呉市、小豆島や東北地方日本海側の男鹿半島は、ほかの海域とわずかに異なることもわかった。この結果を簡単に示すため図6-1-2を用意した。図の丸印は各海域のメジナの遺伝的な特徴を可視化したもので、位置が離れているほど遺伝的に遠縁であり、近いほど近縁であることを示している。瀬戸内海に

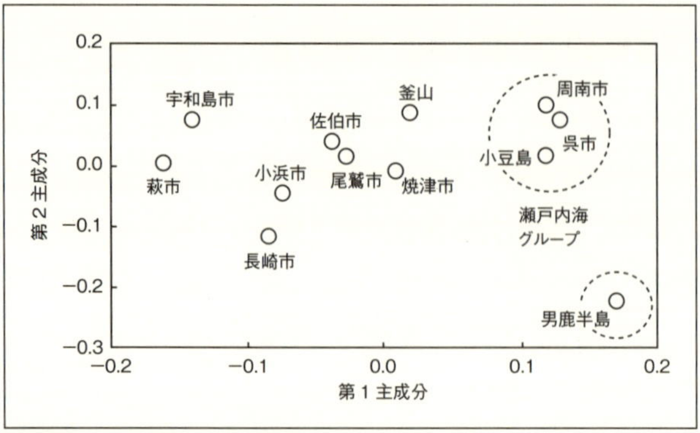

# 第6章 メジナの未来のために

**図6-1-2** メジナ個体群間の遺伝的関係。
○はそれぞれの海域のメジナ約50尾の代表値で、主成分分析という統計的な方法で関係を示した。第1主成分（横軸）と第2主成分（縦軸）とを使って可視化すると、それぞれの採集地点でとれたメジナの遺伝的な関係がわかる。この図では、座標上のプロットの位置が近ければ遺伝的に近縁であり、遠ければ遺伝的に離れていることを示す。瀬戸内海に位置する周南市、呉市、小豆島はまとまり、男鹿半島はほかの個体群から離れていることがわかる。(Umino ら、2009を改変)

位置する周南市、呉市、小豆島のメジナは互いに近いところでまとまり（瀬戸内海グループ）、男鹿半島のメジナはほかの海域のものとは少し離れたところにプロットされていることがわかる。この結果は、瀬戸内海グループや男鹿半島の個体群が、ほかの海域の個体群との遺伝的な交流が少ないことを示している。つまり、海の中にこれらの個体群の交流を妨げる障壁があることが想像できる。

## メジナの遺伝的交流を妨げるもの

それでは海域間の交流を促進したり妨げたりする原因は何だろうか？

海外では海域によって遺伝的な特徴が大きく異なるメジナの仲間がいる。アメリカ大陸の西海岸（太平洋側）に生息するオパールアイ（*Girella nigricans*）は、カリフォルニア湾（コルティス海）と太平洋岸の個体群で遺伝的に異なっている（Terry ら、2000）。カリフォルニア湾は、長さ1,200 km以上に及ぶ日本の本州ほどの巨大なバハカリフォルニア半島で太平洋と仕切られている。同湾内を流れる海流と太平洋岸を流れる海流が違っていることや、半島先端部の水温の壁がオパールアイの成魚や仔稚魚の移動を制限する障壁となっていると考えられる。

それでは日本のメジナはどうだろう。秋田県の男鹿半島で採集されたメジナは、ほかの地域のメジナとは遺伝的に少し異なっていたが、その理由はどのように考えられるだろうか？　釣り人によれば、男鹿半島はメジナの成魚も生息しているとい

う[7]。しかし、夏の平均水温は25℃以上になるが、3月には8℃を下回ることもある。変温動物であり、温水域を好むメジナたちにとって水温の急激な低下はかなり過酷な環境かもしれない[8]。つまり、男鹿半島では、より温かい海で生まれ、対馬暖流に乗って流れてくる稚魚の多くが生き残れないのかもしれない。そのため、ほかの地域では頻繁におきる遺伝的な交流が妨げられているのではなかろうか。

では、瀬戸内海グループの周南市や呉市、小豆島のメジナがほかの地域と遺伝的に異なっている理由は何だろうか？　瀬戸内海は、関門海峡、豊後水道、紀伊水道という非常に狭い海峡で外海とつながっている。だが、冬の平均海水温も10℃程度まで低下し、男鹿半島同様にメジナにとっては棲みにくい環境といえる。つまり瀬戸内海でも、ほかの海域から供給される稚魚が少なかったり、生き残れなかったりすることが原因となって遺伝的な交流の制限が起きているのかもしれない。

それに瀬戸内海では「小型はたくさんいるけど、成熟して卵巣や精巣を持っているメジナを見たことがない！」という話や、「30 cmを超えるようなメジナは希にしか釣れない！」という話を釣り人からよく聞く。「1-5　メジナの成長と成熟」で解説されているように、メジナは30 cmくらいにならないと成熟しない。瀬戸内海には親メジナが少なく、それによって新しく供給される稚魚が少ないことが、遺伝的に違う要因なのかもしれない。

しかし近年になって、瀬戸内海でも暖海性の魚類の出現が数多く報告されている（重田、2008）。また、昔に比べてメジナがよく釣れるようになったという話も聞く。近い将来、瀬戸内海とほかの地域個体群の遺伝的な違いがなくなってしまう可能性もある。

## 🐟 遺伝的多様性の重要性、クローンを例に

ところで、遺伝的な特徴に基づく地域個体群は、**生物多様性**[9]の観点からすれば重要な意味を持つ。なぜなら、生物の保全や管理を考えたときに、地域個体群の遺伝的多様性を基準として考えなければならないからである。では、なぜ遺伝的多様性は重要なのだろうか？　話を逆転させて考えてみるとわかりやすい。"遺伝的多様性がない"ということは、すべての個体がまったく同じ遺伝子（DNA配列）を持つことであり、"クローン"ということになる。DNA配列には、顔や形だけではなく、生態にまで関連する情報が書きこまれている。例えば産卵期に関連するDNAもある。これがクローンであれば、すべてのクローン魚が同じ日に産卵する

---

7) メジナの分布の北限については「1-1　分類と分布」と見解が異なると思われるかもしれない。柳下は、再生産（繁殖）が頻繁に行われている海域を主分布域としてあつかっている。そうした意味で男鹿半島は副分布域に相当する。
8) 低水温がメジナたちにとって過酷な環境であることは「1-7　メジナとクロメジナの低温適応」を参考にしていただきたい。
9) **生物多様性**：地球上に多様な生き物がいること。種内の多様性、種間の多様性、生態系の多様性を含むすべての生物の変異性のこと。

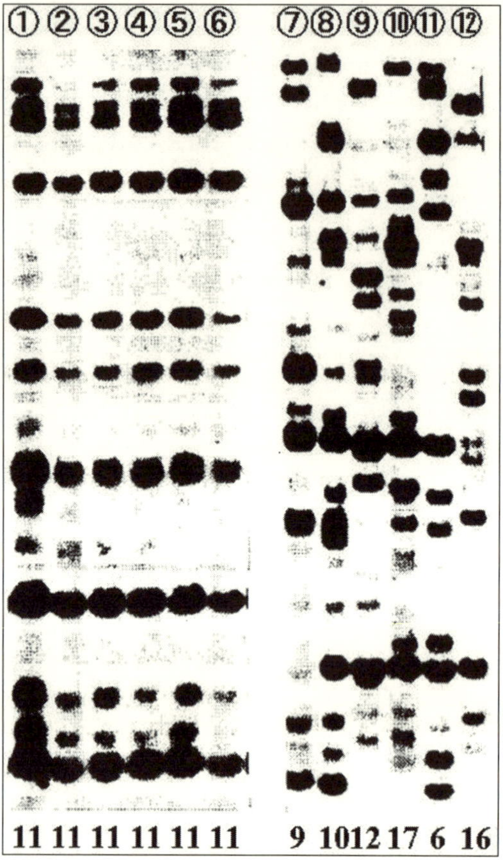

## 第6章 メジナの未来のために

**図6-1-3** 遺伝的に均質なクローンのギンブナのDNA鑑定。
遺伝的に均質なクローン（左側）と遺伝的に異なるクローン（右側）のギンブナのDNA鑑定。上段番号（①〜⑫）は個体の番号で、下段の番号はクローン系統番号である（大原ら、1998を改変）。遺伝子が同じクローンはバーコード状のパターンが同じになる。クローンのギンブナは全国の河川に生息している。

可能性だってある。

「クローンなんて映画や漫画の中の話でしょう?!」と思われるかもしれない。しかし、自然の中では"クローン"はそれほど珍しくないのだ。子供の頃にマブナ釣りを楽しんだ読者もいるだろう。このマブナことギンブナが、クローンであることはあまり知られていない。ギンブナの卵は、コイやドジョウの精子と掛け合わせても、コイやドジョウの遺伝子は残らず、ギンブナが産まれる。またギンブナにはメスしかいない（大原、2010）。つまり、生まれた子供は母親と同じ遺伝子を持つクローンとなるのだ（図6-1-3）。

このようなクローン魚は、遺伝子が同じなため、環境変化によって壊滅的な打撃を受ける可能性もある。例えば、すべての魚が同じ日に産卵したとしよう。たまた

6-1 メジナを次代に残すために

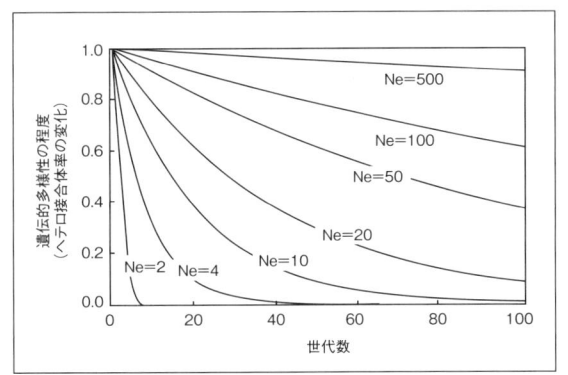

**図 6-1-4** 親の数と遺伝的多様性の変化。
縦軸は遺伝的多様性の指標であるヘテロ接合体率の変化の割合を示し、横軸には世代数を示した。ヘテロ接合体率は 0〜1 までの範囲で変動し、通常のメジナを含め、普通の海産魚では 0.8 程度であり、絶滅に瀕している魚などでは 0.3 程度まで低下する。Ne とは世代交代に関与した親の数である。Ne＝2（親の数がオスメス各 1 尾）では、10 世代で遺伝的多様性がなくなってしまう。Ne＝50（オスメス各 25 尾）であっても、100 世代後には遺伝的多様性が半減することに注目したい。

　ま産卵の直後に外敵が現れ、卵を食べつくしたなら、次世代に子孫は残せない。クローンではなく、遺伝的多様性があるということはあらゆる環境に対応できることを意味し、遺伝的多様性は環境変化への適応力の指標となるのだ。
　ギンブナは特別な例であり、普通にオス親とメス親が多数いる魚にとっては、遺伝的多様性が損なわれることはない。しかし、絶滅の危機に瀕している生物にとって、実際にそれは重要な問題となっている。なぜならオスとメスの数が少ない魚では、**近親交配**[10] によって遺伝的多様性の低下がもたらされるからだ。例えば、絶滅の危機に瀕している生物は個体数が減少し近親交配が起きる……そこで近親交配によって遺伝的多様性が低下すると、環境の変動に対応できずさらに個体数が減少する……個体数が減少すると、さらに近親交配がすすみ、遺伝的多様性がもっと低下する……というような負のスパイラルが繰り返されるのだ。
　なんと日本の淡水魚は、その 1/3 以上の種が絶滅の危機に瀕しているという見方もある。海産魚でも、オオニベやアカメなど、釣りの対象種も絶滅の危機に瀕しているのだ。少数の親から生産された**放流種苗**[11] は、遺伝的多様性を低下させてしまうようなリスクもある。
　オスとメスが 1 ペアーで継代を繰り返すと、10 世代後には遺伝的多様性は消失し、すべての個体があのクローンのように均一化してしまう（図 6-1-4）。親の数が 500 尾（オスとメスが半々として）であれば、100 世代を経ても遺伝的多様性の 9 割は維

---
10) **近親交配**：血縁関係のある個体どうしの交配のこと。一般的に近親交配を繰り返すと劣性遺伝子が顕在化しやすい。
11) **放流種苗**：放流のために人工的に育成した魚の幼魚。日本では 90 種にも及ぶ海洋生物の人工放流種苗が海に放流されている。

持される[12]。

　では、メジナの場合はどうだろう。メジナの遺伝的多様性は、絶滅の危機に瀕している魚よりも高いレベルにあった（Uminoら、2009）。これは、何らかの原因で個体数がある程度減少しても、新しいメジナが供給されることで遺伝的多様性が維持されそうなレベルである。このように自然の中で、多様性が修復できるシステムを備えていることが、メジナの資源の安定化をもたらしているのかもしれない。ただし、生物資源や遺伝的多様性は決して無限ではないことを肝に銘じ、不要な乱獲は厳に慎みたい。そして修復システムはメジナ自体を育む環境など、自然の力に委ねられていることもご理解いただけたと思う。

## おわりに

　メジナの研究をするきっかけは、「全国でメジナ釣りがしたい！」という少し不純な動機であったかもしれない。研究を進めるうちに、今までメジナ釣りが盛んでなかった東北地方の日本海側や瀬戸内海で、たくさんメジナが釣れているという情報が入るようになった。これは、未開の地を開拓した勇敢な釣り人がいるというだけでなく、海水温の上昇が影響しているのかもしれない。瀬戸内海では数十年で2～3℃も海水温が上昇している。この水温上昇が地球温暖化と関係があるのかどうかははっきりしないが、海からの何らかのメッセージとも受け取れる。日本近海の水産資源の多くが種苗放流によって支えられている中、自然の恩恵だけでメジナは生き、多くの釣り人を幸せにしてくれている。そんな魚を次の世代に伝えていくことこそ、私たちが取り組まなければならないテーマといえるだろう。

## もっと知りたいひとに

魚類のDNA解析に興味があるひとへ
「魚類のDNA −分子遺伝学的アプローチ−」1997年、青木宙・隆島史夫・平野哲也編、恒星社厚生閣

魚類の地域個体群に興味があるひとへ
「淡水魚類地理の自然史−多様性と分化をめぐって」2010年、渡辺勝敏・髙橋洋編著、北海道大学出版会

---

[12] このシミュレーションでは、親の数とは実際に次世代に子孫を残した親の数のことをさす。繁殖に参加する前に釣り上げられたり、ほかの魚に食べられた個体は含まれないので注意すること。

## 6-2
# 資源保護先進国に学ぶ
## オーストラリアのライセンス制度

**斉藤英俊** 広島大学大学院生物圏科学研究科。「3-7　オキアミのない国のメジナ釣り」で自己紹介済み。

　オーストラリアでは、州ごとに水産資源の保護に配慮した規則が定められている。水産生物の採集を制限する海域が設定されたり、釣りではライセンス制度がある。資源を保護し、将来でも遊漁が楽しめ、漁業が持続できるためである。ここでは、私の経験をもとに、生物保護の意識の進んだオーストラリアでの資源保護と遊漁のライセンス制度について考えてみたい。

### オーストラリアの釣り事情

　南半球最大の都市であるシドニーのあるNSW（ニューサウスウェールズ）州の周辺海岸は、磯釣りが盛んである。NSW州の海岸で釣獲量の多い魚種は、シマメジナ、次いで、オーストラリアキチヌ、オキスズキ（テイラー）となっている。そのため、磯ではシマメジナ狙いの釣り人をよく見かける。

　シドニー周辺の海岸では、市の中心部から車で1時間以内の釣り場も多い。公共交通機関の便利がよいので、バスや電車に乗って釣りに行くこともできる。それに、釣り場では、付けエサ、寄せエサとも、磯に付着している海藻類を現地で調達できる。日本のように寄せエサを事前に準備する煩わしさがない。私も釣竿1本とフローティングベストにスパイクブーツという軽装備で釣りを楽しんだ。

　渡豪前に、釣りガイドの金園泰秀さん（オーストラリア富士丸フィッシング）から教えていただいた情報では、シドニー周辺で釣れるメジナは40 cm前後が平均サイズということであった。ところが実際には、日本では離島に遠征しないと狙えないような60 cm近い大物がヒットしてくることもあった。ちなみに、ブラックドラマーのオーストラリア記録（76 cm）は、シドニー近郊の**地磯**[1]から釣られている。オーストラリアのメジナ類の分布域や食性などの詳しい解説に加え、それぞれの魚の釣り方については、実際の私の経験をもとに「3-6　オキアミのない国の

---

1）地磯：車や徒歩で行くことのできる陸続きの岩礁地帯。

# 第6章 メジナの未来のために

メジナ釣り」で紹介しているので参考にしていただきたい。

このように、オーストラリアはメジナ天国なのだが、日本と違うところもある。オーストラリアの釣り場は、日本にあるような**沖磯**[2]への渡船はなく、地磯に限られる。そのため釣り場の多くは、満潮時には水没するような足場の低い岩礁だったりする。このようなところでは、時折波しぶきをかぶりながらの釣りとなるため、うねりの強い日は危険である。地磯といっても、休日だけに限れば、安全に釣りができる日は、3日に1度あればよいほうだ。さらに、そんな釣り場環境でも、フローティングベストを着ない釣り人も多い。磯での事故が後をたたないため、社会問題にもなっている。ただ、そんな釣り場環境だからこそ、釣り荒れが進んでいないのかもしれない。

## 🐟 釣り場の環境問題

オーストラリアで私が滞在したのは、シドニー大学沿岸海洋研究所という研究機関だった。この研究所のアンダーウッド教授と現地のメジナ釣りについて雑談をしたことがある。教授から次のようなことを教えられた。

オーストラリアでのメジナ釣りでは天然のエサを使うので、釣り人によって巻貝、カニ類、カンジュボイ（ホヤの仲間）や、アオサ、アオノリなどの緑藻が採取され、潮間帯の動植物にダメージを与えているというのである。

そのアンダーウッド教授らの研究を紹介しよう（Kingsfordら、1991）。シドニー近郊にあるボンダイビーチで、1 kmの海岸線を50 mごとに区分して調査すると、釣り人は海岸線のどこにでも均一にいるわけではなく、好ポイントに最大20人が集中していた。また、釣り人の約8割が釣り場で天然のエサを採集していた。その大部分は緑藻であり、スパイクブーツで緑藻を削り取る際に周囲の小型無脊椎動物が犠牲になっているという。したがって、磯釣りの好ポイントとされるエリアで、環境破壊（人為的被害）が大きいことがわかったのだ。

現在の日本のメジナ釣りでは、釣りエサのほとんどは釣具店で購入されている。だから、先に紹介したようなことは問題にはならない。オーストラリアでは手軽な釣りが楽しめる反面、天然のエサの採集に問題があることに気づかされた。

ただし、このような人為的影響のない海岸部を確保するため、NSW州では、6カ所の海洋公園、12カ所の保護水域、さらにシドニー周辺には8カ所の潮間帯保護区域が指定されている。これらの指定区域内では、釣りを含め、すべての魚類の

---

2) **沖磯**：渡船で行く必要のある陸から離れた岩礁地帯。

**図 6-2-1** シドニー周辺の海岸にある水産資源保護や釣り規則に関する看板。(A) 保護水域の範囲と採集禁止動物のリスト。(B) 魚種ごとの持ち帰り可能な規定サイズや量のリスト。

採捕行為が禁止されたり、水生動植物の採集が禁止されている場合がある。釣り人も漁師さんも一般市民も、水生動植物を捕ることができないのだ。実際、そんな海域には足下にサザエがごろごろしている。しかし、持ち帰る人は誰もおらず、生物保護に対する認識は、日本では考えられないくらいに浸透している (図6-2-1)。

## ライセンス制度と資源保護

NSW 州で海釣りをする場合、ライセンスとよばれる入漁許可証を、釣り具店やガソリンスタンドで直接購入するか、水産局のホームページでオンライン購入する必要がある (NSW government、2010)。日本では河川のアユ釣りや渓流釣りなどで、入漁許可証を購入する必要があるが、オーストラリアでは海釣りでも入漁許可証が必要であり、入漁許可証は公的機関が発券しているのだ。

ライセンスの料金は、3 日間で 6 ドル (約 480 円)、1 年間有効のものは 30 ドル (約 2,400 円) である。ライセンス制度で得た資金は、魚類の資源動向を把握するための調査研究、漁礁の設置、釣り場の安全設備、資源保護のための広報、および違反パトロールなどに使われている。

水産資源保護のため、釣りの対象魚の規制も厳しい。表6-2-1 に示したように、メジナなら 27〜30 cm 以下は持ち帰ることはできない。ヒラマサなら 65 cm が持ち帰りの最小サイズになる。釣りの対象魚だけでなく、アワビ、サザエ、ロブスターなどの食用魚介類や、釣りエサとなるビーチワームやカンジュボイに至るまで、持ち帰り可能なサイズや量の規定があるのだ。

# 第6章 メジナの未来のために

表6-2-1 NSW州における魚種ごとの持ち帰り可能な規定サイズや量の詳細なリスト（2010年）

| 英名 | 和名 | キープ数(個体数) | キープ全長(下限cm) |
|---|---|---|---|
| **魚類** | | | |
| Eastern Rock Blackfish | ブラックドラマー | 10 | 30 |
| Luderick | シマメジナ | 20 | 27 |
| Bluefish | ブルーフィッシュ | 0 | —[*1] |
| Yellowfin Bream | オーストラリアキチヌ | 20 | 25 |
| Tarwhine | ヘダイ | 20 | 20 |
| Snapper | ゴウシュウマダイ | 10 | 30 |
| Tailor | オキスズキ | 20 | 30 |
| Eastern Australian Salmon | マルスズキ科の1種 | 5 | — |
| Eastern Blue Groper | ベラ科の1種 | 2 | 30[*2] |
| Leatherjackets | カワハギ科の1種 | 20 | — |
| Sea Mullet | ボラ | 20 | 30 |
| Sand Whiting | ブルーノーズギス | 20 | 27 |
| Silver Trevally | シマアジ | 20 | 30 |
| yellowtail Kingfish | ヒラマサ | 5 | 65 |
| Swordfish | メカジキ | 1 | — |
| **無脊椎動物（食用）** | | | |
| Abalone | アワビ属の数種 | 2 | 殻長 11.7 |
| Turban snails | サザエ科の数種 | 20 | 殻高 7.5 |
| Octopus | タコ目の数種 | 10 | — |
| Squids and cuttlefishes | イカ綱の数種 | 20 | — |
| Lobsters | イセエビ科の数種 | 2 | 頭胸甲長 11 |
| **無脊椎動物（釣り餌）** | | | |
| Beach Worms | ナナテイソメ科の数種 | 20 | — |
| Soldier Crabs | ミナミコメツキガニ科の数種 | 100 | — |
| Saltwater Nippers | スナモグリ科の数種 | 100 | — |
| Cunjevoi | マボヤ科の1種 | 20 | — |

[*1]：ロードハウ島のみ5個体までキープ可能
[*2]：60cm以上　1個体のみキープ可能

　これらの制限は年によって変更されることがある。例えばシマメジナの場合、2002年と比べて2010年では、サイズ制限が2cm厳しくなっている。このような規制も、ライセンスで得られた資金を元にした資源研究によって決められている。

　保護種であるブルーフィッシュは、ロードハウ島を除き持ち帰ることができない。もし、大陸本土沿岸でブルーフィッシュを持ち帰ろうとしているのが見つかった場合、最高で22,000ドル、日本円にして約176万円もの罰金、あるいは6カ月以内の禁固刑という、日本では考えられないような厳しい罰則がある。当然、取り締まりのパトロールもライセンスから得られた資金が使われている。

### 🐟 何を学ぶべきか？

　メジナ釣りのエサについて考えてみると、オーストラリアでは海藻類、アメリカ西海岸のオパールアイ釣りではグリンピースを使うというように、世界的に見れば植物性のエサがよく使われている。一方、日本では普通、オキアミを中心とする動物性のエサが使われている。一部の地域で海苔メジナ釣法はあるものの、それはごく少数派だろう。しかし、植物性エサは、季節に応じたメジナの食性に合致するものであり、メジナ以外の魚が釣れ難いという長所もある。今後、植物性エサに対する認識がもっと浸透してもよいと思う。ただし、本稿で紹介したように、現地のエサを乱獲することも良くないことはおわかりいただけたと思う。

　これまで紹介したように、オーストラリアでは保護水域の設定やライセンスよって得られた豊富な資金によって、資源が保護されている。ただ、それで万全というわけでもない。保護水域は限られている。その水域以外で乱獲が進めば資源へのダメージは大きい。オーストラリアの制度から学ぶべきところは、制度もさることながら、"その制度によって浸透した資源保護への考え"ではなかろうか。

### 🐟 おわりに

　外国で釣りをした人であれば、日本の釣り具の豊富さや先進性、あるいは高度な釣り技術の恩恵を実感するであろう。一方、日本では釣りの対象魚や、釣り場周辺に生息する動植物の資源保護に対する認識はまだ不十分なところもあるかもしれない。日本の釣り文化の特徴を考慮に入れたルール作りは、今後の課題になるだろう。ともあれ、釣り人たちが自主的にマナーを守れば、そのような必要はないのだが。

# 6-3 メジナたちを育む自然を守る
## 持続可能な里海づくり

**神田　優**　NPO法人黒潮実感センター。「5-3　食べ方までわかるメジナの歯」で自己紹介済み。

　私は現在、高知県大月町柏島で、NPO法人黒潮実感センター（以下、黒潮実感センター）の運営にたずさわっている。ここでは、メジナをはじめとする、いろいろな海洋生物が生活する柏島の海と、そこに住む人々の暮らしを守る黒潮実感センターの活動について"里海"をキーワードに熱く語りたい。

### 🐟 魚たち、そしてメジナに囲まれた柏島

　柏島は高知県の西南端にある周囲3.9 km、人口500人ほどの小さな島である。島の魅力は、山の上からでも海底の魚が透けて見えるほど澄んだ海と、たくさんの生き物たちであろう。海の透明度は平均20 mで、黒潮が接岸すると30 mに達することもある。また、南からの澄んだ黒潮と、瀬戸内海から豊後水道を南下してくる栄養豊富な海水とが混じり合うことで、温帯性から亜熱帯性の生き物まで、多種多様な海洋生物の宝庫となっている。

　魚の種類も豊富で、日本で初めて記録された種や、学名すら記載されていない未記載種など100種ほどを含むと、約1,000種の魚が生息している。この種数は、小笠原や沖縄をしのいで日本一なのである。当然、黒潮の影響を受ける海域が主な生息域となっているメジナやクロメジナも豊富で、メジナ釣りの好ポイントや、メジナの生態を観察できるダイビングスポットも多い（口絵カラー写真「海藻を食べるメジナ」は柏島で観察）。

### 🐟 柏島との出会い

　黒潮実感センターの活動の原点がメジナ研究だったかもしれない。私と柏島との関わりは学生時代にさかのぼる。メジナが豊富な柏島は研究フィールドとして最適であった。そのため、島に家を借りて研究三昧の生活を送らせてもらった。恵まれた研究環境のお陰で日本産メジナ科3種の摂食に関わる生態や形態についての研究

成果を得ることができた。「5-3 食べ方までわかるメジナの歯」で紹介した研究内容は柏島での成果だ。

しかも、研究とは別に感動の連続でもあった。毎日海に潜って調査していたが、魚たちはまったく人を怖がらず逃げようとしない。人々が暮らし、漁業も成り立っている島なのに「なんてすごい所なんだ！」と感動した。また、島の人々は、よそ者の私にも本当に親切に接してくださり、研究や私生活などいろいろな面で助けてくれた。こんなにも温かい人情に触れたのは、初めての経験だったのだ。

もともとの魚好きが高じてメジナの生態研究に没頭したわけだが、柏島での生活を経験してからは、魚が棲んでいる海の環境へと関心が広がった。また、有人である柏島でも人々と自然が調和し、素晴らしい環境が残されている。それに、開発が進んだ日本で環境を守る手立ては、人間生活の影響を抜きにしては考えられない。柏島はメジナ研究だけではなく、人間と調和した環境作りを実践するための最高のフィールドでもあったのだ。

私はこの柏島の環境を後世に残すため、1998年に島に移住し、"海のフィールド・ミュージアム"黒潮実感センターを立ち上げたのである。黒潮実感センターは、柏島の豊かな自然環境だけでなく、自然と関わっている人たちの暮らしもまとめて、"島が丸ごと博物館"というコンセプトだ（図6-3-1）。島を拠点に環境保全、環境教育、

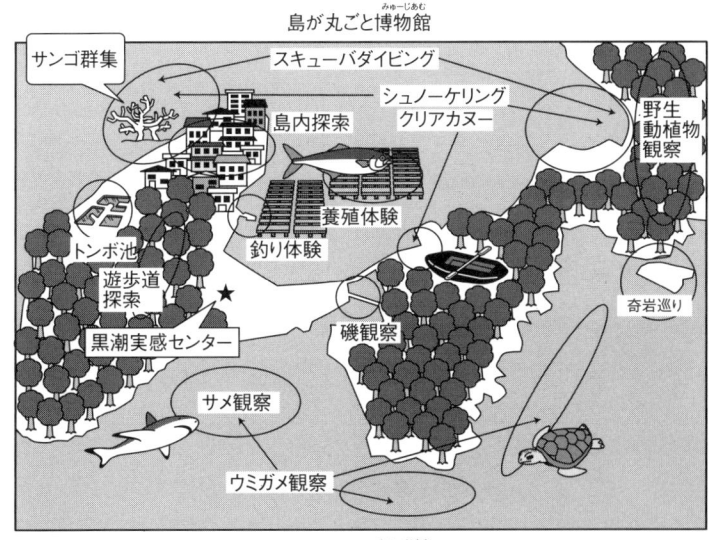

図6-3-1 黒潮実感センターのコンセプトは"島が丸ごと博物館"。

調査研究などを行い、海に関する活動や情報を発信し、それらを元に地域の暮らしが豊かになるよう手伝いをしている。

## 里海って?

海の自然環境を守るためには、人々を排除したり、場合によっては保護区を設けて生き物を守る方法もあるかもしれない。しかし、柏島は絶海の孤島でも無人島でもなく、昔から高知県有数の水揚げ高を誇る漁業で栄えた島であり、海を生業にして人々が生活をしてきた。最近では、海の美しさと魚の多さから、スキューバダイビング業や磯釣り渡船業、旅館民宿業などが発展し、年間3万人を超える観光客が訪れている。現実的には、人が山に手を入れて二次的な自然を維持してきた里山のように、海にも里海という考え方があるのではないだろうか。"人が海からの豊かな恵みを一方的に享受するだけでなく、人もまた海を耕し、育み、守る。"これが私たちの提唱する里海の考え方だ。

黒潮実感センターが目指すところは、人と海が共存できる持続可能な里海作りである。里海の実現に向けて大きく三つの取り組みを行っている。

1. 自然を実感する取り組み
2. 自然を活かした暮らし作りのお手伝い
3. 自然と暮らしを守る取り組み

「自然を実感する取り組み」では、柏島の海で行った調査研究活動の成果を、地元の人々や柏島を訪れる観光客に理解してもらうため、"里海セミナー"を開催している。さらに、次代を担う子どもたち向けには、海の環境学習や体験実感学習を、成人向けにはエコツアーを開催し、柏島の海のすばらしさを実感してもらう取り組みを行っている（図6-3-2）。

しかし、豊かな自然環境があっても「環境だけでは飯が食えない……」との声がある。そのため、

図6-3-2 体験実感学習の様子。

図 6-3-3 自然環境の変化を把握する調査。

　豊かな**「自然を活かした暮らし作りの一環」**として、島の人々とともに物産市"里海市"を開催している。また、豊かな漁場作りの一環として、**磯焼け**[1]により失われた藻場を再生する海の中の森づくりを行っている。また、**アオリイカ**[2]の増殖産卵床設置事業なども、地元漁業者やダイバー、子どもたちと一緒に行っている。ヒノキの間伐材で作る産卵床には、1基当たり最大10万個もの卵が産み付けられるのだ。

　豊かな自然があり、それを利用して経済が活性化していっても、一方的に海の恵みを搾取するだけでは良い環境が残せない。そこで大事なのは**「自然と暮らしを守る」**ことだ。この活動では、自然環境の変化を把握する調査を地道に行なったり、サンゴや藻場の保全活動を行っている（図6-3-3）。さらには、島を訪れる大勢の観光客の受け入れ態勢を整えつつ、島独自のローカルルールとしての"柏島里海憲章"を策定し、島の環境と人々の暮らしを守っていこうという取り組みも実践している。

　私たちは、全国各地で失敗してきた消費型の観光地を目指すのではなく、持続可能な環境立島を目指して、地域の人たちとともに活動している。柏島こそが、これからの環境活動のモデルになると思っている。メジナ釣りにおいても、メジナ資源を一方的に享受するだけでなく、メジナの棲む海を耕し、育み、守る必要があるのではなかろうか。メジナを始めとする魚類や海洋生物が人々とうまく共存できる持続可能な里海作りが私のライフワークである。

### おわりに

　メジナ釣りを楽しんでいる読者も多いであろう。本書との出会いをきっかけに、メジナ釣りを楽しんでもらうためにも柏島を訪れてもらいたい。私もメジナ釣りの

---
1) **磯焼け**：ある海域の海藻や海草が極端に減少してしまう現象。ここに棲む動物も減少し、ひいては漁業にも打撃を与える。
2) **アオリイカ**：イカの王様とよばれるくらい美味で、高価な価格で流通している。最近はエギによるルアー釣りが盛んである。詳しくは「4-6 釣りが高じて釣具メーカーへ」を参照にしていただきたい。

楽しさは十分理解している。メジナ釣りを是非、子供たちに教えてもらいたい。しかし、私の想いはほかにもある。柏島を訪れたなら、自然の素晴らしさを実感していただきたい。黒潮実感センターを親子で利用してみるのも良い。メジナ釣りだけでなく、メジナを育む自然の大切さを次世代の子供たちに伝えてほしいと願っている。

## もっと知りたいひとに

「NPO法人黒潮実感センター」のホームページ：
　http://www.orquesta.org/kuroshio/

「土佐アート街道をゆく　アートによる地域の魅力づくり」2010年、高知工科大学大学院起業家コース、New York Art

「子育ち支援の創造」2005年、小木美代子・立柳聡・深作拓郎・星野一人 編著、学文社

## 6-4

# 届け想い
## メジナ釣り、そのリズムと感動にのって

**高里 悟**(たかざと さとし)　プロミュージシャン。1998年、沖縄発の人気ロックバンドMONGOL 800、愛称モンパチのドラムスを担当。メジナ釣りにも造詣が深く、シマノジャパンカップ・グレ・地区大会で優勝経験がある。「海を守ろう、海を愛そう！」の掛け声のもと、環境保護活動も積極的に展開している。

### 夢への想い

　高校生の頃、ドラムを教えてくれた恩師に憧れ"先生"になることを夢見た。幼い頃から続けてきた書道で教員をめざし、大学に推薦で合格。しかし、入学式を迎える前に父親が突然の他界。家計が苦しい中、入学前から生活費や学費を稼ぐためのアルバイトの日々が始まった。それでも夢だった書道・国語の教員免許も取得した。苦労しながらもバンド活動も続けた。卒業を迎える頃には、音楽で十分に食べていける程にバンド活動が仕事として確立していた。書道ではなく音楽科の特別講師として、今では母校で教鞭をとることもある。その間、私を支えてくれたのは、幼い頃から親しんでいた釣りだった。釣りのお陰で、一番大切な夢を失わずにこられた。音楽を愛する者として、自然を愛する者として、夢を叶えてくれた釣りへの想いを届けたい。

### メジナの魅力

　私が一番大好きな釣りがメジナ釣りである。もちろん、沖縄にも面白い釣りがたくさんある。例えば、防波堤や岸から狙える、**タマン**[1]釣りや**カーエー**[2]釣りなどがその代表である。しかし、フカセ釣りの王道とも言われるメジナ釣りには、他魚とは違った魅力がたくさんある。ブルーに流線型の魚体。キラリと美しい黒い目。曲がる竿から伝わって来る上品な引き。魚としても高貴なイメージのするこのメジナは、不思議に"リズム"を感じさせる程に、潮の流れや水温など、さまざまな自然の変化に敏感に反応し、一日を通して常に違った動きを見せる。

　そのリズムをつかみ取ろうと、釣り人はイメージを膨らませる。このイメージなくしてメジナ釣りの楽しみ・魅力は語れない。釣りに行くと決めた時点からイメー

---

1) **タマン**：標準和名ハマフエフキ。80 cmほどになる人気の釣魚。
2) **カーエー**：標準和名ゴマアイゴ。引きが強く、沖縄ではタマンと並ぶ人気の釣魚。

ジは始まっている。道具やエサの準備にしても、釣り場までの移動の間でも、いろいろなパターンに合わせて対応できるようにイメージトレーニングをする。釣り場に立てば、仕掛けのなじみ方や寄せエサの流れ方などで潮の状況を判断し、目視でメジナの姿が確認できなければ海中をイメージしてメジナの居場所を探し出す。

　自然の状況・メジナの動きを読み取り、パズルの如くメジナのリズムと私のイメージがピタリとハマった時、歓喜の瞬間が訪れる。大きく弧を描く竿。風を切る音。手元に伝わる重量感。アドレナリンの分泌で興奮状態に陥りながらも、その快感に酔いしれながらじっくりと魚を寄せてくる。タモ網に入れ、磯の上に魚を置いた途端に、緊張から解き放たれた全身の筋肉が鳥肌と共に微細動を引き起こす。この手足の震えがなんとも言えない。私だけではなく、釣り人の多くはこの快感を経験したことがあるだろう。イメージが重なり合い、すべてのタイミングが一つになる瞬間に起こるこの快感は、私が本業とする音楽活動でも共通するものがある。

## 音楽との共通点

　私たちのバンドのライブでは、観客が 100 人にも満たないライブハウスから、何万人という規模の野外やアリーナクラスの会場など、幅広い状況で演奏をする (図6-4-1)。しかし、良いライブ・感動するライブとよばれるものは、観客が多くても少なくても、人数に関係なく生み出されるものだ。

　どんなライブでも緊張はある。その緊張感のままステージへと上がりライブが始

図6-4-1 MONGOL 800 のメンバーと著者（右）。
ライブ活動は小さなクラブハウスからアリーナクラスの会場までさまざま。観客数に関係なく感動を届ける使命がある。HIGH WAVE CO., LTD. 提供。

**図 6-4-2** 観客と一体になる。
観客と一体感を得たその瞬間から、快感がはじまる。釣りも音楽もその瞬間がたまらない。
HIGH WAVE CO., LTD. 提供。

まる。ギター・ベース・ドラムといった楽器と共に、ボーカル・コーラスなどの歌声が重なり、照明が観客をあおる様に演奏に合わせてリズムを刻む。観客もメンバーも興奮状態へと突き進む。そして、会場が一体感を得たその瞬間、緊張感が解き放たれ、快感に身をゆだねる。魚を釣り上げたその瞬間と同じ脳内物質が体中をめぐり、最高の瞬間を得ることができる。一体感と言うものは毎回生まれるものではないのだが、その快感を求めて音楽も釣りも探求している（図 6-4-2）。

### 🐟 楽しく正しい釣りを

　釣りをするのは自由。楽しむのも大事。しかし、マナーだけはしっかりと守りたい。悲しいことに「ゴミ」という言葉は釣り人からなかなか離れてくれないテーマの一つでもある。残念ながら海での娯楽において、一番低い地位にあるのが「釣りだ！」と言われている。マナーを守って釣りを楽しんでいる人たちも大勢いるが、自然への感謝を忘れ、我が物顔で海へ出かける人たちも少なくない。

　だが、釣り人の地位向上とゴミ問題に取り組む団体が、ここ数年でどんどん増えてきている。私たちも、仲間とともに海岸清掃や珊瑚の移植・保全活動など、できる限りのボランティア活動に参加している（図 6-4-3）。小さなことでも、偽善者扱いされても、やらないよりは幾分マシなはずである。同じ釣り人同士、気持ちよく挨拶を交わし、釣り場を仲良く共有し、海への感謝を忘れず、みんなで一つになり、楽しい釣りをしていきたい。

図6-4-3 仲間との海岸清掃活動（右端が著者）。

　「大人が模範となり、子供たちを楽しく正しい釣りへと導いていく」、そんな輪がこれからも、もっともっと広がっていくよう、私も微力ながら一生懸命に協力していきたい。

## 文 献

- 阿部宗明（2003）：新顔の魚 1970-1995（復刻版）．まんぼう社．
- Adolf, B., Chapouton, P., Lam, C.S., Topp, S., Tannhäuser, B., Strähle, U., Götz, M., Bally-Cuif, L. (2006) : *Devel. Biol.* **295**, 278-293.
- 赤崎正人（1993）：68センチの巨大尾長グレは17年生きていた！磯釣りスペシャル 14, 83-85.
- Altimiras, J., Larsen, E. (2000) : *J. Fish Biol.* **57**, 197-209．
- 荒川敏久・吉田範秋（1986）：長崎県水産試験場報告 12, 27-35.
- Beukema, J.J. (1970) : *Neth. J. Zool.* **20**: 81-92.
- Chang, Y.S., Huang, F.L., Lo, T.B. (1994) : *J. Mol. Evol.* **38**, 138-155.
- Clements, K.D., Choat, J.H. (1997) : *Mar. Biol.* **127**, 579-586.
- Cremonte, F., Sardella, N.H. (1997) : *Fish. Res.* **31**, 1-9．
- DeNiro, M.J., Epstein, S. (1978) : *Geochim. Cosmochim. Acta* **42**, 495-506.
- Don Stevens, E., Randall, D.J. (1967) : *J. Exp. Biol.* **46**, 307-315.
- 海老名謙一（1936）：日本水産学会誌 4, 411-414.
- Fernö, A., Huse, G., Jakobsen, P.J., Kristiansen, T.S. (2006) : Fish Cognition and Behavior (eds, Brown, C., Laland, K., Krause, J.). Wiley-Blackwell, pp. 278-310．
- Flower, M.S.S. (1935) : *Proc. Zool. Soc. London* **105**, 265-304．
- Fujita, S., Takahashi, I., Niimi, K. (2000) : *Ichthyol. Res.* **47**, 397-400．
- 藤田矢郎（1966）：トラフグ属数種の人工交配と数種幼生の飼育．昭和41年度日本水産学会春季大会講演要旨集, p. 20.
- Gomez, D.K., Sato, J., Mushiake, K., Isshiki, T., Okinaka, Y., Nakai, T. (2004) : *J. Fish Dis.* **27**, 603-608.
- 魚類文化研究会編（1997）：図説魚と貝の大事典（望月賢二監修）．柏書房．
- 羽方誠・金子浩昌編著（2005）：沖縄県立埋蔵文化財センター調査報告書第28集．沖縄県立埋蔵文化財センター．
- 原田輝雄（1991）：水産増殖 **39**, 110-111.
- 原田輝雄・熊井英水・村田修（1986）：日本水産学会誌 **52**, 613-621.
- Höjesjö, J., Johnsson, J.I., Axelsson, M. (1999) : *J. Fish Biol.* **55**, 1009-1019．
- 堀道雄編（1993）：シリーズ地球共生系6　タンガニイカ湖の魚たち―多様性の謎を探る．平凡社．
- 稲野俊直・鳥越正男・西田司（1993）：宮城県水産試験場事業報告書 220-227.
- 猪子嘉生（1992）：広島県水産試験場研究報告 17, 52-57.
- 石丸恵利子・海野徹也・米田穣・柴田康行・湯本貴和・陀安一郎（2008）：考古学と自然科学 **57**, 1-20.
- Itoi, S., Saito, T., Shimojo, M., Washio, S., Sugita, H. (2007a) : *ICES J. Mar. Sci.* **64**, 328-331.
- Itoi, S., Saito, T., Washio, S., Shimojo, M., Takai, N., Yoshihara, K., Sugita, H. (2007b) : *Org. Div. Evol.* **7**, 12-19.
- Johnson, G.D., Fritzsche, R.A. (1989) : *Proc. Acad. Natr. Sci. Phila.* **141**, 1-27．
- Johnson, G.D., Paxton, J.R., Sutton, T.T., Satoh, T.P., Sado, T., Nishida, M., Miya, M. (2009) : *Biol. Lett.* **5**, 235-239．
- Kai, Y., Nakabo, T. (2008) : *Ichthyol. Res.* **55**, 238-259.
- Kanda, M., Yamaoka, K. (1995) : *Neth. J. Zool.* **45**, 495-512．
- Kanda, M., Yamaoka, K. (1997) : *Ichthyol. Res.* **44**, 316-318.
- 金子浩昌・和田哲（1958）：館山鉈切洞窟の考古学的調査．早稲田大学考古学研究室報告第6冊．
- 兼森輝一・竹垣毅・夏苅豊（2006）：魚類学雑誌 **53**, 133-141.
- Kingsford, M.J., Underwood, A.J., Kennelly, S.J. (1991) : *Mar. Ecol. Prog. Ser.* **72**, 1-14.

- 北島力・塚島康生（1983）：魚類学雑誌 **30**, 275-283.
- 小林喜雄・五十嵐傑（1961）：北海道大學水産學部研究彙報 12, 121-127.
- 小西芳信（1988）：日本産稚魚図鑑（沖山宗雄編）. 東海大学出版会 p. 511.
- 小西英人編著（2007）：釣り人のための遊遊さかな大図鑑（中坊徹次監修）. エンターブレイン.
- Kumagai, K., Barinova, A.A., Nakajima, M., Taniguchi, N. (2004) : *Mar. Biotechnol*. **6**, 221-228.
- 熊井英水（1984a）：海洋と生物 **30**, 1.
- 熊井英水（1984b）：近畿大学水産研究所報告 2, 1-127.
- Mabuchi, K., Nakabo, T. (1997) : *Ichthyol. Res*. **44**, 321-334.
- 前田充穂・木村清志・中坊徹次（2002）：日本水産学会誌 **68**, 859-865.
- 毎日新聞釣友会偏（1986）：釣りの新百科改訂新版-海と川のシカケと釣り方. 金園社.
- 松原喜代松・落合明（1969）：魚類学（下）. 恒星社厚生閣, pp. 695-697.
- 松井佳一（1934）：水講研報 30, 1-82.
- 松宮義晴（2000）：魚をとりながら増やす.成山堂書店.
- Minagawa, M., Wada, E. (1984) : *ibid* **45**, 341-351.
- 水戸敏（1967）：魚類学雑誌 **6**, 105-108.
- 宮城県教育委員会・建設省東北地方建設局（1986）：宮城県文化財調査報告書第 111 集. 宮城県文化財保護協会.
- Miyazaki, T., Yamauchi, M., Takami, M., Kohbara, J. (2005) : *Fish. Sci*. **71**: 159-167 .
- 水江一弘・小川能永・藤村常生（1960）：長大水研報 9, 1-14.
- Moore, A., Lower, N.J. (2008) : Fish attractants. United States Patent, No. US 7335349 B2.
- 森圭一（1956）：日本生態学会誌 **5**, 145-150.
- Mountfort, D.O., Campbell, J., Clements, K.D. (2002) : *Appl. Environ. Microbiol*. **68**, 1374-1380.
- 宗宮弘明・羽生宏（1991）：魚類生理学（板沢靖男・羽生功編）. 恒星社厚生閣, pp. 403-441.

- Murata, O., Kato, K., Ishitani, Y., Nasu, T., Miyashita, S., Yamamoto, S., Kumai, H. (1997) : *Suisanzoushoku* **45**, 75-80 .
- 村田修（1998）：近畿大学水産研究所報告 6, 1-101.
- 村田修・家戸敬太郎・那須敏朗・宮下盛・和泉健一・熊井英水（2000）：水産増殖 **48**, 677-678.
- 村田修・宮下盛・那須敏朗・熊井英水（1995a）：水産増殖 **43**, 145-151.
- 村田修・宮下盛・那須敏朗・熊井英水（1995b）：水産増殖 **43**, 475-481
- 中坊徹次（2005）：日本の動物はいつどこからきたのか（京都大学総合博物館編）. 岩波書店, pp. 71-77.
- 難波憲二（2002）：魚類生理学の基礎（会田勝美編）. 恒星社厚生閣, pp. 45-66.
- 難波憲二・村地四郎・河本真二・中野義久（1973）：広島大学水畜産学部紀要 12, 147-154.
- 直良信夫（1991）：釣針. 法政大学出版局.
- Nielsen, E.E., Hansen, M.M., Loeschcke, V. (2003) : *Mol. Ecol*. **6**, 487-492 .
- 日本魚類学会編（1981）:日本産魚名大辞典.三省堂.
- 日本水産資源保護協会（1983）：水生生物生態資料 続. 日本水産資源保護協会, pp. 33-36.
- Nishida, M., Takahashi, Y. (1978) : *Nippon Suisan Gakkaishi* **44**, 1059-1064 .
- 丹羽健太郎・青野英明・澤辺智雄（2009）：水産増殖 **57**, 557-565.
- 能勢幸雄・石井丈夫・清水誠（1998）：水産資源学. 東大出版会.
- Nomura, S., Ibaraki, T., Shirahata, S. (1969) : *Jap. J. Vet. Sci*. **31**, 135-147.
- Nugroho, E.D., Ferrell, J., Smith, P., Taniguchi, N. (2001) : *Fish. Sci*. **67**, 843-850.
- 小川良徳（1981）：魚類の成長に伴う行動の変化（9）, 日本水産資源保護会月報 206,12-16.
- 大原健一（2010）：淡水魚類地理の自然史−多様性と分化をめぐって（渡辺勝敏,髙橋洋編著）. 北海道大学出版, pp. 153-166.
- 大原健一・董仕・谷口順彦（1998）：魚類学雑誌 **45**, 21-27.
- Ohara, K., Taniguchi, N. (2003) : *Fish. Sci*. **69**,

861-863.
- 岡本勇・中村勉・諸橋千鶴子編（1991）：浜諸磯遺跡－古墳時代後半から奈良・平安時代にかけての砂丘上の集落遺跡－．浜諸磯遺跡調査団．
- Okuda, N., Yanagisawa, Y.（1996）：*Anim. Behav.* **52**, 307-314．
- Okuno, R.（1962）：*Publ. Seto Mar. Biol. Lab.* **10**, 293-306.
- 奥野良之助（1956）：日本生態学会誌 **6**, 99-102．
- 大島町下高洞遺跡調査団編（1985）：下高洞遺跡調査報告 3，東京都大島町教育委員会．
- Post, D.M.（2002）：*Ecology* **83**, 703-718．
- NSW government（2010）：NSW Recreational Saltwater Fishing Guide 2010. Industry & Investment NSW．
- 三郎丸隆・塚原博（1984）：九州大學農學部學藝雑誌 **39**, 35-48．
- Saito, T., Washio, S., Dairiki, K., Shimojo, M., Itoi, S., Sugita, H.（2008）：*J. Fish Biol.* **73**, 1937-1945．
- 瀬能宏・松浦啓一（2007）：相模湾動物誌（国立科学博物館編）．東海大学出版会，pp. 121-133．
- 重田利拓（2008）：日本水産学会誌 **74**, 868-872．
- Shumway, C.A.（2008）：*Brain Behav. Evol.* **72**, 123-134．
- Stecyk, J.A.W., Farrell, A.P.（2002）：*J. Exp. Biol.* **205**, 759-768．
- 末広恭雄（1951）：魚類学．岩波書店．
- 鈴木清・木村清志（1980）：魚類学雑誌 **27**, 64-71．
- 鈴木亮（1979）：水産生物の遺伝と育種（日本水産学会編）．恒星社厚生閣，pp. 114-135．
- Tamura, T.（1957）：*Nippon Suisan Gakkaishi* **22**, 535-557．
- 田村保（1977）：魚類生理学（川本信之編）．恒星社厚生閣，pp451-479
- 田中昌一（1985）：水産資源学総論．恒星社厚生閣，p. 284．
- 谷口順彦・池田実（2009）：アユ学 アユの遺伝的多様性の利用と保全．築地書館．
- 寺尾俊郎（1970）：北海道立水産孵化場研究報告 **25**, 1-101．
- Terry, A., Bucciarelli, G., Bernardi, G.（2000）：*Evolution* **54**, 652-659．
- Tsuboi, J., Morita, K.（2004）：*Fish. Res.* **69**, 229-238．
- Umino, T., Kajiwara, T., Shiozaki, H., Ohkawa, T., Jeong, D.-S., Ohara, K.（2009）：*Fish. Sci.* **75**, 909-919
- 植松一眞・神原淳（2002）：魚類生理学の基礎（会田勝美編）．恒星社厚生閣，pp. 67-108．
- Yagishita, N., Miya, M., Yamanoue, Y., Shirai, S.M., Nakayama, N., Suzuki, N., Satoh, T.P., Mabuchi, K., Nishida, M., Nakabo, T.（2009）：*Mol. Phylogenet. Evol.* **53**, 258-266．
- Yagishita, N., Nakabo, T.（2000）：*Ichthyol. Res.* **47**, 119-135．
- Yagishita, N., Nakabo, T.（2003）：*Ichthyol. Res.* **50**, 358-366．
- 山光俊一・板沢靖男（1988）：日本水産学会誌 **54**, 1737-1746．
- Yamaoka, K.（1982）：*Physiol. Ecol. Japan* **19**, 57-75．
- Yamaoka, K.（1983）：*Afr. Study Monogr.* **4**, 77-89．
- 八杉貞雄・新妻昭夫訳（1994）：マイア進化論と生物哲学―進化学者の思索．東京化学同人．
- 吉田将之・森吉健太・黒田昭仁・藤本隆俊・国吉久人・海野徹也（2005）：魚類学雑誌 **52**, 141－145．
- 吉原喜好（1998）：水産増殖 **46**, 371-372．
- 吉原喜好・岡本英能・片岡大作（1999）：水産増殖 **47**, 343-348．
- 吉原喜好・青柳麻里（1999）：水産増殖 **47**, 113-114
- 吉原喜好・蔵方早苗・藤田千夏・池上龍朗・柳原昌子・和田孝紀：水産増殖 **46**, 177-182（1998）
- 吉原喜好・門松寅吉・筒井絵里（2000）：水産増殖 **48**, 135-136．
- 柚原恒平（1996）：兵庫遺跡 国道485号西ノ島バイパス改築（改良）工事に伴う遺跡発掘調査報告書 第2集．島根県西ノ島町教育委員会．
- Zupanc, G.K.H., Hinsch, K., Gage, F.H.（2005）：*J. Comp. Neurol.* **488**, 290-319．

## あとがき

　本屋さんに行くと面白そうなタイトルの本が並んでいます。本の売れ行きはタイトルで決まるといわんばかりです。ところが、この本のタイトルは"メジナ"。なんと平凡で味も色気もないのです。「本当にまじめに考えたのか？」と誤解されるでしょう。実は、本が完成する直前までタイトルは決まらなかったのです。
　この本は、研究者、釣り名人、技術者、それに著名人というバラエティーに富んだ執筆陣が、あらゆる角度でメジナを語っています。いわば、かなり総花的な内容を持つ専門書なのです。そのためタイトルはなかなか決まらず、編者や出版社を交えて白熱した論議を行いました。幻になったタイトルは20をこえたと思います。磯のファイターメジナ、メジナの科学、磯魚メジナと釣魚グレ、磯の至宝メジナ、メジナという磯魚、メジナへのアプローチ……。
　タイトルで迷っていた最中、再度、原稿を読むと答えが見えてきたのです。研究者の多くは釣りを楽しんでいるし、釣りをしない研究者までも釣り人を意識してくれて、原稿の中には"釣り"というキーワードが使われています。釣り名人や著名人の皆さまも"科学"を意識してくれています。執筆者は立場が違っても、メジナへの熱い想いはみんな同じなのです。"メジナ"を原点に、素晴しいらしい執筆陣と心のこもった内容。「この本に飾りなんかいらない！」それがこの本のタイトルの由来なのです。
　この本では日本を代表するメジナ釣り名人のみなさまにも執筆していただきました。メジナ釣り、釣り文化の発展のためにボランティアとして執筆していただいたのです。しかも、釣り名人の皆さまには技能的な解説は割愛していただき、わざわざメジナ釣りへの想いや人生観を語っていただいたのです。「こんな本、メジナ釣りの役にたたない！」と思った読者もおられるでしょう。実際、そうかもしれません。どうか、お許しください。
　ただ、メジナたちや魚たちに感謝する釣り人、釣れなくても笑顔で磯を洗い流す釣り人、釣りの翌日も仕事をテキパキとこなす釣り人、仲間たちとゴミ拾いをしている釣り人、そんな釣り人が一人でも増えればと願っての執筆です。今以上に、魚の命の尊さ、魚を育む自然の大切さをご理解していただき、釣りの楽しみや喜びを後世に正しく伝えている釣り人が増えれば、執筆者たちも本望なのです。

この本を読んだ若者の中には、魚好き、釣り好きも多いと思います。そんな若者たちが、将来、研究者に育ってくれないだろうか！　釣り具業界で活躍してくれないだろうか！　釣り名人になって釣り文化をリードしてくれないだろうか！　執筆者たちのそんな想いも伝わったことでしょう。わからないことがあれば執筆者を訪ねてみてください。メジナや魚類研究がもっと知りたかったら、優しい研究者たちを訪ねてください。釣り具に興味があれば、熱い心を持った開発者を訪ねてください。メジナ釣りで悩んだら、素晴らしい釣り名人たちと釣り談議を楽しんでください。みんな、快く、微笑みながら皆さまを迎えてくれます。

　最後に、長年にわたり水産分野の専門書をてがけてこられた株式会社恒星社厚生閣より本書が刊行できたことは、執筆者たちにとってこの上ない幸せです。同社の片岡一成代表取締役社長と小浴正博氏には本当にお世話になりました。

　そして、私たちの要望に応え、本書のオビに、楽しいイラストを寄せて下さったさかなクン（東京海洋大学客員准教授、宮澤正之氏）に感謝申し上げます。

　また転載許可、取材協力、貴重な資料、ご助言をいただきました、日本水産学会、日本魚類学会、エルゼビア社、株式会社がまかつならびに同社広報課下井孝久氏、有限会社フィッシング・ブレーン細田克彦氏、株式会社KG情報、ミリオンエコー出版株式会社小玉一紀氏、HIGH WAVE CO.LTD 比嘉ゆみ子氏、吹田市在住の小西英人氏、佐世保市在住の小林一史氏、ここでは紹介できませんが本書に関わってくださった皆さまに、心より感謝しつつ、本稿を閉じさせていただきます。

2011年2月25日

編者一同

## メジナ　釣る？　科学する？

2011年7月1日　初版発行

編著者　　海野徹也
　　　　　吉田将之
　　　　　糸井史朗

発行者　　片岡一成

発行所　　株式会社恒星社厚生閣
　　　　　〒160-0008　東京都新宿区三栄町8
　　　　　Tel　03-3359-7371　Fax　03-3359-7375
　　　　　http://www.kouseisha.com/

印刷・製本：シナノ

ISBN978-4-7699-1255-2 C0075
（定価はカバーに表示）

**JCOPY** ＜（社）出版者著作権管理機構 委託出版物＞
本書の無断複写は著作権法上での例外を除き禁じられています。複写される場合は、そのつど事前に、（社）出版者著作権管理機構（電話 03-3513-6969、FAX 03-3513-6979、e-mail: info@jcopy.or.jp）の許諾を得てください。

## 好評既刊本

### ああ、そうなんだ！ 魚講座
亀井よしのり著

魚大好き人間へ誘う本。素朴な疑問から少し難しい質問までQ&A形式で答える。
A5判・162頁・定価2,415円

### 魚のあんな話、こんな食べ方
### 続　魚のあんな話、こんな食べ方
臼井一茂著

魚介類の生態や名前の由来、調理のコツや美味しい食べ方など愉しく紹介。
A5判・それぞれ184頁／160頁・定価2,415円／1,890円

### カツオ・マグロのひみつ
－驚異の遊泳能力を探る
阿部宏喜著

究極の魚と呼ばれるカツオ・マグロの生理・生態について詳細に解説。
A5判・128頁・定価2,415円

### 魚学入門
岩井　保著

魚類の形態を軸に分類・生活史・分布・進化までをまとめた必携の入門書。
A5判・224頁・定価3,150円

### 魚類生態学の基礎
塚本勝巳編

幅広い魚類生態学の分野を概論・方法論・各論に分けてコンパクトに解説。
B5判・248頁・定価4,725円

### 魚類生理学の基礎
会田勝美編

陸上動物とは全く異なる魚類のからだの仕組みや機能をわかりやすく解説。
B5判・248頁・定価3,990円

### 水圏生物科学入門
会田勝美編

水生生物を学ぶための絶好の入門書。水産学の面白さを凝縮した1冊。
B5判・256頁・定価3,990円

恒星社厚生閣